豐田●物語

トヨタ物語

最強的經營，就是培育出
「自己思考、自己行動」的人才

強さとは
「自分で考え、動く現場」を
育てることだ

野地秩嘉——著　譯——陳嫺若

經營管理 156

豐田物語
最強的經營，就是培育出「自己思考、自己行動」的人才

作　　者　野地秩嘉
譯　　者　陳嫺若
責任編輯　林博華
行銷業務　劉順眾、顏宏紋、李君宜

總 編 輯　林博華
出　　版　經濟新潮社
104台北市中山區民生東路二段141號5樓
電話：(02) 2500-7696　傳真：(02) 2500-1955
經濟新潮社部落格：http://ecocite.pixnet.net
發　　行　英屬蓋曼群島商家庭傳媒股份有限公司城邦分公司
104台北市中山區民生東路二段141號11樓
客服服務專線：02-25007718；25007719
24小時傳真專線：02-25001990；25001991
服務時間：週一至週五上午09:30~12:00；下午13:30~17:00
劃撥帳號：19863813　戶名：書虫股份有限公司
讀者服務信箱：service@readingclub.com.tw
香港發行所　城邦（香港）出版集團有限公司
香港九龍土瓜灣土瓜灣道86號順聯工業大廈6樓A室
電話：(852) 25086231　傳真：(852) 25789337
E-mail: hkcite@biznetvigator.com
馬新發行所　城邦（馬新）出版集團 Cite (M) Sdn Bhd
41, Jalan Radin Anum, Bandar Baru Sri Petaling,
57000 Kuala Lumpur, Malaysia.
電話：(603) 90563833　傳真：(603) 90576622
E-mail: services@cite.my
印　　刷　漾格科技股份有限公司
初版一刷　2019年7月16日
初版四刷　2024年2月16日

城邦讀書花園
www.cite.com.tw

ISBN：978-986-97836-1-3、978-986-9783-61-3（EPUB）　

定價：480元

〈出版緣起〉

我們在商業性、全球化的世界中生活

經濟新潮社編輯部

跨入二十一世紀，放眼這個世界，不能不感到這是「全球化」及「商業力量無遠弗屆」的時代。隨著資訊科技的進步、網路的普及，我們可以輕鬆地和認識或不認識的朋友交流；同時，企業巨人在我們日常生活中所扮演的角色，也是日益重要，甚至不可或缺。

在這樣的背景下，我們可以說，無論是企業或個人，都面臨了巨大的挑戰與無限的機會。

本著「以人為本位，在商業性、全球化的世界中生活」為宗旨，我們成立了「經濟新潮社」，以探索未來的經營管理、經濟趨勢、投資理財為目標，使讀者能更快掌握時代的脈動，抓住最新的趨勢，並在全球化的世界裡，過更人性的生活。

之所以選擇「**經營管理—經濟趨勢—投資理財**」為主要目標，其實包含了我們的關注：「經營管理」是企業體（或非營利組織）的成長與永續之道；「投資理財」是個人的安身之道；而「經濟趨勢」則是會影響這兩者的變數。綜合來看，可以涵蓋我們所關注的「個人生活」和「組織生活」這兩個面向。

這也可以說明我們命名為「經濟新潮」的緣由—因為經濟狀況變化萬千，最終還是群眾心理的反映，離不開「人」的因素；這也是我們「以人為本位」的初衷。

手機廣告裡有一句名言：「科技始終來自人性。」我們倒期待「商業始終來自人性」，並努力在往後的編輯與出版的過程中實踐。

不樂在其中，就學不到任何東西。

——《馴悍記》，莎士比亞

如果部下對自己言聽計從，

大野會問：「為什麼照著我的話做？」

如果不照他的話做，他也會問：「為什麼不照我的話去做？」

他總是要求部下思考。

目次

序章　肯塔基州的名產

七五號公路

離開市區，車子沿著七十五號幹線道路北上，我的目的地是豐田位於肯塔基州北部的汽車生產基地。

到工廠的路途中，從車窗沿路看見的風景，是一整片的綠色田野。一公尺高的菸葉，展開團扇般的葉片，迎風搖曳。菸葉是這裡的主要作物，據說巔峰時期「整個州的土地都闢成菸葉田」，但是由於禁菸運動的高漲，栽培農家遽減。雖然為了供應出口，還是有某個程度的需求，但是「種植菸葉」這件事本身已經被環保團體盯上，因此，雖然道路兩旁還有種植，但是菸葉田不斷在減少。

從車窗往外看，觸目可及的不只是菸葉，肯塔基州從以前就以農業聞名，所以也有玉米和小麥田。放牧馬、牛的牧地也很寬闊。

但是現在，說到肯塔基，如果有什麼傲視全美的產物，那就是汽車。擁有豐田與福特車廠的肯塔基州，已經僅次於底特律所在的密西根州，成為美國汽車生產的一大基地。

從最近的喬治城到這個州規模最大的豐田生產基地，大約只要二十分鐘。

出發前往工廠之前，我在市區的一家老餐廳吃午飯。漆了油漆的木造飯館，就像是從西部片裡跳出來一般。店裡推薦的招牌菜是熱布朗（hot brown）。

熱布朗是在吐司麵包上鋪著培根、火雞肉、番茄，再淋上乾酪白汁的單面三明治。乾酪白汁是在貝夏媚醬（白汁）中加入磨碎的起司和牛油製成的醬汁，好吃歸好吃，但是熱量很高，中年以上的人不建議食用。

但是，看看周遭的客人，肯塔基人吃著熱布朗，配著大杯的可樂和雪碧。聽說調任到肯塔基工廠的豐田員工，回國時體重全都爆增，我似乎可以領略得到。

拿起叉子正打算進攻熱布朗時，「吃吃看這個，」徐娘半老的女侍又拿了一盤過來，「這是炸鯰魚。」

她站在桌子旁，等著我吃了後說「好吃」。

於是我便問她：

「肯塔基的名產是什麼？」

她咧開嘴笑著回答：

「肯定不是炸雞啦。現在的名產是汽車。

「客人，您要去豐田，對吧。那個地方很大哦，多吃一點再去，免得餓肚子。對了對了，董事長密斯特張（富士夫．前名譽會長）來我們店裡吃過好幾次。回名古屋的時候，幫我向他問候一下。」

我在女侍的監視下，嗑光兩盤食物後，前往生產基地。

女侍者說的「大」並不誇張，豐田在全世界共有五十二個工廠，規模最大的就是肯塔基工廠，占地面積有一六〇萬坪，是東京迪士尼樂園的十倍以上，員工七千人，製造出來的完成車五十萬台，引擎六十萬具。

地方上的人把這家工廠叫做「King of Car Plant」，Plant指的是，集合了數個factory的複合工廠。這裡有引擎工廠、製作車輪零組件的機械工廠、組裝工廠，之外還有沖壓、焊接工廠，整體一貫生產。

生產的車種有凱美瑞（Camry）、亞洲龍（Avalon）、凌志（Lexus）。

出來迎接我的宣傳部中年男士，胸口掛的名牌寫著「李克」，長得酷似邁克．道格拉斯。

「長得很像哦，」我本是恭維的意思，不料他卻苦笑，有點不悅地說：「他老多了。」

「來吧，我們先去參觀。坐上ＥＶ車吧。」

工廠裡，每年來自全世界的參觀者超過四萬人。園區比迪士尼樂園還大，若是徒步參觀太花時間，而且效率不佳。所有參觀者都是搭乘四人座、類似高爾夫球車的電動車，在工廠內巡迴。場內的景觀極富變化，迎面而來的幾乎全是美國人。就像在正宗迪士尼樂園裡坐遊園車的感覺。

參觀肯塔基工廠需要花兩小時，包括汽車的沖壓工程、焊接工程、組裝工程。其中，沖壓與焊接工程只能從遠距離觀看，也許是因為外行人太靠近，有可能造成危險吧。

組裝工程最是百看不厭。在生產線上移動的車體中，嵌入引擎、變速箱等零件，組裝掌控著車內電力系統的配線管，每一輛車需裝設約三萬個零件。而組裝工程就是將這些零件一口氣全部裝進車體內。

只要缺少一個零件，汽車就動不了。組裝方式的優劣，也會影響到駕車的舒適性，可說是集合了最多造車工藝的工程。

默默看了一會兒，一名黑人女子動作熟練地將車門裝上，並且進行動力車窗的調節，我突然閃過一個念頭，她的動作宛如在翩翩起舞。宣傳部的李克像是看穿了我的想法，在旁邊說道：

「你看，她那柔緩的動作，就像是跳舞一樣。動作如舞姿的team member（作業員，一般都叫做associate，但是在豐田，他們是這麼稱呼的）都是老手。」

汽車工廠的內部，不論哪一家幾乎都沒什麼差別，有輸送帶、壓床、焊接機。屋頂裝設了單線軌道，懸吊式的鐵鏈輸送車門或模組零件。

而且，組裝工廠中的噪音並不算大，只有作業員手拿著氣動扳手拴上螺栓的「喊伊」聲。然而沖壓工廠、焊接工廠卻不然，發出轟隆的巨響。沖壓工程是將汽車用的巨型鋼板，壓製成汽車車體的地方。發出巨大的卡鏘聲。焊接工程則火花四射地焊接鋼板，這也會發出巨響，還會噴出火花。這兩項都不是外人可以接近觀賞的工程。

世界各地不論是哪個汽車車廠，所用的工具機、鐵的原料等幾乎都一樣。不論日本、美國、中國，不論是資深廠商還是新興廠商，都使用同等材質的車用鋼板，零件也沒有太大的不同，工具機的能力也沒有那麼大的差別。

可是，所完成的汽車功能卻有天壤之別，價格上的差距也很大。那麼，是什麼造成了產品的差異呢？答案是生產方式。

以福特來說，它採用大量生產、流水式的作業方式，被稱為福特系統。曾經有段時間，世界上的車廠都順服地採用福特系統。

但是，豐田開發出獨特的豐田生產方式（TPS），依據這個方式生產汽車。

透過TPS進行改善，最後生產力比他廠提升得更高。生產力提升的結果，就是製造成本下降，因此產品販賣價格也可以下降。即使不降低價格，同價格帶的汽車，豐田汽車的性能也比他廠好一點，或是具備某些附加價值。同樣品質的商品，就算價錢差距不大，人們還是選便宜的買。豐田汽車之所以暢銷，恐怕是因為與他廠相比，比較划得來吧。

現在豐田已經逐漸鞏固了世界龍頭的寶座，一方面是他們推出了普銳斯（Prius）、未來（Mirai）等獨創的車款，另一點也是因為他們貫徹執行豐田生產方式，可以說豐田競爭力的根源，就在生產方式。

以往，豐田解說該生產方式時，總是說它是消除中間庫存的系統、削減浪費的系統、只在需要時提供必要零件給生產線的系統。我不能說這樣的解說有什麼錯，但是，總覺得這樣的說明缺了一塊。

就因為不夠完整，所以外行人無法輕易了解該生產方式。

缺少的一塊是什麼呢？

那就是現場工作人員對該生產方式的評價。以往的解說，大半都是開發者的解釋，或是執行者在接受專訪時回答的內容。

「我們是這樣這樣地建立起豐田的生產方式，然後將它系統化。」

「結果，生產力有了這樣的進步。」

「這種方式，世界各地的工廠也在採用。」

這些說法都沒有錯，他們說的都是事實。

但是，深刻體會到生產力進步的，不是開發者，而是每天在現場工作的作業員。

既然如此，就去問問現場的人吧。我做出了這樣的決定。這個訪問最大的好處是，長年在現場工作的人，可以告訴我豐田生產方式引進前後有什麼變化。這麼一來，就能了解生產方式的意義。

豐田生產方式改變了什麼？為什麼能歷久不衰？甚至，如果它那麼卓越，我也想引進到自己的工作中。寫文章和製造汽車雖然是兩回事，但是它們一樣都是在生產東西，按理說應該有可以參考學習之處。

以往，現場工作人員對該生產方式的評價，從來不曾曝光過。

前副社長大野耐一是在昭和二〇年代引進這套生產方式，並且將它系統化。

熟知引進前後狀況的豐田作業員，大部分都在多年前已經退休了。

現在在現場工作的作業員，確實可以說明該生產方式的內容，但是卻沒辦法說明引進系統帶來的變化，而且我們很難從現在在豐田工作的人口中，知道他們心底對該生產方式真實的想法。

還有另一個大重點，那就是也不太容易理解該生產方式的全貌。

事實上，引進之後將近十幾年，該生產方式一直是廠內不可外傳的機密，從來不曾公開過。最早時並未以豐田生產方式的名字發表，但後來用了「看板」（Kanban）這個令人霧裡看花的名字，是因為這樣外界就無法知道其生產方式的祕密。

大野自己提到不外傳的理由是這麼說的：

「（當初，有想過取名為同期化方式或是同步方式），可是，取個聽不懂的名字比較好，所以最後用了『看板』。」

（怕被別人學了會有麻煩嗎？）

「是的。如果美國也採用了這種方式，肯定會超越我們。因為當時我們以為，美國人不可能不懂這種方式。」（日經產業新聞一九八九年十一月八日）

大野抱著很強的危機感，認為「如果被美國人學走，豐田就垮了」。但是實際上，當時美國的三大巨頭，都沒有把豐田等日本的車廠當成對手，而且認為自己採取的大量生產方式獨步全球，所以根本不把豐田生產方式放在眼裡。

但是，現在不同了。不只是進軍美國的日本汽車公司，世界各地的汽車廠商、關係企業、其他廠商不是正在採用該生產方式，就是規畫中。它取代了福特系統，席捲了全世界。光是直接從豐田移植該方式的企業，就有佳能、索尼、樂天、帝人、大金工業等一百多家公司，即使是中國，以華為為首，也有數十家公司。單是指導豐田生產方式的經營顧問公司，就有好幾家，若是加上他們支援的企業，世界上有數百家公司都以該方式在生產製品。

回到正題，在採訪工作進行了四年之後，我突然想到一件事。

「對了，我只要去美國的肯塔基工廠不就行了？那裡還有現任員工，經歷過生產方式的轉變。」

該廠成立於一九八八年，至今雖然已經過三十年，但是，如果組員是在二十、三十幾歲進公司的話，現在應該還在工作崗位上。最有採訪價值的是曾在其他車廠待過的、跳槽過來的員工，他們體驗過別種生產方式，見到這些人，訪問他們就沒問題了。

這段前提有點長，不過我去肯塔基工廠，就是為了採訪體驗過變化的員工，肯塔基的名產熱布朗並非我的目的。

前往Dojo

在組裝工廠參觀了一圈之後，我心想，下一步應該要開始訪問組員了吧。

然而，宣傳部的李克卻拉著我說：「好了，我們到Dojo去吧。」

「你不是為了了解豐田生產方式才來的嗎？既然如此，一定要去看看Dojo。」

李克叫來一個人，那個接待員留著長長的頭髮，像個嬉皮，他說：「我是Ono先生（大野耐一）的信徒。」

隨即便領頭率先走去，帶著我走到廠區內「Dojo（道場）」所在的樓房。這棟建築有大學體育館那麼大，比汽車組裝工廠小一點，但是，天花板很高。裡面擺設了一具具鑽床、銑床、車床等工具機。穿著作業服的美國人站在各台機具前，專注地交談。

據長髮接待員說，Dojo是實地進修豐田生產方式的設施，位於NAPSC（念成納普沙克）之中，正式名稱是North American Production Support Center。

據說從北美與南美選出來的現場菁英人才，會聚在這裡深入學習豐田生產方式，將學習到的知識，帶回各自的工廠，傳授給現場的部屬。也就是說，這是個工廠現場的進修中心。

嬉皮接待員滔滔不絕地說：

「這裡不只是生產方式的進修，培育監督者也是目的之一。而且，我們是希望讓每個學習者使用自己想出來的『裝置』，而不是花錢去改善。不要花錢，是大野先生的原則。」

Dojo的一角正在教授車子的抛光打磨，傳授的是如何教導剛到現場上工的新組員。

講師是Dojo的Shihan（師範，意為導師）人員，一位年長的美國男人。他的學生來自不同年齡、國籍和性別，全都是從南美各地豐田工廠挑選來的現場主管。

導師將家庭使用的料理秤放在桌上，右手拿著磨車門用的自動研磨機。

教授車門抛光用的工具竟然是家用料理秤。

導師開口說道：

「聽好了，教授新人車門抛光作業的時候，最重要就是實地操作，讓他們自己來做做看，然後，詢問他們一個重點，就是體會研磨機壓在車門上的壓力。拿家用的料理秤，來測量最適當的壓力有多大。」

新人體驗了壓在車門上的壓力，在感覺還沒有淡忘前，將研磨機放在家用料理秤上，於是，手上感受的壓力就會化為料理秤上的數字。

「注意聽，你們教的時候，要讓他們一看就懂。要將現場的技術數值化，隨時都可以重現。在豐田，我們沒有開發專用的機具來教學，這樣才能省錢。我們用的是全世界哪裡都能便宜買到的料理秤，這一點很重要，它既可以杜絕浪費，也是改善。」

導師說到這裡，又補充一句：「大野先生最討厭『引進新的機材才能提高效率』的想法。」

之後，他又繼續解說。

「使用專用機具，是讓別人去花腦筋，這是不行的。必須讓現場的組員自己思考，所以，我們才使用料理秤。改善的責任不能只靠專業機器與專業人員，而是靠著我們每一個人，用自己的腦袋思考。大野先生以前不厭其煩地這樣告訴張董。」

張董指的就是豐田汽車前名譽會長張富士夫。張在一九八八年前往美國，接下肯塔基法人的社長一職，將豐田造物的精神，根植於當地。張的任務不僅止於此，他的工作也包括與組員和當地人交流。

每星期五，他都會在自己家裡舉行卡拉ＯＫ派對。很多日本籍社長派駐國外時，任期中至少都會在家裡辦過一兩次卡拉ＯＫ派對，但是，派駐八年期間，每星期五都一定邀當地員工到自己家的，只有張一個人。對同住的家屬來說，也許是災難，但是他就是能做到這種地步，所以喬治城餐廳的女侍才會記得張。

每個星期一到週五，來到喬治城張董家的組員，從幾個人到十幾個人不等。張出差不在家的時候，由妻、兒負責接待。組員們和樂融融地吃炸雞、喝波本酒，用卡拉ＯＫ歡唱披頭四的歌之後才回家。張在的時候，他也會一起唱。只不過沒見到宣稱「張董很會唱歌」的美國職員，大概沒那回事吧。

張自己也提過接任當時的狀況。

「我是在一九六〇年進入公司，待過宣傳等部門，八年後成為大野先生的屬下。大野先生、鈴村（喜久男）先生，他們人都很好，但是我們都是在惡鬼般嚴厲的叱罵下，把豐田生產方式學起來的。幾年後，我就到肯塔基去赴職了。

「我記得當時業界的人、媒體的人告訴我，美國的工人不可能接受豐田生產方式。美國有福特系統，他們的工人不會遵循日本的系統……

「但是，我們只會豐田生產系統，只能夠設法讓它在那裡紮根。

「來到肯塔基，召募組員之後，三千個空缺竟然來了幾萬名應徵者。他們幾乎全是生手，有學校的老師，也有連鎖漢堡店的員工……。但是，我們向這些生手解說豐田生產方式，大家都能認同它是合理的生產方式。

「他們更喜歡的是『改善』的方法。我跟大家說：『大家一起參與，現場的組員想點子來進行改善。』於是大家都開始動起腦筋。有個員工把在自家車庫做的道具帶來，告訴我『密斯特張，請用用看這個工具，作業會輕鬆很多。』

「也就是說他們很喜歡思考。但是，這些概念不是我自己的主意，全是大野先生灌輸給我的。」

現在Dojo在做的事，就如張所說的，是將肯塔基工廠集結組員想出來的智慧，應用在現場。既不是學者所想出來的理論，也不是豐田總公司指示的範例研究，而是從現場發展出來的最新智慧。

保羅的話

在Dojo觀摩教學現況時，突然有人從後面拍拍我的肩。這次是個銀髮的高個兒美國人。

「你是從日本來的記者吧。我叫保羅．布里吉（Paul Bridge）。」

保羅說他六十歲，是個文靜的眼鏡男。

他從一九八八年肯塔基工廠開始運作時就在這裡工作，以前曾在福斯汽車的工廠擔任現場主管。我們回到工廠的接待處，坐在房間裡聽他述說。

「在以前工作的公司裡，我擔任過現場的管理部長。那時候，決定日常作業的不是現場人員，而是辦公室的管理部長。在美國，每一家汽車公司都這麼做。現場作業員只能依令行事，沒有發言權，不過也沒有責任，說輕鬆也算輕鬆。

「但是，一旦出了什麼狀況，把生產線停下來那就慘了。管理部長怒聲叱罵，停下生產線的作業員當場被開除。美國的作業員是絕對不可以停下生產線的。」

保羅確定我聽懂之後，又繼續說。

「跳槽到豐田的肯塔基工廠，我從現場管理部長變成辦公室的管理部長，我在心裡跟自己說，好啊，努力幹吧，因為日本的汽車在美國很暢銷。

「第一年的時候，有次零件出現不良品，我負責的生產線暫停了。輸送帶停止，作業員沒事可做了。大家臉上都露出不安的神情，但是只能靜靜等待。

「我要求立刻重新開機，但是日本來的直屬上司說，在尚未掌握原因之前不能開機，所以生產線停了大約十五小時。

「我這輩子第一次遇到工廠生產線停那麼久，但是日本來的主管沒有責備我，他笑著說：『保羅，搞清楚原因之前，我們沒事可幹。』

「我很怕被開除，提了好幾次建議，先進行緊急處置，反正就是讓生產線動起來……主管沒說話，只是不斷搖頭。我坐也不是站也不是，不只是我，所有作業員都覺得自己恐怕要被開除了。

「終於，生產線開始動了之後，日本主管把我叫去。

「『保羅，明天早上九點，請到密斯特張那裡去，他有話要跟你說。』

「我心想，大概完蛋了……好不容易跳槽到這裡，薪水也增加了，沒想到半年就得走人，想到這裡，真是沮喪，我的孩子都還小呢。回到家，躺在床上卻是一夜無眠，也不敢對太太說實話。

「第二天早上，我去到密斯特張的辦公室，站在他房間門口不敢進去，他說『保羅，請進來，請先坐下。』

「關於生產線中止、我的處置，他問了我很多問題。

「話講完了，我以為接下來就要宣布解雇的時候，他卻用力地握住我的手，然後向我鞠躬。

「『保羅，我們的工廠剛成立，正在艱難的時期。十五個鐘頭，一定很難熬吧，不過多虧了你，可以重新開機了，謝謝你。以後也不能少了你的協助。』

「我忍不住哭了出來。

「在豐田，只要出狀況的時候，生產線絕對不能開，也沒有出車。這個原則是大野先生決定的，執行得很徹底。不良品絕對不會送到顧客手上，這就是豐田生產方式。」

保羅．布里吉說起話來雲淡風輕，他稱讚豐田生產方式並不是有什麼討好高層的企圖。畢竟他已經六十歲，已是快要退休的年紀了。保羅．布里吉補充道：「豐田生產方式是培養思考者的系統。」

「它適合樂於思考的作業員，因為美國的作業員沒有在現場進行改善的經驗。但是，對於只想賺鐘點的作業者，恐怕無法適應吧。以往的生產方式，員工不需要思考，那種系統只要動動手和身體就行了。但是，大野先生要我們先思考再工作，這就是這個系統的特點。」

保羅停了一下，說：「還有一點。」

「現在，我們工廠出廠的汽車，品質比其他地方都優良。這是因為我們新設的凌志生產線，製造出全世界最好的車。

「肯塔基工廠製造的車，一輛不良品都沒有。日本的本社工廠和元町工廠也是。世界各地所有工廠都不曾製造出不良品。密斯特張是這麼說的，我們自己控制生產線，在生產線中修正不良品。

「培養會思考的作業員，大概是大野先生的夢想吧。而在肯塔基，我以管理部長的角色達成了這個目標。培養出美國第一批會思考的作業員，這是我的驕傲。」

若要問保羅最初接觸豐田生產方式時，對它有什麼看法，他說他明白了這個系統是暫停生產線不會被開除，作業員可以手握權限，只是，作業員必須用思考來換取它。

若是問中止生產線要做什麼，就是修正缺失。像是螺栓、螺帽忘了拴緊等，絕對不能發生，絕對不可以安裝有缺陷的零件，它的目標就是製造不需要檢查工序的汽車吧。

採訪完後，我離開工廠，回到喬治城的飯店。

行駛在七五號公路回飯店的路上，我想了很多，道路兩旁高聳的菸葉隨風搖曳。

豐田生產方式的基本理念，是戰前豐田汽車的創業者豐田喜一郎所規畫的。他立志製造出不遜於美國的國產車，但是因為戰爭而不得不中斷。然而喜一郎並不氣餒，戰後命令擔任董事的豐田英二，「三年內追上美國」，英二叫來機械工廠廠長大野耐一，從事新生產體系的開發。

他們拚盡了全力。因為，他們想到，如果美國汽車公司進入日本的話，恐怕會把芝麻大的豐田碾個粉碎。為了趕上美國，必須提高生產力。因此，豐田不採用福特系統，而是建立豐田生產方式，將它引進社內的工廠和協力廠商。

最初，大野害怕同業，尤其是美國的汽車廠商學去，所以將該生產方式取名為「看板方式」、「安燈」（Andon），都是因為擔心同業從名稱推敲出該方式的內容。大野對於通用汽車（GM）、福特、克萊斯勒所抱持的危機感就是如此強烈。畢竟，戰爭剛結束時，美國的汽車公司已經能日產一千輛車，而豐田一個月才能勉強達到這個數字。儘管號稱汽車公司，但還不是他們的對手。

從這種困境中出發，現在豐田的生產成績已經進臻到世界第一的地位。而支撐這個成果的就是豐田生產方式，這種方式已經為全世界的工廠、協力廠商所採用。

如眾所見，在肯塔基，信奉豐田生產方式的人們，甚至在廠內設置Dojo，裡面掛著喜一郎和大野的照片。

不論什麼樣新型的車款，只要是車子，歷經時光的摧殘，都會變成舊車。可是，人們想出來的系統，能夠超越國境和時間的限制。

製造業的始祖

豐田喜一郎決心生產國產自用車，因而創立豐田汽車，他本應該得到更多讚譽，但是光芒多被他的發明家父親豐田佐吉所搶去。晚年，他為了勞資糾紛負起責任，辭去社長職務，在最有活力的五十七歲便盛年早逝，恐怕也讓人們遺忘了他的功績。

但是，如果沒有他，就沒有豐田汽車，日本汽車工業更不可能成長到今天這個地步。戰前，喜一郎不顧周圍的反對，投入了當時連三井、三菱等大財閥都遲疑不前的自用車生產。

人們把喜一郎當成傻子，稱他是「織機廠少爺」、「地方財閥之子」。剛開始他也用美國製的零件組裝汽車，自己開發引擎，慢慢地才建立製作鋼板的製鐵廠和零件工廠，將電子零件、底盤等組件收為內製。

同業的日產汽車公司在橫濱創業，後來將總公司遷到東京，不但鄰近政府官廳，而且日產的創業者、也是集團統帥的鮎川義介，擁有向政府運作的實力。因此，也可以取得國家的援助。相反的，喜一郎是從自家的豐田自動織機抽出資金，注入汽車這個燒錢的行業。

現代日本製造業的始祖是喜一郎先生。

另一位革命家大野耐一，也是沒沒無名的人物。他將喜一郎的「及時化」（Just In Time）創意，與佐吉的「自働化」思想，創建成為豐田生產方式的系統，不僅對豐田本身，對全世界的製造業現場都產生了影響。

然而，他也是個被人遺忘的人物。

不只如此，當年汽車專家、記者、國會議員等，都指責「豐田生產系統是個苛待勞工，是個加重勞動的系統」，將它視為一大問題。其他廠商也完全沒把他們當成對手，認為「豐田那種鄉下公司才會搞這種名堂」。

終於，國外研究者的慧眼發現了大野耐一的存在。

全世界暢銷一千萬冊的商管書《目標》的作者、以色列的物理學家高德拉特（Eliyahu M. Goldratt）把大野稱為「我的英雄」，他說：

「大野建立的豐田生產方式，是二十世紀的一大發明。」

但是，說到它在日本的評價，在某個時期前，幾乎所有的人都攻擊它是「加重勞動的系統」、「欺負承包商的系統」。

「用碼錶測量勞工的現場作業，用它來決定標準作業，這算什麼？」

「豐田不留庫存，主張及時系統，因此要求承包商一天內送好幾次零件，豐田豈不是把全天下的馬路當成他家的倉庫嗎？」

面對這種責難，大野充耳不聞，也不反駁。他的態度更進一步激怒對手，也受到更多攻擊。身為豐田汽車的副社長，如果能夠針對這些因不理解而來的攻擊，以成熟的態度冷靜地勸說就沒事了，但是，大野不願理睬，他說：「跟不懂的傢伙，說再多也沒用。」

在他的著作《豐田生產方式》的前言中，有一句交錯著不甘和憤怨的話：

「另外，部分人士曲解這個方式而加以批判，我完全不做任何辯白和解釋，因為我相信世上發生的事，歷史都會予以證明。」

攻擊者讀了這部分更加憤怒，因為這本書成了暢銷書。大野這個人物一直沒沒無名，一方面是因為他對攻擊自己的言論束手無策，所以隱身低調。此外，他也知道「自己若是出頭，豐田會遭人詬病」，因此從來不公開回應。

不過，對於加重勞動的批判，大野在專業雜誌和演講中，做出以下的反駁：

「我認為閒置的時間是一種浪費。工作的時候工作，做完回家就行了。不用一直待在工廠裡。不要裝得很勤奮的樣子。我認為日本人很勤奮這種說法並不正確。日本人在工廠裡的勞動，有一大堆都是浪費的。日本勞工總是表現得自己有多麼勤奮。但是，既然那麼愛裝著在工作的樣子，乾脆快樂地投入工作，不是更好嗎？」

在技術人士的集會上，他說了以下這番話：

「昭和三十一年時，我第一次在美國看到了。美國人工作的態度，果然和日本人完全不同。舉例來說，我到美國的工廠裡，和在那裡工作的作業員視線相對時，他們的作業員一定會舉起手對我說『嗨』，或是幫我點菸。

「然而同樣的，在日本的工廠裡，若是和作業員四目相接，他們便會開始忙個不停，更嚴重的甚至拿起注油器到處加油，或是拿著破布東擦擦、西擦擦。大概勤勉、愛勞動已經成了日本人的一種國民性，所以一旦對上目光，就想表現出『我很努力在工作』的樣子。」

大野非常厭惡「裝忙」，他主張如果把這種時間歸零，不就能提高生產力了嗎。作業員多用腦筋工作，就能提早結束。他一再告訴大家，不要去管管理部長怎麼想，只要做完自己一天既定的工作，早點回家也沒關係。

但是，討厭他的激進派學者、記者、政治家都沒看到這個層面。大野是個坦誠直率的人，但是學者、記者、政治家喜歡表面功夫。他們討厭不說場面話的大野。

大野也留下了這樣的小故事：

昭和四〇年代初期，有個工人叼著香菸上工。

「老爹（大野）要來看，別抽了。」

管理部長正在責罵時，大野已經來到他背後。管理部長嚇了一跳，但什麼也沒說，大野笑咪咪地說：

「有什麼關係，才一根菸，就讓他抽嘛。」

他笑了笑，又說：

「做事的時候是不可以弄髒產品，但是，抽根菸悠然自得地做事，就是我們的理想境界，你說，我說的對嗎？所以有什麼關係呢。」

大野之所以被記者或公司內的反對派討厭，就是因為他總是坦白地說出真心話吧。

他想透過豐田生產方式，達到真心的勞動、快樂的工作。他想說的是，工作並不只有痛苦。

直到現在，還是有部分人不願理解他。但是，喜一郎創造、大野精心設計的豐田生產方式，或是重新調整而成的精實（lean）生產方式，已經在全世界的工廠使用。

全世界製造業的工廠，之所以從福特系統改變為豐田生產方式與精實生產方式，乃是因為福特系統適合單一品項的大量生產，卻不適用於多品項少量生產的方式。

有一次看到小學五年級學生在讀的社會科課本時，令我大吃一驚。書上是這麼寫的：

「汽車工廠採用的架構，是當工廠需要零件時，就立刻從關係工廠運送需要的數量過去。這叫做及時方式（看板方式），這麼做可以減少零件保管和閒置的時間。」

因為考試會考，所以孩子們死命地背下喜一郎、大野等人開發的系統。連小學生都比一些專家和記者，更努力地想去理解豐田生產方式。

迅銷（Fast Retailing）的創業者柳井正說：「了解豐田生產方式，就等於了解了豐田的本質。」

「豐田永遠抱著認真的態度。和豐田的人有所接觸的話，就會深深了解，自己現在的成功會導致明日的失敗。正因如此，他們也牢牢記住，絕對不可做和昨天一樣的事。只有徹底認知和實踐，才能打造企業的未來。我認為豐田喜一郎、大野耐一是嚴格的經營者，我常覺得，與他們兩位相比，自己太天真了。我必須更加努力才行。」

由上可知，人們對豐田生產方式的看法相當兩極。但我是這麼想的——「它是個對今天完成的工作存疑，為明天精心思考的系統。」

工作者自己一邊思考，一邊去除作業上的浪費，然後，製作出比他廠品質更好、更便宜的產品。因此，消費者會來買，公司賺大錢，薪水就提升。

「你說什麼啊？每個公司不都是這麼做嗎？」

真的嗎？社會上很多工廠的勞工，什麼都不想，今天永遠做著與昨天相同的事。不論是辦公室還是工業現場的勞工，都是這樣。

早上進公司，「好，先來分析昨天做過的事情，消除浪費，提高效率吧。」有多少人能每天做到這件事？

將它系統化、成為職場中的例行公事需要非凡的努力和思考，而大野做到了。

紡織、輕工業、造船、家電、汽車，過去行銷全世界的日本製產品多不勝數，但是，獲得世界公認的生產方式，只有豐田生產方式。

第1章　汽車公司的成立

豐田家的歷史

豐田汽車的創業者豐田喜一郎生於遠州，出生地在靜岡縣敷知郡吉津村山口，現在叫做湖西市。湖西即是濱口湖以西，在靜岡與愛知的邊界，以產鰻魚聞名。他的父親是發明自動織布機的豐田佐吉，戰前，這位明治時代的傑出人物就曾登上學校課本，被譽為「日本發明王」。

豐田父子之所以能成功賺取龐大的財富，全是因為他們的家鄉遠州，乃棉花的產地。佐吉發明了可自動紡織棉布的織布機、並且販賣，更憑藉著這台機器進軍紡織業。佐吉創立的公司應用了「棉」這種當地的產物。

他的兒子喜一郎利用從棉獲得的利益，開發國產車，建立了豐田汽車的基礎。如果這對父子的出生地不是在靜岡、愛知，如果兩人沒有遇到棉花，說不定日本就不會有汽車產業的誕生。可以說造就日本國產車的，是豐田父子和棉花。

棉花是棉種的纖維，種子四周會長出鬆軟形狀的纖維。但是因為纖維短，若要做成棉紗，必須捻搓拉長。一般說的「紡」，就是將纖維捻搓，拉長的作業則稱為「績」，合起來叫做「紡績」。總而言之，製作棉紗就叫做紡績（紗）。

另一方面，製作絹絲的作業叫製絲。絹絲是從蠶繭中取出的一條纖維，拉直之後可能長達一公里，將這條纖維直接捻搓做成絲線。

同樣都是製絲的作業，製作棉紗稱為紡績，製作絲線稱為製絲。很多人對這個區別似懂非懂，但是，想了解豐田佐吉、織布機製造和紡織業的話，就必須懂得這個基礎知識。此外，豐田這個姓氏的念法是「**Toyoda**」，而汽車公司才是**Toyota**。

再回到棉花的話題。回想戰國時代，織田信長自尾張發跡，統一天下，便是將鄰國遠州、三河產的棉花，作為軍費、軍需物資，而他也以棉花的運用而聞名天下。

棉花栽培是在天文年（一五三二～五五年）後期，才漸漸在日本普及。之前，棉花都仰賴中國明朝進口，而且大半是走私貿易，後來栽培則以遠州和三河為中心。自棉花用於日常衣物後，棉花突然之間熱門起來。因為以往百姓用麻布、樹皮、動物皮做衣服，但是相比之下，棉布容易加工，而且暖和又堅韌，所以成了炙手可熱的產品。

信長重視棉花，他買下三河商人從產地運來的棉線、棉布，運輸到堺。然後在自治都市堺換成現金，信長因此獲取龐大的利益，將它作為軍費。此外，棉也是不可或缺的軍需物資。如果把它當成船帆，船跑的速度會比用竹蓆製帆更快。用在步槍的導火繩，與麻繩相比，點火比較不容易滅。戰爭用的軍旗、幔幕、軍隊的制服都是用棉布當材料。

三河、遠州地方因為栽培棉花，生產棉線和棉布，而成為富裕之地。

經過江戶時代，到了明治時，紡織、棉布生產成為愛知縣、靜岡縣西部的重要產業。在一九三五年尼龍合成纖維誕生之前，棉花和相關產業一直是支撐日本經濟的第一大產業。

豐田佐吉經營有成的產業圈子，可說是不遜於現在的汽車、IT的重要產業。

豐田佐吉出生於一八六七年（慶應三年），那是江戶時期快結束，即將改年號為明治的前一年；一九三〇年（昭和五年）去世。所以他是經歷過明治、大正、昭和三朝的發明家及企業家。

佐吉的父親是個耕作農地的農家主人，偶爾也承包木工的工作。佐吉小學畢業後，就幫忙父親下田幹活和做木工。十七歲起，佐吉著迷於手動紡織機的改良。對遠州的農家來說，除了下田之外，就只能做做棉線或織棉布當副業，家家戶戶的屋裡幾乎都有紡織機。

鄉里間傳說佐吉「沒什麼興趣追姑娘，倒是經常在家看奶奶用紡織機織布」。等他年紀漸長後，就著手改良手織的紡織機。

在他的家鄉湖西，有不少熟悉機械構造的專家。這種機械構造稱為「機關」，從戰國時代開始，以尾張地方為中心的中京圈，就有許多「機關」的工藝師傅。他們會在祭典時設計使用機關的山車，或是製作人偶。佐吉把他的機關構造展示給別人看後，有好幾位前輩給他意見、教他竅門。佐吉在中京圈出生長大，因此，擁有棉花和機關兩樣財富。

豐田第五代社長、會長的豐田英二，是佐吉小八歲的弟弟平吉的次子。對英二來說，佐吉是他的伯父。

英二對佐吉和豐田家有這樣的記述：

「爺爺伊吉（佐吉的父親）是木匠，木匠經常沒有工作，所以他也務農。若是有人叫木工，他就去報到，這樣就可以領到現金收入吧。

「佐吉見樣學樣，也跟著爸爸做起木匠的工作。剛開始是父親教他，不過父子之間不太好教，所以就讓他拜豐橋的木工師傅為師。即使是佐吉最早製作的『捲線機』，簡單說也是木工工作的延續。」

靠著在木匠工作時學會的作業技術，和追求機關的想像力，二十四歲時佐吉在紡織機製造上取得了專利。

當時，佐吉完成的並不是動力紡織機，而是人力紡織機，但是它的生產效率，比起過去同款的紡織機提高了四到五成。雖然他只有小學畢業，但是他熟悉機器的結構，改良能力也勝過別人。

佐吉靠著「發明」紡織機取得了專利，但是，那並不是從無到有的發明，而是一再改良的成果。他的做法是從操作機器轉動中找出問題，想盡辦法解決那些問題。問題消失後，便提升了效能，或者是增加新的結構。

多年後，大野耐一將豐田生產方式系統化，而他奠定系統的方法，與佐吉的做法若有相似之處。

大野並不是在桌上擬定計畫，他的做法是將工廠現場裡看到的不對勁之處，一點一點的修正，謀求改善。現場換成新型車的生產線，改善的方法也跟著改變。若是有新人進來，現場的系統也隨之變化。大野說得很明白：「豐田生產方式的前提條件就是變，所以這個方式永遠沒有完成的一天。」持續改善，是他的主張。

然而，佐吉一心一意投入紡織機，把私生活拋在腦後。他不去工作，整天沉浸在紡織機當中，所以遭到父親斥責，被趕出家門，多得第一任妻子阿民悉心服侍。佐吉將長子喜一郎寄在老家的母親那裡，直到三十歲再婚之前，傾盡全副精力在紡織機的改良上。

一八九四年，甲午戰爭開打的那一年，佐吉在名古屋市朝日町（現在中區錦付附近）開了一家製造紡織機的公司「豐田商店」，成了一國一城的主人。六月十一日，長子喜一郎出生。

後來，他在豐田商店附近增設了工廠。

兩年後，一八九六年，甲午戰爭結束的第二年，政府推動富國強兵政策，從此時到第一次世界大戰的二十年間，日本的資本主義興起，人口增加，棉布衣料的需求也不斷提高。隨著日本經濟的成長，佐吉豐田商店的業績也向上攀高。

同一年，佐吉完成了日本第一台動力紡織機「豐田式汽力紡織機」，利用蒸汽機作為動力來源。但是，只靠蒸汽機動力不夠，所以也使用石油原料的電力發動機作為輔助。一台三〇〇kw發電用的蒸氣引擎，可以輸出四〇〇馬力。相對的，一台石油發動機可以輸出三．五馬力，而一馬力就可以驅動二十台汽力紡織機。

對我們來說，一聽到「蒸汽機」，腦海只能想到蒸汽火車頭的樣子。但是在當時，工廠裡蒸汽機冒著白煙和聲音一邊作業，是相當常見的景象。

英二也提到他兒時對蒸汽機的仰慕。

「（大正時代初期）工廠剛成立時，廠裡還沒有電，於是裝設了蒸汽機，燒煤來驅動工廠。天黑之後，就用這台蒸汽機驅動發電機，點亮電燈。也就是所謂的自家供電。那個時代，就算是湖西爺爺家（伊吉，佐吉的父親），屋裡也只有一盞電燈，當然附近鄰居中也很少人家裡有電燈。

「我很想摸摸那台蒸汽機，其實不只是摸，我還想實際操作一下。因為每天都看到它，我早就知道啟動的步驟，所以總是哀求大人『讓我開開看』，但是沒有一個大人願意理我。那時候我還在讀小學低年級。

「（蒸汽機的）鍋爐每年都要清掃一次。以前的話，全身就只穿著兜檔布，走進尚有餘熱的鍋爐中，將水垢沙沙的搓乾淨。我也在不顧大人勸阻下進去了好幾次，因此我知道鍋爐裡面是怎麼一回事。」

從明治時代到大正時代，工廠的動力幾乎只有蒸汽機。家庭的照明不是電燈，而是靠油燈。佐吉的工廠是在一九一四年左右才正式電氣化。在這之前的動力，都是蒸汽機。

佐吉發明紡織機的時候，英國的紡織、棉布生產量是全球第一。但更早之前，英國的棉布都是從棉花的盛產地印度手工編織後船運過去的，一直到工業革命（十八世紀中葉到十九世紀前半）之後，英國才成為紡紗、織布的世界工廠。棉花的主要產地也轉移到了美國，印度的棉線、棉布轉變成分散的家庭工業。

佐吉的自動紡織機

一七三三年，約翰・凱（John Kay）發明飛梭（flying shuttle），開啟了英國棉業的發展。過去，人們使用手搖紡織機來編織棉布，需由兩個人拿著裝有線捲的梭子，將緯紗與經紗交錯織成。飛梭發明後，只需要一個紡工就可以操作，生產力提高了三倍。

棉布的生產力提高，但是這時棉紗又供應不及了。因此，人們逐步開發出新的紡織機。蒸汽機的發明與紡紗機材、紡織機的改良，奠定了工業革命的基礎。

一七六四年，詹姆斯・哈格里夫斯（James Hargreaves）發明了珍妮紡紗機（spinning jenny），這種紡紗機可以同時紡多根紗線，一名紡工可以操作多台機器。一七六七年，理查・阿克萊特（Richard Arkwright）發明了使用水車的水力紡紗機（水紡機）。一七七九年，塞繆爾・克朗普頓（Samuel Crompton）將珍妮紡紗機與水紡機組合起來，製作出走錠紡紗機，從此進入棉紗大量生產的時代。

一七八五年，艾德蒙·卡特萊特（Edmund Cartwright）發明了蒸汽紡織機（自動紡織機）。它的生產力自然比手動紡織機高，但是這種紡織機每一台都需要配備一名工人。後來，自動紡織機的改良版陸續出現，但是發明者都是英國人。

佐吉依據英國普及的自動紡織機，再進一步加以改良，但是他追求的不是英國人關注的擴大機器或是提高生產量，而是機器的簡便性與消除不良品。

舉例來說，他在自動紡織機裡裝入的機關，就是為了消除不良品的產生。

手動紡織機使用起來雖然速度慢，但是工人一邊看一邊織，一旦布面出現疙瘩，就立刻停下動作，將它拉平就行了。但是在佐吉之前的自動紡織機，不論是出現疙瘩，或是棉線用盡，還是會繼續動作，因而立刻出現一堆織錯的布料。他對此非常不滿意，因而製作了自動停止裝置。他設計的機關，目的不在停止機器，而是為了消除不良品。

織的作業，是將一條條緯紗通過數百根拉直的經紗，將緯紗密排就能織出布來。這時候，將緯紗捲在名為梭子（梭型的機件）的紡錘形筒中，將它在經紗之間來回穿梭。

人們如果站在機器旁，一旦織錯就可以停機。但是這麼一來，自動紡織機的功能就無法發揮，因為一台機器必須有一個人從頭到尾在旁監視，效率和手動紡織機沒有兩樣。而且就算有人在旁，線斷掉之後才處置也是太遲。因為即使晚一秒鐘，就會出現織錯的狀態。

因此，佐吉思考的是如何在線斷掉，或是用完的瞬間，能夠停下機器的方法。

如果機器能在出現不良品的前一秒停止的話，就不需要盯著機器了。一個工人可以操作多台機器，這樣就能使生產力飛躍性的提升。

佐吉的做法是在蒸汽紡織機裝入自動停止裝置，最初，是讓捲在梭子裡的緯紗用完了或是斷掉的時候，機器就會自動停止轉動。接著他又改良這種紡織機，在經線斷掉時，機器也能立即停止。最後再加裝可以讓紗線保持一定張力的裝置，使經線不會斷裂。這全都是機關的應用。

佐吉被譽為自動紡織機的發明王。但是，他的創意精華，並不在提升紡織機的速度，而是思考在出錯瞬間停止機器的裝置。

機器不需要工人的監看，自己就能感知錯誤發生，而停止運轉的話，就不會形成不良品。與其提升性能，佐吉更想做的是防止不良品的發生。在此之前，沒有發明家從這種觀點去看待機器。大部分的人都只想著用提高速度和輸出功率，來增進能力。但是，他卻能從成品數量增加的結果，去思考生產力的增加。不良品必須廢棄，而且辛苦工作的工人也會感到白費工夫。若是在未發現的狀態下賣出不良品，行銷到市場上的話，消費者買了生氣，公司的信譽也會受損。

佐吉追求的是，機器能夠達到像工人一樣，能夠察覺出不良品，而非只是紡織力的提升。豐田生產方式的思考方式也是一樣。他們從來不對工人說「快點開始」，而是要工人停下生產線也沒關係，但相對的，不可以有不良品。

不管是佐吉、喜一郎，還是大野，他們眼中並不是只有機器，而是把工廠裡的工人、買商品的消費者都放在心裡，他們知道消費者想要的，第一個要求就是不會故障的車。

而豐田生產方式兩大支柱之一的「自働化」，正是源自於佐吉的發想。

事實上，大野就是從佐吉的發明中學到，停機對於不製造不良品的重要性。他在自己的著作《豐田生產方式》中曾經這麼說：

「（在「動」字加上人字旁）自働化，就是讓機器也具有人類的智慧。自働化的靈感來自於豐田的社祖豐田佐吉的自動紡織機。豐田式自動紡織機具有當經紗斷線、或是緯紗用完時，機器會自動停止的構造。也就是說，它安裝了讓機器判別好壞的裝置。在豐田，這種觀念不僅著眼於機器，也擴大到作業員所在的生產線。」

佐吉的發明，在自動紡織機的改良上邁出了一大步。在紡織機能力的提升方面，絕大多數都是英國人的功勞，但是，佐吉改變了觀點進行紡織機的改良，此後，全世界的紡織機採納了他的想法，朝著這個方向改進。

使用佐吉新型動力紡織機所織的棉布，不但品質一致，而且少有瑕疵品，所以成為熱門商品，進而與大廠三井物產有了生意往來。正因為商品的高品質，三井大阪分店店長藤野龜之助與佐吉建立起交情，並且後來也一直力挺到底。

此外，佐吉成就的功績中，最令人稱道的，就是為保護勞工健康所做的改善。當時的織布工廠裡總是棉絮飛舞，而且只要紡織機一啟動，整個工廠就充滿噪音。不只在日本，全世界的織布工廠都是這樣，最嚴重的問題是結核病的流行。織布工廠的從業員有個工作，是更換梭子上的緯紗捲。換紗捲時，必須將棉紗從梭子裡的小孔中穿過，工人將線擠進小孔的入口，再從另一側把線吸出來，通過孔洞。

但是，這裡有個大問題。只要有一個工人是結核病的帶原者，則其他工人每次把嘴靠在梭子上就會感染病菌。佐吉認為這個作業太不衛生，便在梭子上做了個切口，讓作業員不用吸就能穿線。這個改善十分簡單，但是作業員不需要用嘴接觸就能完成梭子穿線工作。這項改善立刻被全世界的織布工廠所採用，因而改善了作業員的勞動環境。

一九〇七年，佐吉獲得關西、中京地區紡紗公司的支援，成立了豐田式織機株式會社，但是他沒有就任社長，而是擔任技師長兼常務董事，致力於紡織機的改良。三年之間，他全心投入技師長的工作，腦中只有紡織機，但是公司對佐吉的評價卻不高。

社長把佐吉叫出來，逼他辭職：「你老是在發明和做試驗，員工們的士氣提振不起來。豐田兄，你還是辭職吧。」佐吉心想，既然這樣，就辭職好了。他沒有馬上去找工作，也沒有另外成立公司，在三井物產和藤野龜之助的美意下，赴歐洲和美國考察旅行，回國後接受三井物產的融資，設立了豐田自動紡織工廠。

一九一四年，第一次世界大戰爆發，英國及法國、德國等參戰國，其國內產業都向軍需傾斜，棉業因為製作軍服的需求，也是軍需產業之一，但是與鋼鐵、造船、軍火、砲彈等領域相比，排名大幅滑落。尤其是，以往執世界棉業之牛耳的英國，其生產陷入停滯。此外，更由於船隻被徵調作戰，好不容易做好的棉製品，也無法出口，堂堂的棉業王國英國，反而產品到處缺貨。

因為這個緣故，日本的紡紗業、織布業地位必然性的升高。日本取代英國，進軍亞洲市場，棉布的銷路擴及歐洲和美國。

因此，日本紡紗業、織布業、紡織機製造業的景氣空前暢旺，對三種產業全包的佐吉來說，這段期間不啻是人生的春天。豐田自動紡織工廠搭上戰爭景氣，增設工廠。一九一七年，成為紡機三萬錠、織機一千台的大企業，作業員也增加到一千人。一九一八年大戰結束後，工廠改制為股份公司，設立豐田紡織株式會社。佐吉就任社長，家族和三井物產的藤野龜之助等人擔任董事，那時候的豐田紡織在棉業界是無人不知的大企業。

過去，人們對佐吉的評價是「只有小學畢業，但是發明了許多織機的人」，但是，從事績看來，與其稱他是發明家，不如說他是看準時勢的創業家、經營者。他的熱情並非只傾注在發明上，不只成立織機的製造公司，也進軍紡紗業、織布業。進而在上海設立公司，甚至舉家遷去。兒子喜一郎說「我想做汽車」的時候，他大概是看到了汽車也和棉業一樣具有成長潛力。他也是個懂創業的經營者。

喜一郎進豐田紡織

一八九四年，喜一郎出生。他和父親一樣都是生於靜岡的湖西，親生母親阿民回娘家去了，所以喜一郎年幼時在祖父母家長大。他從鄉下的中學考進仙台舊制第二高等學校，東京帝國大學工學院機械工學系畢業。

大學三年級時去神戶製鋼廠的實習，算是他與汽車產業產生關聯的小插曲。兩個月的實習期間，他有過實際操作工具機、車床的體驗。同時期，他也去其他製鐵廠、造船廠、紡紗廠、大阪砲兵工廠見習。大阪砲兵工廠製造軍用卡車，喜一郎有生以來第一次看到汽車工廠的實況。不過，這些經驗與他踏入汽車產業是否有關，還不得而知。

一九二〇年，喜一郎大學畢業，第二年進入父親的公司——豐田紡織。

第一次世界大戰結束，棉業的好景氣也過去了。一九二三年關東大地震引發金融恐慌，以及隨後的世界大恐慌，日本產業界全面陷入蕭條，豐田紡織也停滯不前。

喜一郎身為少東，剛進公司不久就有機會出差到美國、英國訪察。在英國，他拜訪了世界第一大織機製造公司普拉特兄弟公司（**Platt Brothers**），利用半個月時間進行縝密的考察。

在現今這個時代，汽車業是產業界的龍頭產業，而在當時，產業界的龍頭正是紡織機製造公司。紡織機也是一種工具機，用它織成的棉布行銷全世界，人人都穿它。其中，一流的紡織機廠商在英國就有好幾家，普拉特兄弟公司更是名副其實的王者。

喜一郎藉著在普拉特見習的期間，研究紡織機零件的形狀和精密度，也調查工人的工作實況。雖然喜一郎是佐吉心目中繼承公司的不二人選，但是他自己除了經營紡織機之外，也想發展新的事物。

回國後，喜一郎投入自動紡織機的研究開發，在佐吉與喜一郎的催生下，自動更換梭子的裝置得以實用化。

那就是一九二四年完成、隔年取得專利的G型自動紡織機。這種紡織機裝設了二十四種自動化、保護、安全裝置，包括飛梭內的紗線用完後，可以自動更換梭子的機件，可以在運轉中持續供給緯線，不需降速。因此，一名工人可以照顧數台紡織機。

G型紡織機的性能與經濟性，獲得世界第一的評價。喜一郎見習過的普拉特兄弟公司更提出「請將專利轉讓給我們」的請求，足見這種機器的優秀。

豐田開始與該社洽談，一九二九年與普拉特兄弟公司簽訂G型自動紡織機的專利轉讓合約。豐田自動織機製作所獲得了八萬五千英鎊的專利轉讓費。第一次世界大戰之後，一英鎊約等於二．四萬日圓，而二次大戰之前的一萬日圓換算成現在的價值，大約是二千七百萬日圓。粗略計算一下，當時的八萬五千英鎊，等於現在的五．五兆日圓。

由此可知，佐吉與喜一郎改良的G型自動織機價值連城，而且也得到世界的認同。

而豐田自動織機製作所是稍早前（一九二六年）由豐田紡織設立的公司，負責紡織機的製造與銷售。喜一郎也從豐田紡織轉調過去，擔任該社的常務董事。

專利權轉讓之後的第二年，佐吉因腦溢血併發急性肺炎過世，享年六十三歲。

一九三一年，九一八事變爆發，日本為了脫離世界性的蕭條，將開闢殖民地列為政策，成為這起事變的遠因。但是，中國人當然不願成為被殖民地，因而產生衝突，進而發展成戰爭，成為中日十五年戰爭的開端。

汽車的起源

佐吉過世後，喜一郎於豐田自動織機內設立汽車製作部，宣布將自行開發汽油引擎。他們不是把外國車的生產裝置或是零件作為根基，而是從一開始就打算做自己的汽車，這就是豐田汽車的緣起。

現在已經有電動車或燃料電池車，所以汽車也可以不搭載汽油引擎。但是汽車的歷史等於是汽油引擎的歷史。

一七六九年（明和六年，江戶時代），法國陸軍工程師尼古拉．居紐（Nicolas-Joseph Cugnot）發明了汽車。他的汽車用蒸汽機作為動力，一個前輪，兩個後輪。前輪的前面有鍋爐，光是水和燃料就重達一噸，時速三．六公里。這個裝置是用來牽引大砲的，但是誰看了都會覺得，如果時速才三．六公里的話，不如大家一起推。確實如此，因為後來，軍隊中並沒有使用居紐汽車的紀錄。許多資料都將它記載為第一輛汽車，但是不管怎麼看，它的行進速度比雙腿步行還要慢，稱它為汽車實在有些勉強。

如果說現代汽車真正有個原型的話，它應該具備四行程引擎。這項技術是德國發明家尼古拉斯．奧托（Nicolaus Otto）所發明。一八七六年，他勞心勞力製造出四行程循環的內燃機，四行程循環的內燃機與現在使用的汽油引擎，構造完全相同。如果把汽車想成「用汽油引擎驅動的機器」，我們可以說，沒有奧托的引擎就沒有後來的汽車。

但是，奧托發明的內燃機十分龐大，光是高度就有二．一公尺，沒有一輛車可以載得了它。

德國技師戈特利浦．戴姆勒（Gottlieb Daimler）將它改良，把奧托的內燃機縮小，裝設在腳踏車上，摩托車由此誕生。他進而又在驛馬車和帆船上裝上汽油引擎，這可以說是公共汽車與動力帆船的起源。

戴姆勒在一八八五年取得在腳踏車安裝汽油引擎的專利，世界的汽車從此開始進化。

但是，轎車方面，在亨利．福特開發出福特T型車（一九〇八年）之前，汽車只不過是美國與少部分歐洲富家子弟才買得起的高價玩具。對大多數百姓來說，交通工具還是以馬車和火車為主。而且，就算是福特T型車，也是在第一次世界大戰後才真正普及。從戴姆勒開始，到福特T型車的普及，經歷了三十多年的時間。

雖然另一種說法認為，福特T型車的發售，與汽車的普及並沒有相關性，T型車剛推出時也是只有有錢人才買得起的「轎車」。一般百姓別說是買車，連坐都沒坐過。

但是戰爭開啟了普及的契機。第一次世界大戰時，美國陸軍判斷卡車將成為必要工具，因此與卡車的生產商合作，大力促銷宣傳。最後卡車的必要性也得到民眾的支持。我個人認為這個說法頗有道理。

喜一郎踏入汽車開發領域的一九三〇年，正逢美國吹起汽車大眾化的風潮，全美國已有二〇〇〇萬輛汽車在跑。相對的，日本國內行走的車輛約八萬台（一九二三年）。一般百姓別說是擁有車，多數人根本不知道什麼是汽車。

在美國，汽車產業已經居於一定的地位，但是，日本還處於只有少數的先行者投入的程度。

翻開日本汽車的開發史，可以發現它正好與佐吉改良紡織機的時期重疊。

一九〇七年，東京汽車製作所的工程師內山駒之助完成了第一號國產車塔克利號。一九一四年，麻布的快進社的創業社長橋本增治郎，製造出自用車達特（DAT）。達特後來變成達特生（DATSUN），由日產汽車接續製造。其他如豐川順彌開發出阿雷斯號（一九二二年）、奧特摩號（一九二四年）。但是，除了日產之外，沒有一家公司有大幅的成長。

那是因為汽車製造是個綜合性的產業，如果零件、電機、玻璃、輪胎等各產業沒有成長，就造不出車來，這是汽車製造的特性。再加上若是沒有鋪設柏油道路，車子很快就會故障。若是開車遠行，各地也必須設有加油站。一個國家若沒有完整的基礎建設，沒有發達的各種工業，個人就算想製造汽車，也難如登天。

當時，三井、三菱、住友等財閥雖然都是產業界鉅子，但是連他們都無意投入汽車產業，就是因為日本支持汽車的周邊企業都還沒有發展起來。

喜一郎立志製造汽車的時候，第一次大戰期間，歐美的軍需產業誕生了革新技術。戰後，受到這波新技術的影響，日本各種工業隨之發展。而且美國的汽車業達到年產二〇〇萬輛以上的水準，因此只要有資金，就可以從美國引進所有的機器設備。

但是，喜一郎並沒有這麼做。他抱著堅定的意志，想要引擎、底盤零件等，全部由自己公司生產。

從現在的角度看，這可說是一項壯舉。但是，在周圍的人看來，這簡直是愚不可及的行為。想要從零開始製造國產車，日本必須有製造鐵銅等金屬、木製零件、樹脂產品、塗料、玻璃、橡膠、電力製品的公司。當時這些製造商並不齊備，而且還必須興建製鋼廠，來生產特殊的鋼材。所以，這可不是單單成立一家新創企業就做得到的。可想而知，這項提案遭到他的妹婿，也是社長的豐田利三郎和部下強烈的反對。

後來，喜一郎這麼說：

「首先，發展汽車工業需要龐大的資本，也必須克服各部分零件艱難的製作技術，更必須掌握熟練的組裝技術。光看原料的部分，就橫跨鋼鐵、鑄鐵、橡膠、玻璃、塗料等大範圍的工業品，因而，這類工業品若沒有全部發展到某個程度，終究還是沒把握投入汽車工業。」

儘管他有這樣的認知，但他還是投入了汽車的開發。

喜一郎撤出織機的改良，開始試造汽車，但是，它不是一蹴可幾的事。

堂弟豐田英二在喜一郎著手開發汽車的時候，還是東京帝國大學工學院的學生，但是他去工廠見習，仔細觀察技術員的艱辛奮鬥。

「喜一郎說，自動紡織機本身就是金屬鑄件，我們能生產紡織機，鑄件一定沒問題。但是，真正試做之後，才發現沒那麼順利。第一，自動紡織機本來就是我們自己的原創設計，所以，一開始的設計就是為了讓鑄件更好做。

「但是，換作（汽車的）引擎的話，就完全不是那回事了。不論我們設計得再怎麼簡單，但是引擎的汽缸體等，不能像織機那樣做個沒有型芯的鑄件就行了，所以一直做不出像樣的成品。首先，要從製造一個沒有氣孔的鑄件開始，但是這一點一直很難達成。試鑄了很多個，都有瑕疵。光是在這個步驟上就吃了很多苦頭，也花了很多錢。」

聽到一家做織布機的公司跨足汽車產業時，腦中總是揮不去一個疑問：這樣的嘗試會不會太鹵莽？如果是製造飛機的公司（富士重工、三菱汽車），直覺上會比較可能成功。即使是製造農機具的公司（藍寶堅尼），至少它做的是會動的載具，跨足這領域也不算奇怪。

但是，一家製造不會動的機器，而且只有纖維產業技師的公司，為什麼要進軍汽車工業呢？任何人都會抱著這樣的疑問吧。

查了資料才發現，現在的汽車廠商，並非只有豐田的前身是紡織機製造公司，輕型車霸主鈴木（Suzuki）早先也是織機製造商。此外，日產汽車的前身之一——富士精密工業，也是以製造絲織品織機而聞名的廠商。織機製造公司擁有金屬鑄件技術，所以這些廠商都自認為「具備製造引擎技術」，才開始開發汽車的吧。

那麼，為什麼喜一郎會把製造汽車當作自己的職志呢？一般的說法認為，「到歐美出差時（一九二九～三〇年），他看見了汽車這種交通工具的未來市場。」

過去，他是一個工程師，全力專注於發明，想要超越佐吉。佐吉沒有受過高等教育，但喜一郎曾在東京帝國大學的工學院和法學院修習，接受當時最好的教育，而且，他任職的豐田自動織機，是世界頂級的紡織機公司。他頭腦聰明，自視甚高，深信：「量產汽車的公司，三井三菱做不來，只有我才行。」當時他從帝大畢業，想要在政府當高官，或是進入財閥公司，都並非不可能的事。但是他卻沒有選擇那條路，而是回到名古屋鄉下，成為紡織機公司的工程師。也許是「不想在織機終老一生」的倔強精神，牽引他走向製造汽車這項新時代的機器吧。

他也認為「汽車是組裝產業」，決心跨入這個業界之後，便買下一輛雪佛蘭，將它分解，並且按原尺寸大小描繪所有的零件。不只讀書，也從實務中學習。不論是分解還是繪圖，他都是親自上場。通過自己親手執行，背下汽車零件的性能、功能。

製造汽車的工作，必定是從某個工程師著手展開，所以，自己跳下去做也沒什麼奇怪。即使三井三菱推出汽車，也不值得畏懼。外界雖然認定他是紡織機廠商，但是喜一郎自詡是個組裝產業的工程師，知識和經驗都不比別人差。

他的兒子豐田章一郎（現任豐田汽車名譽會長）提到了，父親作為企業家的著眼點，以及重視現場的貼心。

「物美價廉是他追求的目標。設立豐田汽車公司之前，父親就秉持『價格由市場決定』的觀念，訂下降低成本的目標，依此推進對策。他從通用、福特在日本國內的定價，詳細算出成本，計算在市場上競爭所需要的生產台數。

「但是，即使光只注重量產效果，在當時，與歐美廠商還是有一段很大的差距。因此，在新建的舉母工廠（現在的本社工廠）試用了『只在必要的時候使用必要零件』，也就是『及時化』的觀念。它不留中間庫存，是一種全新的生產方式，但是並不是出於削減成本的想法，而是在達到市場要求的價格之前，眾人絞盡腦汁『與成本戰鬥』的結果。」

不削減成本，意味著不降低零件品質、不壓低上游廠商的價格。為了與美國車對抗，豐田車只能降低售價。但是，買車的消費人口不像美國那麼多，量產並不能讓價格變便宜。反覆苦思之後，發現及時化是可以達成少量生產還能降低成本的方式。

章一郎繼續說：

「父親從開創汽車事業之初，就會到客戶那裡修理故障車。經由這個經驗，在刈谷時代的工廠設立了監查改良部，唯一的成員是豐田英二。他要求英二過濾出所有抱怨車輛的問題點，並且擬出對策。在舉母工廠，除了負責製造的作業長之外，另設檢查作業長，推動改善挑出瑕疵品的工序與推動技術員的教育。（略）

「最後是對現場的重視。父親奉行的信念是『實踐重於理論』，他常說『大學畢業生滿嘴理論，可是一點用都沒有。』」

喜一郎非常了解，自己開創的汽車事業是很冒險的，很少人願意到新創的企業中工作。若是不珍惜現場的工作人員，公司就沒辦法永續下去。

此外，說到戰前的工廠勞工，電視或電影中都將他們描繪成從早到晚艱辛勞動的模樣。可能真的有這種工廠，但是當時與現在的環境不同。戰前的工廠勞動很類似徒弟修業。在工廠就職之後，一般來說並不是在這裡工作一輩子，只要學到了技術就會跳到別的地方，或是自行創業。而且，婦女結婚就會辭去工作，就算是男工，做膩了工廠的勞動，便回到農村的人也不少，因為農村隨時都需要人手。

說到戰爭之後，被徵調動員到軍需工廠的人們，在戰敗後陸續離開工作崗位。他們回歸的目的地，是故鄉的農村。到三〇年代為止，農業都還是日本的基礎產業，農村保有吸納都市回歸人口的力量。

喜一郎重視現場工人，也是因為人們還不知道汽車這種交通工具，也不知道豐田這家公司，但是也可能是他本來就是個待人和善的人。

回到章一郎的談話。他追憶父親時說道：「作業長生病了，（父親）一定到他家裡去探望。我有時也跟著父親去，父親無論如何都走不開的時候，我也會代替他去。」

喜一郎的口頭禪是「作業服精神」。

「不管是工程師，還是工廠廠長，如果整天穿著乾淨的作業服，晾著乾淨的雙手，沒有人會願意跟隨你。到現場就把手弄髒吧。」

喜一郎沒有多彩多姿的故事，他罹患高血壓，常常在療養。雖然有人證明他嗜好杯中物，但是由於身體不好，不可能喝太多酒吧。五十七年的生涯中，他最大的期望就是開著日本製的轎車，行駛在日本的馬路上，這是他唯一的夢想。

油砂芯的苦心

一九三三年，喜一郎開設汽車製作部門，一九三五年，完成第一號試作車A1型試作轎車。結果，可以內製的部分有鑄型零件、鑄鐵零件等，其他只能使用美國雪佛蘭的正牌零件。即使如此，豐田能夠製造出引擎的基礎零件還是非凡的成果。

同年十一月，發表以A1型為基礎的G1型卡車。那一年當中賣出了十四輛。購買業務用卡車的人遠多於買轎車，所以，在第二次大戰結束之前，世人認知的豐田車，就是卡車，儘管喜一郎應該是不得不這麼做。

進軍汽車製造的時候，豐田自動織機的高層並無興趣支援，但是不管怎麼說，喜一郎都是創業者豐田佐吉的兒子，而且他也留下改良、發明織機的成績，還從普拉特兄弟公司那裡得到專利金。

他一躍而起，將船舵轉向汽車開發、製造，但喜一郎宣言「目標年產二〇萬輛」的時候，所有的人都目瞪口呆。

「美國的年平均生產輛數是二三六萬輛，所以日本一年可以賣出至少它的一成，也就是二〇萬輛。」

一九三三年，在日本路上行走的汽車約有一三萬五〇〇〇輛，其中轎車約占半數。這些車幾乎都是通用與福特日本分公司組裝生產的車。市場只有這麼小，但喜一郎發下「一年生產二〇萬輛」的豪語，董事們都嚇得說不出話來。這部分的喜一郎，是個強勢的創業家。

為了開發汽車，喜一郎從國外——主要是美國進口工具機，以及製鋼、鑄造、鍛造的設備、用以壓製汽車用的鋼材，即使如此，還是不可能包下所有的零件自己製造。

開發中，最花時間的是引擎內部用鑄件製作的汽缸體、汽缸蓋的製造。

如同前面英二提到，喜一郎雖然因為紡織機的製造，對鑄件很有經驗，但是引擎的鑄件叫做「薄物」，它的形狀十分精密，而且中空的部分很多。

剛開始，他們用了紡織機也使用的、用河沙做的砂模來做型芯。將熔化的鐵注入後，只有型芯的部分形成空間。但是，做的時候不是鐵液中有氣泡，就是砂模崩塌，鑄型失敗，而無法鑄出規定的尺寸形狀，失敗連連。

最後，他們將材料改成油砂芯，這是福特工廠製造汽缸體用的材料，好不容易才鑄型成功。

油砂芯是在天然銀砂中混入亞麻仁油、荏胡麻油、桐油製成的砂芯。即使在鑄模中，砂也不會崩解，適合製作固定尺寸的空腔。但是，如果把油砂芯的調合比例弄錯，當上千度的熔鐵注入鑄模時，可能會與之反應而發生爆炸。工廠內雖然沒有發生爆炸事件，但是熔鐵有好幾次噴發出來。

歸根究柢，這些從來沒有做過汽車的人，面對的問題不是不懂得如何製造，他們知道怎樣驅動汽車，也了解製造工程。

讓喜一郎和部屬們傷腦筋的是，不知道要用什麼原料、材料。另外也不知道去哪裡調貨。當時不像現在有專門製作精密零件的公司，買不到的零件就只能自製。

零件幾乎全部是鐵製品，不過世上不存在純粹的Fe（鐵），因此豐田混入不同程度的碳，製造出適合汽車零件的鐵。說到油砂芯，那也是與鐵的戰鬥。他們必須了解鐵的成分，引擎需要什麼樣的鐵，什麼質地的鐵適合底盤零件，必須實驗、開發，再反覆的測試，進而實用化。最後，汽車車體用的鋼板，那時候無法內製，只好向美國的美國鋼鐵公司進口，讓師父拿著鐵鎚，把厚度不到二公釐的鋼板，敲成汽車的形狀。

而開發的A1型試作車只做了三輛就暫停開發。喜一郎見G1型卡車有銷售前景，訂定了目標，無論如何都要月產一五〇輛，但實際上，能做出七〇輛就很不錯了。

A1型試作轎車、G1型卡車完成後，喜一郎試著將兩車開到日本的道路上，進行上路測試。兩車同樣從愛知縣的刈谷出發，走東海道經過豐橋、清水、三島，之後穿過箱根，從小田原駛向東京。再從東京經過所澤、熊谷、高崎，越過碓冰嶺、和田嶺、鹽尻嶺，從甲府、籠坂嶺、御殿場到熱海，最後回到刈谷，路途十分嚴苛。

A1型試作車在五天內走了一四三三公里，G1型卡車用六天走完一二六〇公里。戰後，豐田第一次完成的正式轎車「皇冠」（Crown）從倫敦穿越沙漠地帶到東京，新聞稱之為「壯舉」。然而早在戰前，豐田的車就曾經一路故障地穿越比中東沙漠更嚴苛的山區產業道路。

行車測試的時候，轎車和卡車都頻頻發生故障。在對外販售前，這些部位全都進行了改良，但是，即使如此，G1型卡車的故障還是很多。有時候，喜一郎會親自跑去現場幫忙修理。故障需要修理的部位加起來，超過八〇〇處以上，所以它們雖然能跑惡路，但還不能算是完成的車。

自動紡織機時代的造車

投入汽車事業的喜一郎，最初在豐田自動織機刈谷工廠一角的試作工廠，一個月勉強能造出五〇輛車。那裡沒有自動輸送帶，工廠鋪了類似鐵軌的線路，在上面擺了底盤，由人推著移動。

目標方面，一九三六年決定每月生產轎車二〇〇輛、卡車三〇〇輛。為此，必須要擴充廠房。於是，在距離試作工廠一公里的地方，興建了包含組裝車體工廠、塗裝工廠、車架組裝工廠、底盤組裝工廠、內裝準備工廠、零件放置場等等。這個刈谷組裝工廠鋪設了輸送帶，但是那個連接的狀態不能說完全有效率，即使是工廠的配置，也只是模仿美國的工廠。

不管怎麼說，製造的車輛數太少了。製造引擎或變速箱等零件時，使用輸送帶有其意義，但是，在車體內安裝車門、引擎、輪胎等的組裝工程上，定點組裝會比輸送帶更方便。底盤的移動，利用台車或鐵軌狀線路來進行。在量產體制上軌道之前，都使用定點組裝的方式，尤其是，這種方式比較適合少量生產。

現在提到生產工廠，輸送帶的配備已經是常識。那麼，沒有輸送帶的組裝工廠，又是什麼樣子呢？

如果想要一窺全貌，只要去手工製車工廠去看看就知道了，因為他們現在仍然不用輸送帶。例如，像是超級跑車。法拉利、藍寶堅尼等生產台數極少的超高級車，不像一般市售車需要輸送帶，他們不需要大空間，收集好所有的零件，就可以組裝。

但是，法拉利或藍寶堅尼的生產工廠並不對外公開，除非是擁有好幾輛車的車主，一般人謝絕參觀。我不可能買好幾輛超高級車，所以，我好說歹說要他們讓我參觀第一輛搭載了燃料電池的市售車「未來」（Mirai）的工廠。它位於愛知縣豐田市豐田元町工廠內，在那裡以定點組裝方式生產。

「未來」的生產量在二〇一六年為二〇〇〇輛，二〇一七年為三〇〇〇輛，預計二〇二〇年以後才可能達到三萬輛。即使現在（二〇一八年）提出「想買」的訂單，最快也要三年後才能領車。由於氫燃料站十分有限，所以從少量生產起步。但是消費者無法抗拒「世界第一款」的魅力，不只是日本，世界各地都有訂單湧入。

製造工廠的面積約如大學的體育館，天花板很高，約有三層樓高。燈火通明，比我參觀過的汽車工廠都要明亮。

為什麼呢？我問嚮導。他說：「也許是因為有很多細部作業。但是，照度沒有什麼改變呀。」

可能因為工作的人數很少，所以與其說是工廠，更像是畫家的工作室。雖然早已知道沒有輸送帶，但還是不習慣。輸送帶和噪音是工廠的象徵，沒有這兩個特點的廣大空間，把它稱為工廠，似乎不太相稱。

「未來」的組裝現場中，如果說有什麼聲音，只有不時用電鑽鎖住螺絲釘或螺帽時「嗞——」的旋轉聲，空間很有畫室或研究所的氣氛。

作業員一班八小時，現在是兩班制，日產九台。就是一天只能產出九輛車。工廠內有一輛完成車，可能是範本吧，製造中的有三輛。移動車體時，會將它載到堅固的台車上，由人們推著走。雖然很原始，但推動時不需要用到渾身的力氣，作業員只是輕輕的推。

沉重的零件由垂掛在天花板的鏈條吊車運送，輕的零件從手邊的零件箱中取出，安裝在車體內。這些作業由十三人的團隊分工完成。也就是說「未來」是全部都由這十三人製造的。

「組裝工程分成三塊，整備工程會拆下車門，裝上電池、電子配線束、儀表板等。第二部分是底盤工程，裝載底盤零件、氫燃料箱等。第三部分是最終工程，完成內裝相關零件，再裝上車門。」

一輛車由約三萬個零件組裝而成，但是，像導航、氫燃料裝置之類的稱為模組零件，集合了一〇〇種以上的零件。

車的組裝，說得簡單點，就是將集結的大大小小零件固定在車體上，有時也會黏著，但是絕大部分都是用電鑽鎖上螺絲釘或螺帽。

參觀的時候，我在想，組裝工程這部分無法用機器人取代。例如，在固定分布於車內的電子配線束時，人必須進入車內，配合車內的曲線小心地拉引電線，將之固定。如果讓機器人代替人類進行這項作業，就需要動作非常精密的機器人。如果能夠造出會固定配線束的機器人，汽車的生產全部都可以由機器執行了。

十三個人並不是全體負責一輛車，因為如果一堆人擠在一輛車旁，彼此反而互相阻礙，不好工作。

組裝工程的壓軸好戲，應該是把發電裝置「燃料電池槽」裝進車體吧。若是用汽油車來比喻，燃料電池槽相當於引擎，它是先組裝氫燃料槽等後，再用可以移動、升降的台座（搭載機）舉高，再固定在垂吊的車體中。它雖然是最重要的步驟，但卻是最簡單的一道程序。只要確定位置後，緩緩舉高裝入就完成了，僅僅只要三分鐘左右。

從三公尺遠的位置觀看車的組裝，作業員的動作相當悠緩，完全沒有匆忙的感覺。如果有生產輸送帶，作業員會配合流動的速度安裝，看起來會給人十分麻利的感覺，但是手工安裝的話，卻像是一邊思考，再將零件一一分別安裝的感覺。每個動作都像是有點遲疑。

負責人說：

「沒錯，沒有輸送帶，需要花點時間才能掌握自己的步調。既不能動作快，也不能慢郎中。他們需要持續的摸索，直到身體中產生一定的步調才行。」

馬拉松跑者中有一種人叫配速員，他的任務是在牽引特定的選手。只要有配速員在前面引導，跑者就可以專心跑步，不用在意其他的選手。汽車組裝的輸送帶也是一種配速的角色，只要習慣了，配合輸送帶組裝會比自己決定工作步調要來得輕鬆。

一般人都認為，被動地配合輸送帶的速度工作比較吃力，我以前的想法也是這樣。確實，如果輸送帶像卓別林的電影《摩登時代》中那樣，瘋狂的加速，工人當然吃不消。但是，汽車工廠的實際輸送帶並不是那樣的。

首先，我們不會看到現場的人慌張地追趕輸送帶。在豐田的工廠中，只要有什麼不正常的狀況，現場作業員就會停下流水線，主管也會跑過來幫忙。等工作恢復正常之後，才會依作業員的判斷，打開輸送帶。現場作業員絕對不可能神色驚慌手忙腳亂。

熟練的老手一定會確立自己的步調吧。對現場的作業員來說，壓力不是來自輸送帶的速度太快，而是沒有確立自己的步調。

「不好意思……」陷入這段思考中時，忽聞有人叫我，原來是引導員。

「對於手工製車，作業員最感到滿足的一點是，他們有自信可以一個人組裝所有的工程，輸送帶流水作業的話沒辦法做到這一點。」

他又補充一點。

「他們最害怕的是禽流感。傳染是從緊密的接觸中產生，十三人當中只要有一個人得了禽流感，就會給『未來』的生產造成障礙。因為，一個人得了，立刻就會傳染給五個人。」

故事再回到一九三三年，喜一郎投入汽車製造的時期。

那一年，日產集團的創辦人鮎川義介設立了自動車製造株式會社（後來的日產汽車）。日產集團是由日立製作所、日本鑛業、日本化學、日本油脂、日本水產、日產火災海上等百餘家公司組成的企業集團，在戰前，有段時期追過住友財閥，成為直逼三井、三菱的大財閥。

鮎川和喜一郎一樣，有志開發日本製的汽車，不過兩人方法不同。喜一郎希望所有的零件最後都能由自己生產，而鮎川則考慮與日本的通用汽車聯盟、合作。

但是，戰爭的腳步越來越近，鮎川思考的與國外資本合作也越來越難。當時日本國內，大半的車子都是福特和通用所製造，日本的汽車製造商才剛剛起步而已。不過，即使在這種狀態下，軍部方面也不希望假想敵美國的車子，在日本更加普及。

一九三六年，軍部與商工省工務局長岸信介合作提案，公布「汽車製造事業法」，其目的是追求「國防之整備及產業之發達」，「圖汽車製造事業之確立」。

它是統一管制經濟的法律之一，其著眼點有兩個。一是日本國內年產三〇〇〇輛以上汽車時，需獲得政府許可；二是股東需有半數以上的帝國臣民。換句話說，這是一道限制外資的法律，企圖藉此把以往占據市場的通用和福特趕出日本，培植日產、豐田自動織機、柴油汽車工業（後來的五十鈴汽車）三家公司。

福特和通用雖然已經在日本將汽車組裝生產，在現有成績的範圍內仍具有營業資格，但是，不得增加生產輛數。因此，兩家公司在一九三九年德國開戰後便停止生產。

這條法律的施行雖然優惠了自家公司，但是喜一郎並不看好，倒不是因為反對戰爭，而是他不信任官員的作為。

「政府把這兩個人（鮎川義介、豐田喜一郎）叫去，問他們『你們豐田、日產兩家公司開始生產國產車，未來需要國家採取什麼樣方式來支援呢？』對此，據說喜一郎和鮎川都回答：『過去國家施行的支援方式毫無任何幫助。我們公司不需要奧援。』兩人都表示，一切靠自己就行了。」（豐田英二述）

這條法律實施的結果，就是軍部購買的卡車數量增加。但是，戰場上的軍隊比較青睞福特、通用的卡車更多於豐田、日產。在前線，若是接到「搭國產卡車」的命令，士兵們都一臉頹喪，而坐到美國製卡車的軍隊則雀躍歡呼。

就現實面來考量，這條法律促進了軍需車輛的生產量。反之，擁有技術實力、熟練員工、握有銷售網的福特和通用撤出市場。問題是，福特和通用一旦離開，零件產業就無法成長。

豐田、日產靠著摸索來製造零件，然而美國的公司早已有指導製造零件的專業技術，訂貨量也多。考慮到零件商的培植，有外資進來，日本汽車產業才會進步。汽車製造事業法雖然照顧到日本的公司，但是另一方面對品質的提升可以說是減分。

英二回想起當時，說：「零件商的狀況十分悽慘。」

「日立市有家公司說，要開始生產『計量表』。我過去一看，公司雖然有廠房，但是裡面只放著作業台，既沒有設備，也沒有人，老闆也不太清楚計量表要怎麼做。」

另一家更慘。他聽到傳聞，御徒町有一家計量表公司，親自跑了一趟去看。沒想到工廠在國鐵鐵軌下方，只要電車通過就會喀答喀答地晃動。這種地方做出來的計量表再怎麼樣都不能用。但是在那個時代，即使如此人們也會胸有成竹地說：『我能做計量表。』」

建設舉母工廠

一九三七年，汽車製造事業法實施的隔年，豐田汽車公司成立了。喜一郎擔任副社長，社長是他的妹婿，豐田利三郎。

市面上提到豐田的書籍中，都把利三郎說成是一個為了守護豐田織機、豐田紡織，阻止喜一郎開發汽車的人物。但是，在豐田社史、汽車歷史書中只寫到利三郎反對，並沒有阻止開發的記載。

利三郎是社長，也是豐田家的代表，所以，他發言謹慎的確是事實。但是，喜一郎是佐吉的長子，他若是說「無論如何我都要做」的話，利三郎沒有立場反對。喜一郎的頭銜雖然是副社長，但是，全公司只有他懂車，所以他才是實質的老闆。

同一年，在愛知縣西加茂郡舉母町取得五十八萬坪的地，喜一郎動工建設汽車專用工廠。這是日本第一座正式的汽車專用工廠，現在更名為本社工廠。

在舉母興建大型工廠，主要有三個原因。

最大的原因是那裡沒有水田或農地。豐田家早先是農家，「絕對不可以毀掉田地建工廠」是佐吉的父親伊吉經常掛在嘴邊的話。喜一郎尊奉祖父的教誨，找工廠地時也避開了農地。舉母工廠的用地叫做「論地之原」，是一塊沒有任何栽種的荒地，而且面積非常完整。

第二個原因是舉母町正在招商。該町區沒有任何產業，若是汽車工廠設在那裡，就能雇用大量員工，是個千載難逢的機會。

第三是交通方便。話雖如此，用地旁並沒有大型馬路，鄰近的道路也還沒有鋪柏油。「那麼到底哪裡方便呢？」因為名古屋電氣鐵道（後來的名古屋鐵道）將軌道拉到工廠，完成的新車可以直接從工廠內運送到名古屋，或是首都圈。有鐵道鋪進工廠不但方便，也提高完成車的運輸成效。

該工廠建設之前的生產目標是（月產）轎車五〇〇輛、卡車一五〇〇輛，合計二〇〇〇輛車。

當時，喜一郎在董事會上宣讀了〈成本計算與今後的預測〉一文。

簡要的說，數字如下：

關於汽車的售價，福特、雪佛蘭的卡車，一台三〇〇〇日圓（一九三六年，一般上班族的薪水是七〇日圓到一〇〇日圓）。製造成本為二四〇〇日圓。

豐田的目標是參考這個數字，製造二四〇〇日圓以內的車子，銷售時要比外國車更便宜。

針對這個目標，該年十月、十一月、十二月的生產成果為每月一五〇輛、二〇〇輛、二五〇輛。製造成本分別為二九四八日圓、二七六一日圓、三〇八八日圓。

舉母工廠完工後生產量會增加，月產會增到一五〇〇輛（實際數字），所以全天滿載，全部賣完的話，成本會降到一八五〇日圓以下，而產生利潤……。這是喜一郎試算的結果。

汽車製造商必須大量生產大量銷售，才能存活下去。如果像法拉利、藍寶堅尼那樣，選擇手工製造超高級車的路，也許少量生產也能存活，但是在樹立超高級品牌之前，必須花費相當的時間和金錢。

大量生產，降低一輛車的成本，可說是汽車製造商的實力。

喜一郎對這一點了然於胸，也知道在自動織機的刈谷工廠手工組裝汽車，不符合成本利益，所以才建設大規模的舉母工廠。

過與不足皆無的狀態

舉母工廠在當時，可以算是規模空前，它是考慮鑄造、鍛造等鐵材的加工工程、機械工程、機械的安裝、沖壓、塗裝、總裝配等一貫作業流程，而設計出來的工廠，因而成為國內汽車專用工廠的雛型。

此時，喜一郎引進了「及時化」（Just In Time），作為生產體系的基本概念。

工廠完工以前，他對來採訪的雜誌社這麼說：

「在汽車工業方面，材料不只在質，在量上都扮演非常重要的角色。光是零件的種類就有二、三千種，關於這一點，那些材料、零件的準備或庫存，若是不考慮清楚，只會白白耗費資金，完成車的數量也會減少。

「我將它定調為『過與不足皆無的狀態』，換言之，對於規定的製產，我的第一考量是，不發生過多的勞力與過剩時間，沒有浪費與多餘的狀態；關於零件的移動、循環，絕無『待機』的狀態。『及時化』的重點在於各零件都要準備齊全。」

從試作的階段開始，他便在腦中規劃及時化的生產體系，後來專用工廠落成，有了這個可以發揮的舞台，他才決定將這概念引入現場吧。包含刈谷工廠在內，以往的日本汽車工廠，並沒有設計成適合流水線生產的動線。喜一郎想將及時化的生產方式帶進舉母工廠，因而設計了沖壓、焊接、加工、組合、總裝配的工廠動線。

後來，英二說這是「非比尋常的氣魄」。

「舉母工廠不採用批量生產（lot production），而決定用流水線生產，現場的作業長們問我：『真的能做到嗎？』儘管如此，喜一郎還是配合新的生產方式來規劃工廠。

「新的施行方法，不能製造出多餘的零件，反之也不能短少。如果將預定的數量全部做好，可以中途離開，十分有彈性。這個方式自昭和十三年（一九三八年）秋天開始，實施了約兩年，漸漸轉移成戰時體制，國家採取統制經濟，所以暫時解散了。戰後才又再復活。而大野耐一和他的團隊在這過程中，進行各種測試，才調整到今天這個地步。」

豐田生產方式的兩大支柱——及時化與自働化概念，早在戰前舉母工廠成立時就已經有了。所以，後人認為大野耐一只是將豐田生產方式體系化，而不是創建它的人。

大野自己也公開說過：「想出及時化方式的是喜一郎先生。」又說：「想出自働化的是佐吉先生。」因為對他來說，將兩人的想法強調為兩大支柱，效果極好。

「因為這是社祖佐吉與喜一郎想出來的」，有了這道「御賜令牌」，大野在推廣體系化生產方式時，現場的抗拒也會減少。如果當初他宣稱「這是我想出來的點子」，豐田生產方式肯定不會這麼普及。

那麼，當時引進的及時化方式，到底是什麼樣子呢？

舉例來說，在舉母工廠啟用之前，刈谷工廠的生產景象是這樣的：

用鑄件製成的零件先暫時放進中間倉庫，不會立刻排上生產流水線。這是因為如果沒有製出一定的個數，就沒辦法開始組裝下一階段的組合零件。作業員拚命在材料上加工，製作零件，累積到一個量之後，再移到下一段工程組合起來。完成之後，又把它堆置在倉庫或是工廠的角落。零件及組合零件累積到一個量，再從倉庫拿出來，送到總裝配區，組裝成汽車。

送入倉庫的零件、組合零件要在倉庫裡靜置一段時間，這麼一來，就需要倉庫空間，而且零件來來去去，也是時間的浪費。此外，運輸員的時間也不能任意浪費。喜一郎看到這個景況，心裡可能在想：「這樣下去可不行。」

事實上，母公司的紡織機製造現場就合理得多，他們不會不分青紅皂白的，把什麼東西都塞進倉庫裡。

喜一郎看到汽車的製造現場，心裡苦悶不已，因為「比製造織機還慢」。不管會出現什麼狀況，如果不改變生產方式，降低成本的話，就很難讓市場接受……。

他製造的豐田車，不論是轎車還是卡車，性能都比通用或福特來得差，而且經銷店少，故障也很多。然而，它的價格卻比美國車高。初期買豐田車的都是相關人士，其餘的就是軍需。如果想要開拓豐田車的接受度，就只能降低製造成本，造出更便宜的車。

弱小的汽車廠商才剛剛誕生，但是若想要繼續存活，就只能消除浪費、提高作業效率，實踐及時化了。

在旁觀摩的英二，回想起當時的狀況說：

「喜一郎的想法是將所有作業都流水線化。而且，不要累積物件，不需要倉庫。減少流動庫存，不要衍生多餘的花費。換言之，付錢之前就要把做出來的製品賣掉。如果這種方式上軌道的話，連周轉的資金都不需要。

「如何讓流水線作業上軌道呢？首先是必須貫徹教育作業員，尤其是負責管理、監督的人。由於這是劃時代的觀念，必須洗掉人們腦袋中根植已久的舊式的生產方式。

「喜一郎製作的指導手冊，厚達十公分，裡面鉅細靡遺地寫下流水線作業的流程。我們則根據這本指導手冊講課，這就是豐田生產方式的根源。」

從英二的話中可以抓出幾個重點：想要普及豐田生產方式，最重要的是教育、進修，它並不是知識的傳授，改變人的思考模式需要花時間。不管在哪個方面，改變一個習慣舊有方式者的觀念，都不是簡單的事。不論是誰，只要別人否定自己現在的做法，通常都會變得更固執，不論此時或是後來，越是熟練的師傅，越是否定及時化。

喜一郎撰寫指導手冊的時候，並不是在書桌前完成的。舉母工廠就像他自己的兒子，廠內設置的工具機，都是喜一郎自己挑選購買，空間規劃也大多由他決定。工廠開始啟用之後，他常常穿著連身作業服，親自試做每個階段的作業，把兩手弄得烏漆嘛黑。

他因為織機的改良，獲得帝國發明協會頒發的日本最高榮譽「恩賜紀念獎」。那表示他是一流的機械工程師，在開發汽車上，也已經是日本頂級的工程師。他是個富二代沒錯，但卻是在現場成長的人。他在工廠現場把每個角落看得通透，和現場的作業員談話，深深明瞭「若是不改變生產方式，就活不下去。」

然而，及時化的引進時期還是太早了。不只是工程，倉庫也必須一體適用，才能實踐這個方式。而且也必須盡可能在更多工程和倉庫中實施，否則一定會產生不良的影響。

當時，現場與倉庫之間，為了哪一邊應該保留多餘的零件吵得不可開交。機械工廠的負責人岩岡次郎這麼說：

「（喜一郎的意思是）如果所有工作都像時鐘運行一樣，『及時化』的把所有零件都流進來，浪費就能減到極少，而且按計畫執行。也就是說要我們貫徹這個觀念。（略）連材料的放置地點都有嚴格的規定，比方說，汽缸體一天加工二十個的話，就只能放置二十個汽缸體，不准放其他多餘的東西。所以，倉庫也要管理，簡直是吵翻天了。」

現場沒有放置多餘零件的空間，所以工人們就拿到倉庫去。但倉庫也有倉庫的立場，因為喜一郎下了命令「不准放置現場送回的物品」，所以他們不能受理。就算再怎麼要求及時化，不准現場放置多餘的東西，但是只要這個方式尚未在工廠內的所有工程上執行，就一定會有零件在某處堆積，無處可去。

結果，雖然只有在舉母工廠的部分工程執行，但卻無法在實質上樹立及時化的生產。也許再多花一點時間，或許在某種程度上可以達成及時化，之所以未能達成，是因為戰爭的腳步近了。這部分並不是喜一郎的責任。

公制法的工廠

喜一郎在及時化的同一時期，另外還引進了公制法。日本是在一九二一年採行公制尺規，但是在製造業的現場，都還是使用碼、磅等英制。自明治維新以來，國外進口的機械大多是英國、美國的產品，所以製造業一向以英制為標準。

這在汽車業尤其明顯，由於各家製造商都以美國車為藍本，大至工具機小到零件，全部都是以英吋、英磅等標示。更麻煩的是，現場的師傅們對英吋這個單位並不習慣，所以他們使用日常生活中用的尺貫法來換算。一英吋換算成一寸，八分之一英吋相當於一分。因此完成的零件，偶爾會有尺寸不對的情況。

所以，趁著舉母工廠完成的好時機，決定一舉「採用公制法」。這件事雖然由喜一郎主導，但是實際的負責人是進公司（從豐田自動織機轉調汽車）第二年的英二。

「從英制法轉換成公制法的作業看似簡單，其實難度很高。首先必須把以往英制的工具全部換成公制的工具。英制工具都還能用，但都要廢棄。圖紙也必須全部重畫，它需要一段準備期，既花錢又花時間。」

不只是工具、設計圖不能用，最花功夫的是零件中最小的螺絲。以往使用的是美國的SAE（美國汽車工程師學會）的規格，但是現在不能用了，因此要買公制規格的螺絲，就是JES（JIS規格的前身）規格的零件。但這些零件與豐田現場的尺寸不合。

因此，英二又開發新的螺絲。由於使用量非常龐大，決定螺絲規格和製造都相當花時間。不過，也因為英二決定的規格符合現場的需求，戰後，他製作的螺絲規格也成為日本的標準。連日產、本田使用的螺絲也是英二設計出來的。

英二回顧這段過程說：

「日產可能為了作業的方便吧，在戰爭結束之前一直維持英制，沒有使用公制。陸軍等軍部因而抱怨連連。因為豐田用公制規格，他們一家用英制的話，零件沒有互換性。在戰場上出狀況時，零件也沒辦法替換著用。」

一如「愛知門羅主義」這個詞所表現的，豐田公司常給人頑固、孤立、保守的形象，然而，如果仔細研究創業初期的歷史，其實他們一直在進行革新性的挑戰。尤其是採用公制法根本無利可圖，儘管如此，從長遠的眼光來看，只要是有必要的事，他們一定立刻採納。

另外，採用公制法最大的麻煩是現場作業員的教育和進修。已經說習慣的碼、磅的工作要改成公制，就像所有說英文的人，改成用法語交談一般。現場雖然混亂，但是英二說「這是一項很好的訓練」。

由此可知，在製造現場引進新嘗試，即使只是度量衡的改變，都需要幹勁，而且可能造成混亂。將豐田生產方式引進所有的工廠，經歷了一段大混亂。

國家總動員法與統制經濟

一九三八年，豐田汽車成立的第二年，政府公布國家總動員法，國家全面進入經濟管制。國家總動員法是戰時為了國防需要，管制人員與物資的法令。發布總動員法之後，不用經過議會的同意，政府也可以動員各種人事。簡單的說，在這個時代，政府可以任意進入民間公司，隨便要求他們聽令製作各種產品。

國家總動員法包含了徵調國民、物資配給、企業和金融管制、物價管制，當然還有言論管制。這條法律成立，配給制度開始後，社會籠罩在一片陰沉的氛圍。英二形容當時的氣氛「彷彿用棉花束緊脖子的感覺」。

民眾當中可能有相當的比例抱著自暴自棄的想法，認為「要打仗的話就快點開始吧。」同一年，政府對轎車的生產設定了限制，一九三九年，更禁止了所有民用轎車的生產。此外，汽車零件採配給制，一律由汽車統制會發配，所以什麼零件何時會到貨，沒有人知道。

英二是這麼想的：

「過去實施自由經濟，突然間改成了統制經濟，所有人都不知所措。但是，畢竟這是個有法治的國家，若是違法就抓起來處罰。昨天以前還可以自由買賣，今天開始就不行了。違法的可能性無所不在。（略）

「戰後升為副社長的大野修司（此大野非彼大野），因為某件事有違法之嫌，而被逮捕，關在留置所。抓人的人和被抓的人都一頭霧水，大野經過一番調查之後就被釋放了。」

管制、配給的目的，在於公平分配物資。但是，一開始配給，有些腦筋動得快的人就開始囤貨，之後再拿到黑市去高價賣掉。因此，很難取得貴重的製品。在汽車相關方面來說，很難取得純正的零件。

另一方面，就站在配給立場的官員來說，面對原材料配給的工作也是一個頭兩個大。他們都是門外漢，也沒有負責處理過汽車廠商的資材，對於該交給汽車廠商多少量、什麼樣的零件，根本一無所知。

汽車廠商向官員提出申請：「需要汽車的材料『鐵』」，官員不是鐵的專家，就下令鋼鐵公司「將庫存的鐵送去」，以為這樣就可以交差了。但是卻大錯特錯，問題出在鐵的質地。

製造汽車需要數種不同種類的鐵。例如，製造引擎時需要鑄件，車體需要鋼板。如果配給的是鑄件的原料生鐵，製出了引擎，鋼板就不能馬上取得。沒有鋼板就拼不成一輛汽車。汽車這種製品，只有所有的零件都到位，才有可能組裝出來。政府雖然以統制經濟給予援助，但實際上卻是外行人在主政，無效率狀態更加浮上台面。

一九四一年十二月八日開戰，當時喜一郎待在東京赤坂的家中。他從早上臨時新聞中得知有重大事件發生，然而表面上卻看不出有什麼異狀。不過，他對一起看新聞的兒子章一郎說「未來情勢險峻」。

「章一郎，美國汽車的生產數量是四四七萬輛，日本是四萬六〇〇〇輛，一〇〇比一的工業力差距，我們毫無招架之力。」

這是喜一郎的見解。

英二待在辦公室，靜觀周圍人們的態度。

「日本軍攻擊夏威夷。」大半人都抱著亢奮的心情，但是英二自己卻沒有融入這種氛圍中。開戰的半年前，資深的臨時雇員丸山自美國返國後，面色沉重對他說的話，還在腦中迴盪。

「英二先生，情勢十分嚴重。日本絕對贏不了。」

丸山老人如此斷言。

因此，英二也有自己的想法，他不像喜一郎去比較汽車的生產數量，而是去調查鋼鐵的生產量。

開戰那一年，國內鐵的生產量為一年六〇〇萬噸上下。相對而言，這個數量在美國僅僅二十天就能生產出來。即使如此，日本卻向美國宣戰，即使窮盡一切力量，日本都不可能戰勝。汽車是與國力相對應的綜合產業，沒有鐵、玻璃、橡膠和石油，就不可能生產汽車，也跑不動。在這個產業線上工作久了，即使不是喜一郎或英二，也能深刻了解到，日本的生產力贏不過美國。豐田的經營幹部，甚至是現場的管理部長，恐怕都不認為日本贏得了這場戰爭吧。

英二心裡明白「日本會輸」，但是並沒有說出口。因為一說出來，就會被憲兵或警察帶走。可是他的內心知道絕對贏不了。

戰敗那一年，次子出生。英二為了牢記無鐵而戰敗的事實，將次子取名為「鐵郎」。對鐵郎來說，這個典故頗令他困擾，但是這個小故事卻顯露出英二雖然性格莽撞冒失，但擁有獨特的幽默感。

第2章　戰爭中的豐田

送不到的零件

一九四一年，日本國內工業原料和石油短缺。這是因為美國、英國、荷蘭宣布對日經濟斷交，無從採購原油、鐵礦石、生橡膠和棉花。軍部勇於開戰雖然無可厚非，但是日本工業生產力卻從該年開始一路滑落。

工業生產的停滯，立刻衝擊到國民的生活。

首先是砂糖、火柴，採取糧票制度。其次是食鹽，改成登記配給制。瓦斯使用量採分配制，味噌和醬油也是糧票制。如果想採購作為主食的白米，就不能缺少主要糧食購買登記簿。購買食用油和調味料，需出示家庭用油脂購買登記簿，等待配給。

一九四二年公布了纖維製品配給消費管制規則，如果沒有布票，就不能買衣料。每人每年持有固定點數，住在都市的人一〇〇點，鄉下地方為八〇點。民眾只能在持有點數的範圍內購買新衣料。

一九四三年時，褲子要五點、罩式圍裙八點，婦女兩件式套裝三五點，西裝六三點。沒有人知道這個點數由誰訂定，但是如果同時買了內衣和上衣，就買不起新套裝了。所以，隨著戰爭時日的延長，越來越多人穿起補丁的衣服。在街頭都看得到人們穿著補丁西裝外出的模樣。

另一方面，與軍部有關係的人、善於囤貨的人還是能穿著筆挺漂亮的服飾。但是，大部分民眾穿的都是舊衣。一旦每天穿著舊衣，人就會喪失鬥志，表情也少了從容自在。許多對戰爭中的描寫，都會說「人們臉上神色暗淡」，但是穿著陳舊的衣服，表情也會變得暗淡，物資的不足讓人們的心情變得沉重。

統制經濟、配給制度的意思，就是政府出手控制生產者與市場。他們不准貨品自由流入市場，而是先統一搜購再實行配給。配給也不是免費發放，相應的價錢還是由國民來支付。只是，並不是每個人都會乖乖遵守，不論是白米、蔬菜、金屬製品、衣物，大家都知道，只要先囤積起來就能高價賣出。

戰中到戰後，「沒有物資」這句話到處可聞，這不僅是因為生產力低落而缺乏物資，還因為囤貨的人很多，所以造成物資不足。本來按照計畫，實施統制經濟，糧食、衣料可以分配給所有國民，但實際上並非如此，那是因為不遵從政府命令的人比想像中多出許多。

這裡歸納出開戰年開始，民眾在衣食住方面產生的變化。

〔一九四一年〕

一月　禁止米店自由營業。

二月　米穀登記簿與外食券成為制度，每人一天的白米配給為二合三勺（約三三〇公克）。

五月　衛生棉採配給制，對象為十五歲到四十五歲的婦女。每一人分配五〇公克，不定期配給。

六月　食用油改為配給制，接著，辛香料、乳製品、雞蛋也採取配給。總之，除了家裡種的青菜、在河、海捕到的鮮魚、昆蟲類等之外，所有糧食都只能從配給中取得。

〔一九四二年〕

一～二月　味噌、醬油、鹽採用配給制，味噌每人每月可獲得六七五公克，醬油六七〇cc，鹽二〇〇公克。

八月　內務省指導每一戶設置一處地板下的簡易避難所。四月時發生第一次本土空襲，所以，國民需隨時準備避難。不過，直到隔年（一九四三年）才進行規範。

〔一九四三年〕

一月　開始配給糙米。

二月　神奈川縣澡堂工會決議，入浴不得超過三〇分鐘，男女皆禁止洗髮、刮鬍。熱水應在七勺以下。

四月　東京銀座舉行路燈拆除儀式，上繳鐵和金屬作為軍需使用。不只是銀座，各地的街燈、郵筒、公園長椅、菸灰缸、火缽、寺院的佛具、梵鐘、銅像等都成為繳交對象。高知縣桂濱的坂本龍馬銅像本來也需上繳，但因為他是「日本海軍的創始者」，因而逃過一劫。但是，這些繳交的鐵材和金屬並沒有用作汽車的引擎或車體。精密機械需要純粹的材料，製鐵廠雖然會輸送鐵材到豐田軍用工廠，但是空襲頻繁之後也無以為繼，因為美國空軍轟炸的第一目標就是軍事基地和製鐵廠。

〔一九四四年〕

二月　文部省為增產糧食，決定動員五〇〇萬名學童，小學生也要下田種植蔬菜。這一年起，全國的學校不再進行正常課業。

五月　克難食物「菊芋」出現。這種芋頭是江戶時代從美國進口，原本給牛吃的飼料。除此之外，雜誌的報導中出現「大家來吃蟲」的企畫。

六月　大量出現無眼珠魚。得知魚眼含有豐富維生素B1，所以只有魚眼被挖掉，拿去製造維生素劑，供航空兵、潛水艇船員使用。

八月　廢止砂糖的家庭用配給，黑市價格暴漲。

十二月　軍需省與厚生省決定全國強制徵繳飼犬，毛皮製作飛行服，狗肉提供食用。大犬三圓，小犬一圓。同年巡警起薪四五圓，二級日本酒一升八圓，犬的上繳價格可以說很低廉。

一九四五是戰敗年，這一年政府的指示變少，都市地區天天都有空襲，生活在都市的人，日子已經過得殘破不堪了。

集團重組

到開戰的一九四一年為止，豐田的卡車飛速暢銷，十二月到達戰前的巔峰，月產二〇〇〇輛。但是，第二年開始，原材料、零件突然斷貨，生產量不斷滑落，製造出來的全部是繳納給軍隊的卡車。

一般的企業沒有買車的打算，就算是為了業務需求而採購卡車，也會被軍隊徵用，所以沒有人想要買車。

為了補充零件的缺乏，豐田不只向外部企業搜購，也調整體制將電裝品、輪胎等納入自家生產。內製不斷發展的結果，電裝品工廠持續擴大，戰後獨立出來，成為關係企業「電裝」，輪胎工廠也同樣成為關係企業「豐田合成」。

此外，軍方也向他們提出委託：「能不能幫我們製造飛機？」於是成立了川崎航空機與東海飛行機兩家公司，但是並未真的生產飛機，而是在豐田自工航空機的工廠，生產了練習機的「ha13甲2型」引擎。

生產飛機引擎需要工具機。原本豐田自動織機內的工具機工廠，已在製作車用工具機械，所以讓它獨立出來，成立豐田工機。豐田工機是工具機械公司，專門製造飛機、車用零件，現在他們的機械產品不只賣給豐田，也賣給其他汽車公司。就這樣，豐田在戰爭中建立了關係企業的原型，屹立至今。

另一方面，豐田集團的主幹公司——豐田紡織受到戰爭的影響，原棉採取分配制，生產急速滑落，業績一蹶不振。商工省下令「將衣料生產放一邊，為軍需生產奉獻」，於是開始製造軍服與軍需品。這段期間，棉布的國內消費減少，因而採用棉與人造纖維混紡，但這種混紡布料的品質粗劣單薄。

各家紡績公司都奄奄一息，政府將難以為繼的公司重新編組，豐田紡織與內海紡織、中央紡織、協和紡績、豐田押切紡織合在一起，組成「中央紡績」。

五家名為「紡織」或「紡績」的公司合併，成了中央「紡績」，所以，合併的五家公司不再只是紡紗的公司，也經營織布。此外，合併也沒有解決原料短缺的問題，因此中央紡績暫時停止木棉相關的事業，員工改為製造飛機油冷卻器，或是排氣管，以取代棉線棉布的生產。

中央紡績的名古屋工廠，後來轉讓給豐田自動織機，就是現在的豐田產業技術紀念館。

一九四三年，中央紡績與豐田汽車合併，因為豐田家的家業，在戰爭中從紡織、織機轉移到了汽車。此時，在合併前就已任職於豐田紡織的大野耐一，自動轉為豐田汽車的員工，開啟了大野與豐田生產方式的源頭。

大野的夫人良久聽到丈夫轉職到豐田汽車時，第一個感覺是「被降職了」。公司變動的話，他們就必須從中央紡績工廠所在的刈谷，搬到豐田工廠所在的舉母町。雖然二廠都與名古屋市中心有段距離，但是離海較近的刈谷開發較早，對良久夫人來說，在刈谷生活比較輕鬆。但是，她二話不說隨同丈夫到舉母町。在舉母町開始生活後，她突然想到：

「紡績業應該比汽車業安穩吧。」

她的想法一點也沒錯，當時的汽車公司乃是新興產業，還看不見未來。

大野耐一的原點

大野耐一，一九一二年出生於中國大連。其父親任職於滿鐵（南滿州鐵道），從事耐火磚的開發、製造。滿鐵位於中國東北部的滿州，屬於國策企業。回國後，在愛知縣刈谷擔任地區長，後來一路從縣會議員、町長，最後升上眾議院議員。耐一這個名字，並不是引自「勿忘忍耐」之意，而是取自父親的專業——耐火磚的耐。

大野從家鄉的刈谷中學考取名古屋高等工業學校（後來的名古屋工業大學），一九三二年畢業後，二十歲即進入位於刈谷的豐田紡織。

與美國開戰之前，大野的工作是織布主管。該公司工廠內的紡織機，是佐吉與喜一郎開發的G型改良版，織出的棉布品質高，在統制經濟之前極為暢銷。

工廠裡的從業員，九成以上都是女作業員，俗稱紡織女工。她們的工作是監看織機，每一個人要兼顧二十台以上的織機。由於織機是自動化作業，她們的工作是在緯線的線捲用完，機器停止時，走上前去補充。

麻煩的是經線綳斷時，女工需要從織機旁懸掛的棉線束中抽出一條線，與綳斷的經線連接。線與線打結時，盡量縮小結眼，而且速度要快，從這兒可以看出女工的熟練與否。

閱讀當時紡織女工的訪談記錄，每位女工都說「最麻煩的就是經線綳斷」，所以她們總是拿著小剪刀、解開綳在織機經線的櫛子，一面在棉絮飛舞的工廠內踱步。她們走在織機之間，隨時照看二十台織機。因為佐吉的發明，這裡才能有「多機控」的工作。

大野對紡織女工照管多台機器的景象印象深刻，所以後來看到豐田的現場，一人只需操作一台機器的樣子十分驚訝。

「只要改成多機控，生產力就能快三倍。」他想道。

數年後，他回顧豐田紡織時期的工作，曾經這麼說：

「豐田紡織的生產力並不差，但是，日紡（大日本紡績）採取的生產方式與豐田紡織完全不同，生產力更高。」

大野對日紡高生產力的原因，有他獨特的見解。日紡的高生產力，並非由於該廠聘用熟練的紡織女工。此外，織機的性能，也並不比豐田紡織優秀，反倒是豐田紡織的織機性能比較好，即使如此，日紡的運作更有效率，能降低成本。日紡的現場，就是不同的生產系統導致成本降低的範本。

大野著眼於日紡生產系統，將想法應用在豐田生產方式上。

〔工廠的空間規劃〕

豐田　按不同工程在各別的廠房進行。

日紡　廠房一體化一貫生產。

〔線的搬運〕

豐田　大批量，由男性用手推車搬運。

日紡　小批量，由女性搬運，這樣可節省人事成本。

〔啟用熟練者〕

豐田　新人負責接上斷線（經線）。老手主要的工作是控台，即監視機器。

日紡　由新人控台，老手負責接斷線。

〔品質管理〕

豐田　仰賴熟練度。重視後面的製程。

日紡　前面的製程若是能做出牢固的線，後面的製程就不需要接線。也就是要求前製程就做好工作，這是種「自工程完結」（製程自我完結）的概念。

在日紡，老手能在短時間內調整斷線，此外，前面製程製作出牢固的線，斷線就會減少。

大野從日紡的生產方式學到很多，一是在前面製程確實做好工作，二是建立標準作業流程，不依靠老手的技巧，新人也能做。這些特點都納入豐田生產方式。

大野任職的豐田紡織，在戰爭中改組為中央紡績，再與豐田合併。因此，大野的工作從織布變成了生產汽車。他並不是自己主動向汽車工業求職，而是戰爭改變了他的命運。

大野早就知道喜一郎在開發汽車，但是，他從來沒打算過脫離織布業，進入汽車製造業。因為其他同事轉調到豐田汽車之後，有人還是在豐田汽車的紡織部門工作。

名古屋空襲與三河地震

戰敗那一年（一九四五年）從年初開始，美軍對日本都市地區、工廠地帶的轟炸日趨劇烈。美軍使用的是燒夷彈，他們知道日本民宅都是用木材和紙組成，容易燃燒，因此開發了三種燒夷彈，集中投擲在非戰鬥員居住的都市地帶。若是落在鄉間無法造成太大的破壞力，因此他們瞄準的是東京下町那種住宅集中的地區。

燒夷彈當中的凝固汽油彈是將油脂中添加氫煉製的棕櫚油，混入石油精製時產生的環烷酸等，形成的固態油狀炸彈。它容易點火，可長時間燃燒，發出高溫。爆炸的瞬間，固態油會變成碎片飛散出去。

鎂殼燃燒彈是用鋁熱劑和鎂的合金製成，因為是金屬，穿透力強。破裂的瞬間會發出高熱，溫度可以熔化鐵板。

黃燐燒夷彈是為了擴大火災的效果。它會散發有毒氣體，能夠將人體燒得屍骨無存。消防隊無法接近，只能看著火災不斷擴大。美軍使用這三種燒夷彈，分別投擲在不同目標上，有效地對日本國土和國民造成極大的傷害。

所謂空襲，就是燒夷彈沒日沒夜地從空中丟下來。僥倖存活、撿回一條命的人全都離開都市，去投靠親戚朋友了，住在都市地區的人一天天減少。

本來轟炸住宅區、隨機轟炸，是違反戰爭法的行為。在荷蘭海牙舉行的戰爭法規則委員會（一九二三年），規定「轟炸只限於針對軍事性目標執行時適用」。但是，第二次世界大戰中，有些國家並未遵守戰爭法。

開戰時，美國總統羅斯福向所有交戰國呼籲「從空中攻擊非武裝都市一般市民，屬非人道的野蠻行為，應極力避免」，但是，德國、蘇聯、英國，以及美國都對都市進行隨機轟炸。一到了戰爭，羅斯福也都忘了自己呼籲過的事情。

據美軍的判斷，「日本的軍需產業百分之七十都是由家庭工廠提供，家庭工廠從事承包的工作，所以應把目標對準有家庭工廠所在的都市地帶」，因而對日本住宅區展開空襲。

然而這個理由過於粗糙，實際上，他們投擲燒夷彈的目的在於燒毀工廠與住宅，用以打擊國民的戰鬥意志。

說到戰時的空襲，最有名的就是一九四五年三月十日的東京大空襲，造成九萬三〇〇〇人死亡，二三萬戶房屋燒毀，江東地區夷為平地。不只是東京，豐田的大本營名古屋，也在空襲中受害慘重。

美國B29轟炸機第一次飛到名古屋，是在一九四四年十二月十三日，轟炸了三菱重工的名古屋製作所。

其實，這次轟炸的一星期前，名古屋發生了昭和東南海地震，震度六級，有九九八人死亡，房屋二萬六一三〇戶全倒。地震規模之大，把東海道線的天龍川鐵軌橋都震垮。當名古屋地區的居民正在從地震災害中復舊之時，空中又落下燒夷彈的攻擊。

從此時開始到戰爭結束，名古屋地區遭到三十八次轟炸。飛來的B29合計一九七三架次，造成八一五二人死亡，一萬九五〇人受傷。受災者高達五一萬九二〇五人（美國戰略轟炸調查團調查）。

雪上加霜的是，戰敗那年的一月十三日又發生了三河地震，震度五級，造成一九六一人死亡，八九六人輕重傷，全倒房屋五五三九戶，半倒房屋一萬一七〇六戶。

名古屋地區在反覆的空襲與地震的摧殘下徹底崩毀，接受投降戰敗的結果。豐田就從斷垣殘壁中，在戰後重新出發。

戰敗日

戰敗那年的五月，英二成為豐田汽車（全名「豐田自動車工業公司」，一般稱為「豐田自工」）的董事。喜一郎反對，他認為「英二當董事還太早了」，但是，當時代替喜一郎執掌經營大權的副社長赤井久義堅持己見：「當董事，年齡不是問題。」

喜一郎對戰敗早已有心理準備，工作時也提不起勁。他離開名古屋，回到東京位於世田谷岡本的家中，閉門不出，天天專心讀書。他在都心赤坂也有居所，但是那邊在空襲中被燒毀。

然而，留在舉母的英二和員工們，也不能算是在工作。雖然天天到工廠上工，但是材料和零件都少得可憐。到了戰敗那年，名古屋市區內空襲頻仍，連位於郊外的舉母也有美國軍機飛過。

但是，美軍認為炸彈投在鄉間太浪費，所以舉母工廠沒有遭到轟炸，而是以機關槍掃射。舉母工廠附近有陸軍的高射砲營地，還有名古屋海軍航空隊，美軍飛機的目標是那兩個基地，但是槍彈沒射完的話，就會對準附近的舉母工廠掃射一番，才踏上歸途。

不知道遭受第幾次機槍掃射的時候，英二外出回來，辦公室受到狙擊，連他自己的座椅都被打得稀巴爛。不只是英二，員工們不是忙著修補被破壞的房屋或器具，就是在防空洞裡避難，根本沒辦法工作。

八月十四日，戰敗的前一天下午，三架B29飛機瞄準舉母工廠直飛而來，各別投下一個炸彈，一發在宿舍旁炸出一個大洞，另一發落進矢作川。最後一發命中鑄件工廠，造成廠房四分之一破損。不過由於及早避難，所有員工都安然無恙。

戰後，豐田內部的鍛造工廠廠長太田普蕃，素有「傳說的廠長」之稱號，他經歷過投降前一天的空襲，稱得上是了解戰爭時代的證人。

「我們晚上住在一個叫寄宿舍的地方，聽起床號醒來，唱軍歌列隊行進到工廠。過著這樣的生活。在培養所裡分成一分隊到六分隊，呼號也是軍隊式。昭和十九年，東南海地震和戰況的惡化接踵而來，工廠裡雖然還不到無法工作的地步，但是堆砌的磚牆都震垮了。

「有半天時間到青年學校，進行戰時訓練。匍伏前進，用刺槍刺稻草人，那是殺人的練習。

「終戰前一天，舉母工廠空襲時，我正在工廠。才剛剛躲進隱蔽裡，槍彈和炸彈就掉下來了。就算被炸死也不奇怪。」

戰爭結束後，美國派出的轟炸調查團也來到舉母工廠。英二看到他們拿來的周邊照片，赫然發現飛機上拍的工廠全景分毫不差。

英二相信，「美國的轟炸機並不是隨便投彈，他們是瞄準目標才丟下炸彈的。」他的認知完全正確。美國軍機到了戰爭末期，都是決定了轟炸目標，鎖定目標才丟下炸彈。例如東京空襲的時候，銀座燒得寸草不留，但是有樂町另一側的皇居與護城河旁，完全都未受到轟炸。此外，帝國飯店、東京會館、第一生命大樓也都毫髮無傷。他們知道已經在戰爭中獲勝，因此，將這地區完好的保留下來，以作為自己進駐時的辦公室和宿舍。

八月十五日，喜一郎與妻子、兒子章一郎一起，從東京回到父親佐吉在靜岡湖西的老家。

三人在榻榻米上正襟危坐，聆聽天皇的終戰詔書。打開收音機開關的人是喜一郎。

第一次聽到昭和天皇的聲音，既不自大也無威嚴，斷斷續續的說話方式，從聲音中表現出天皇的誠實。但是雜音很多，而且字句太過古典，所以一時聽不太懂。廣播的時間也很短，從開始到結束還不滿五分鐘。

「死於戰陣、殉於職域、斃於非命者，及其遺族，五內為裂。且至於負戰傷、蒙災禍、失家業者之厚生，朕之所深軫念也。

惟今後帝國可能受之苦難，固非尋常；爾臣民之衷情，朕善知之。然時運所趨，朕堪所難堪、忍所難忍，欲以為萬世開太平。」

三個人都沒有完全聽懂，但是知道戰爭輸了，空襲結束了。

喜一郎的感覺只有「該來的還是來了」的事實。

另一方面，英二、大野等豐田汽車的員工，當天上午正在修補前一天空襲炸破的工廠屋頂。經營幹部集合到工廠的辦公室，虔心地聆聽天皇的敗戰廣播。有位來工廠監督卡車製造的陸軍中尉站在英二身邊，他似乎聽不懂廣播的內容，英二告訴他：

「陛下宣布停戰了。」

陸軍中尉一聽，鐵青著臉走回自己房間去了。

大野也在工廠聽天皇的廣播，當時他才從豐田紡織轉過來第二年，雖然沒有工作，但是掛著組裝工廠課長的頭銜。就在八月二十九日喜一郎回到工廠之後，大野也認真開始規劃生產力的提升。

八月底，喜一郎回到舉母工廠，召集了幹部對大家說話。

「我們要積極地進行卡車、轎車的生產與研究開發。其次，只發展汽車，沒辦法養活工廠裡的大夥，所以我想投入與衣食住有關的新事業。衣食住為民生的基本，就算是占領軍管得再多，也不會禁止吧。最後，我要告訴大家，原則上再怎麼苦，我也不會裁減人員。」

方針立刻付諸實行。

終戰時，豐田有九五〇〇人在工作。正規的員工只有三〇〇〇人，但是豐田被指定為軍用工廠，因而增加了不少勤勞動員的民眾。

勤勞動員到廠內的員工，從學校學生、老師，到尼姑、藝伎等婦女，三教九流都有，也從監獄載來正在受刑的囚犯。只是，這些人都是被強硬拉來的，戰爭結束後都要回到原本的崗位去。

因此，雖然人員急速減少，但是還有三〇〇〇名。此外，收到徵兵令到外地的員工若是回來，也必須雇用這些人。戰爭剛結束時，所有公司老闆都在思考「用什麼方法才能養活員工」。

喜一郎推行多角化經營。英二去研究陶瓷器。章一郎出了趟遠門，到北海道的稚內，在魚板、竹輪的工廠工作。幾個月後，章一郎好不容易回到名古屋，卻又接到命令「你去做住宅的工作」，籌備使用預鑄混凝土建設住宅的事業。

其他幹部也都接到不同的任務。有的幹部開始養殖泥鰍，有的負責鐵鍋、飯鍋、縫紝機的製造。但是這些嘗試都很難說有所成果。成形的只有章一郎籌畫的住宅建設，後來成為TOYOTA HOME公司。

豐田經手的事業中，最能貢獻利潤的還是紡織事業。戰爭末期，紡紗、織布業務雖然處於休業狀態，但是和平之後，人們對衣服的需求爆發，而且再加上嬰兒潮，嬰幼兒的衣服也成了熱門商品。

戰時喜一郎下令「好好保管」的紡織機，此時設置在汽車工廠的一角，重新開動，生產棉線、棉布。戰時由於與中央紡績（豐田紡織的後身）合併，保管了相當多台紡織機。戰後在布料相關的景氣帶動下，紡織業立刻趨於穩定。戰後豐田可以說是靠著紡織事業才能重獲生機。

喜一郎一生都沒有忘記這件事，後來在TOYOYA紡織（中央紡績的後身企業）演講時，他對於紡織事業解救了豐田，表達了感謝。

「我長年致力於機械工業的經營，回首過去……尤其汽車工業在戰爭體制的特殊條件下誕生，在汽車製造事業法等國家優厚的保護下發展起來，所以未曾在自由市場中接受過激烈競爭的洗禮。因此戰後應該朝著什麼方向發展，不是兩三下就能決定的事。總而言之，我們做了多方向思考，多方面的努力，然而戰後接二連三出現惡性的通貨膨脹、管制復活、占領政策的變化等，迫使我們陷入轉寰不易的局面……怎麼工作都養不活自己的狀態。」

喜一郎就是在這時，在大家面前說「多蒙紡織業的照顧」。

發展多角化的喜一郎還對幹部們說了另一件事。

「對於汽車事業，不是悶著頭做就行了，必須要提高生產力。若是不能三年內追上美國的汽車產業，豐田就會垮掉。我們必須抱著這種決心工作。」

大野並沒有親耳聽到這段話，因為他是在工廠現場的人，沒有當面聽喜一郎說過。但是自從英二告訴他這句話，從此就牢牢記在腦中，簡直可以說被喜一郎的話迷住了。

「拚三年趕上，真的做得到嗎？但是，不拚的話，豐田就會垮掉。只能硬著頭皮幹了。只是，我們不能只是中規中矩的營運。反正既然會垮，就幹些突破以往常規的事吧。」

大野問過戰前幹過這一行的人，對德國和美國生產力的感想。

「日本與德國的生產力是一比三，日本三個人做的事，德國工廠裡只要一個人負責。但是，美國的效率更好，德國三個人做的工作，美國人一個人就能完成。」

從這個比例來說，等於美國一個人做的事，可以抵日本九個人的工作量……等等，這是戰前的狀況，所以現在的差距更大了吧。所以說，我們要在三年內，把生產力提高到十倍才行。若是達不到，公司就會垮台。」

大野認真地思考著，然後直覺到一件事。

「就算再怎麼拚命，三年的時間也太難了……喜一郎先生有點操之過急了。」

豐田的再出發

一九四五年九月，占領日本的GHQ（聯軍總司令部）發表對製造業生產的白皮書。

「日本汽車公司不得生產轎車，但是，可以生產卡車。」

卡車肩負物流的任務，在日本復興上不可或缺，所以GHQ也不能禁止生產。

得知卡車生產可以重啟的喜一郎，立刻割捨泥鰍養殖、鐵鍋飯鍋生產等的多角化經營。但是原材料和零件，並沒有因為戰爭結束，馬上就能採購得到。

當時，負責採購的花井正八（後來升任副社長、會長）和其他員工，為了取得原、材料，用盡了各種手段。但總是買不到便宜又高品質的純正零件，因此，卡車的生產線啟動後，每月生產還不到五〇〇輛。

戰敗那年全年生產數為三二七五輛，第二年為五八二一輛，這兩年都只有生產卡車。

雖然禁止生產轎車，但研究卻是自由的。美方指定豐田、日產等汽車廠商承包駐日占領軍軍車的修理，當作占領政策的一環。這個機會讓他們有機會了解美國車的構造。

修理的車子主要是吉普和卡車，轎車方面，大多是克萊斯勒公司的普利茅斯（Plymouth）。當時，豐田的員工一面修理普利茅斯，一面積極吸收美國車進步的地方，作為開發自家轎車的參考。修理汽車賺得的利潤，當然不如製車販賣來得多，但是一定收得到錢，而且還可以研究美國車，所以對員工來說，這份工作遠比養殖泥鰍、生產鍋具來得有意義。

除了生產卡車和修理美軍車輛之外，豐田仍然繼續經營副業，但是苦難卻頻頻找上門。

豐田被占領軍認定為財閥。占領軍認為財閥是將日本帶向軍國主義的元凶，便將箭靶指向三井、三菱等戰前的財閥，試圖削弱他們的實力，於是公開指明將解體三井、三菱、住友、安田、富士產業（原中島飛行機）等五大企業。

解體的方式是禁止公司持股，解除集團連結，削弱公司實力。第一次進行解體的是上述五家大財閥，但是財閥的名單陸續增加。而名古屋大名鼎鼎的豐田，在第五次（一九四七年九月）財閥解體時被點名。

喜一郎是豐田的當家，儘管他想一心投入卡車生產和轎車的研究，但是公司的命運岌岌可危，哪裡是捲起袖子在現場工作的時候！他與幹部商量出對策，將旗下企業變更公司名稱，再減少董事的兼任工作。於是關係企業朝向獨立發展，讓汽車公司得以存續下去。

但是，此時持有集團公司股票的豐田產業遭到解體，雖然豐田幹部心底想的是，如果這樣能擺平一切，那還算好的。

好不容易渡過財閥認定的風波，但是難題還是接踵而來。占領軍公布了禁止獨占法，這是他們思考的民主化政策之一，出發點是單一一家強大的公司獨占市場，會扭曲自由競爭。

接著，又制定了「過度經濟力集中排除法」。這條法規的立法意圖也與前述相同。總之就是不能讓大公司在市場上太過招搖。豐田雖然不是禁止獨占法的對象，但是根據過度經濟力集中排除法，它卻被點名為管制對象。

但是，當時的豐田，每個月的生產量連五〇〇輛車都不到，這樣的公司能否算得上「過度經濟力」，相當令人懷疑。

英二在著作中寫道：「靠著關說終於從名單上刪掉了」，但實際上應該是GHQ重新考慮了。如果名古屋奄奄一息的汽車公司，算得上過度經濟力的話，那全日本所有資深企業都能上榜了。總之，最後豐田從該法的管制名單中抽掉，也沒有觸犯禁止獨占法。只不過在那段期間，喜一郎帶著幹部，幾乎天天必須到東京GHQ總部報到。

才剛喘口氣的時候，這次GHQ又端出限制公司令，這是為了管束逃掉財閥解體的企業，下令分割企業，讓旗下的企業獨立。

於是，豐田的電裝工廠成為日本電裝（即現在的DENSO），紡織工廠成為民成紡績（即現在的TOYOTA紡織）。琺瑯鐵器的工廠也脫離出來，成為愛知琺瑯（即現在的日新琺瑯製作所）。

仔細想想，GHQ的民主化政策，對戰前擁有龐大實力的財閥企業，確實是嚴厲的措施。但是對戰後誕生的公司，或是像豐田這種新興企業來說，卻是一種限制的放寬。財閥企業的力量縮小，新興企業就可以昂首闊步地進軍市場。就結果而言，它活化了日本的經濟。

銷售體制與神谷正太郎

豐田一再受到占領軍民主化政策的撥弄，但是在戰後的雜沓中，只有整建汽車銷售網的部分，大幅領先同業其他公司。這是因為豐田社內有神谷正太郎這號人物。

戰時，日本的汽車銷售由國家管理，銷售的形式是廠商將完成車送到日本汽車配給股份公司（日配），日配再批發給全國各都道府縣的配給公司。而在戰時，幾乎所有的車都繳交給陸軍作為軍用，或是軍需工廠調用當作運輸工具，因此全國只有一家供應車輛的公司，也不覺有什麼不便。

然而到了戰後，GHQ廢除了日配，要求大家「靠著自由競爭銷售」。日配雖然被廢除，但在各都道府縣的下游配給公司都還在營業。他們驚惶失措，不知道接下來要靠什麼營生。地區的配給公司在戰前分別是豐田、日產、五十鈴體系的銷售公司，後來各地區統合起來，成了配給公司。

他們一時沒了方向，不知改賣哪家公司的車（卡車）比較好，哪家汽車公司能夠經營得下去……這種事連汽車公司自己都沒把握，各地方配給公司當然也掌握不到戰後的前景。

就在這時候，神谷出現在地方各配給公司的門前。從戰前就擔起豐田銷售總管、戰時任職日配常董的他，一見戰爭結束，便迅速展開行動。他回到豐田復職，開始四處下鄉，建構全國性的銷售網。

後來被譽為「銷售之神」的神谷正太郎，一八九八年出生於愛知縣知多郡。他比喜一郎小四歲，比大野大十四歲。

神谷從名古屋市立商業學校畢業後，十九歲進入三井物產，半年後，被派到美國西雅圖就職，第二年再調至倫敦分店。在商業學校就讀時，他就一邊上夜校，所以英語聽說流暢，也因而受到拔擢。在倫敦分店時負責鋼鐵等金屬的貿易。二十七歲離開三井物產，自己創設神谷商事，從經營金屬專業起步。轉眼就賺了大錢，一躍為純種馬的馬主，甚至取得倫敦艾普索姆、克羅敦等賽馬場的VIP身分。

但是，第一次大戰後長期經濟蕭條，兩年後，公司業績惡化，他不得不將公司關閉。傷心之餘回到國內，但是欠缺生活費，必須立刻上班工作。這時他找到的是日本通用汽車。先前在三井物產和神谷商事，他做的都是鋼鐵，鋼鐵公司的大客戶就是汽車業，這個業界他人脈多廣，所以神谷便循著這條線進入日本通用汽車任職。

當時，日本馬路上行駛的車子，有九成以上是福特（一九二五年進駐）或日本通用（一九二七年進駐）。神谷兩家公司都去應徵，兩家也都給了他聘用通知。但是他選擇了報到時間較早的日本通用，在那裡體驗了汽車銷售的實務。

汽車不但是高價商品，也必須保養和修理，並不是廠商直接賣給消費者就算完事了。銷售員必須經常與消費者互動，在先進國美國，經銷商的制度行之有年，採取的方式是特約經銷店向廠商進貨，再向民眾銷售的方式。

日本通用將美國成功的銷售模式，原封不動地帶到日本，在各地設立經銷店。美國籍的主管會對各銷售員訂定業績目標，如果無法達標的話，立刻解除合約，做法十分無情。但是，神谷感覺這套模式的背後，隱藏著對日本人的鄙視。

「當時，美國主管對日本員工態度之冷酷，已經超出經濟合理主義，感受得到明顯的歧視意識。

「尤其是對銷售店的政策很無情，冷酷拋棄經營困難、掙扎求生的經銷店，根本是家常便飯。美國是個合約社會，從商業習慣來說，也許他們覺得這麼做理所當然。

「但是，入境就應該隨俗吧。我身為銷售代表，經常去拜訪經銷店，進行銷售指導，所以親眼看到那些事例。所以我向美籍同事抗議，應該更積極去指導經銷店的經營。但是，我的意見當然不可能被採納。我感覺與美籍同事一起工作，漸漸地到達了極限。」

外資公司裡，現在也還是會看到這種在商言商的作風吧。美國人的眼中，數字就是一切。因為他們並沒有長住的打算，所以也無意與日本經銷商永遠打交道下去。督促就是他們的工作。

但是，身為日本人的神谷，卻無法這麼想。當美國上司的打手去欺負經銷商，不是他做人的風格。他個人希望將「日本式的情感與人情味」帶進銷售店的政策中。

神谷進公司兩年，晉升為銷售廣告部長，又立刻當上副經理。但是看到美國上司的態度，心想：「這裡不是久留之處。」

進公司第八年，有人向他挖角。

「銷售部的董事這位子，您覺得怎麼樣？」向他招手的是日產汽車。當時神谷正想離開日本通用，算是個不錯的選項。

神谷想多了解日產有什麼樣的企業文化，便出席了日產在都內飯店舉行的大會和懇親會。各地銷售店全員到齊，大會結束後，就是懇親派對。

司儀宣布：

「各位來賓，請排成一列。」

這時日產的社長鮎川義介出現，銷售店的老闆一一向前向鮎川致意。那景象宛如恭迎皇帝出巡，太過封建。

神谷認為這種公司他實在幹不來，所以，接下來想到的就是豐田。

為喜一郎和神谷面談牽線的是從東洋棉花公司發跡，後來擔任豐田紡織董事的岡本藤次郎。岡本在東棉的時代派駐在西雅圖，與三井物產的神谷數面之緣，而且他很清楚神谷也是愛知縣的同鄉，於是就幫他和喜一郎搭橋。

一九三五年，神谷第一次與喜一郎見面。那時，喜一郎在刈谷的工廠正為製造汽車殫精竭慮。

「賣車比造車難多了。」喜一郎初見面就說了這句他經常掛在嘴邊的話。

「我繼承父親的遺志，一直想要把大眾汽車這產業做起來。我是個工程師，為了製造汽車，無論再怎麼辛苦，我都有信心把車子造出來。但是，光只會做是沒有用的，就算造出再好的車子，如果沒有強力的銷售方法把它賣出去，就不可能成功。

「至於說到銷售大眾汽車，還是得向美國看齊。這方面是我能力所不及的。所以，在製造方面我會負起責任，是否能把整個銷售工作，全部都交給你呢？」

神谷感受到喜一郎的真誠與熱情，那一年便進入豐田。之後他籌劃豐田汽車的銷售策略，一步一步地付諸實行。

遊說也是一種方法，神谷成為豐田銷售經理之後，拜訪隸屬日本通用的各經銷商，充滿熱忱地打動他們「一起來賣日本的車吧！」。他一家一家的遊說，建立起販售豐田車的經銷網。

此外，神谷也投入心力奠定分期付款制度。

「汽車是高價商品，不做分期付款，一般大眾買不起。」

一九三六年，在神谷主持下成立了豐田金融公司，這家公司專門辦理分十二個月分期購買卡車的業務。然而，就在銷售策略、系統大致到位之後，日本卻走向了戰爭。費盡苦心建立的豐田銷售網，也全部被日配所吸收。

戰後的先鋒

戰時，神谷被派到日配，從事卡車的配給。但是戰爭結束後，他再度馬不停蹄地洽談豐田的經銷商。

戰敗的第二天，當大家穿著國民服、頭戴戰鬥帽在開會時，神谷卻是一身馬尼拉麻西裝，繫著領結來上班。他就是這樣的一個人，既注重時髦，又嗅得到時勢變化。戰敗當下，世人尚在踟躕不前的時候，他已經搶先一步，去探尋經銷商了。

英二後來回想神谷的作為，是這麼形容的：

「神谷兄各地奔走，把各縣的配給公司都招攬過來，成為豐田的經銷商了。（略）與日產相比，他的動作快到令人猝不及防。這個差距可以說就是今日豐田、日產在國內銷售成績的差距所在。」

前面也說過，各縣的汽車配給公司，是由豐田、日產、五十鈴的經銷商聚集組成的，所以他們可以回到原來的體系，但是神谷早一步來訪，大力拉攏他們「要不要成為豐田的經銷商？」因此大半都投靠豐田了。

不過，神谷以往和各銷售店的老闆都有聯絡，戰爭期間，他已經到各地跑過，與經銷商的老闆聊天交心。神谷本人給人好印象，因此地方的經銷商都把他當成自己人。

「現在雖然占領軍不允許，但是總有一天可以生產轎車。」看清時勢的神谷再接再厲地招攬：「一起來賣豐田的車子吧！」

但是，東京、大阪兩個最大的市場，卻有不同的狀況。東京的經銷商雖然屬於豐田體系，但是因理念不同，轉投日產門下。大阪的配給公司老闆，本來就是日產的人，也繼續為日產效命。所以，戰後有一段期間，豐田車在東京和大阪的業績一直未有起色，兩大都市的市占率都不到全國平均值。

即使如此，神谷發揮的作用還是很大，現在豐田相關人士封神谷為「銷售之神」，恐怕也是因為他作為一個先驅者，在戰爭剛結束就布下經銷網的斐然成績吧。
況且，要求所有經銷商員工穿著西裝的也是神谷。以往汽車經銷商裡幾乎都以修理故障的技工為主，當然也都習慣穿著作業服。

第3章　從戰敗中起步

喜一郎的出發

戰爭結束後，一九四六年，天皇發布人間宣言（譯注：昭和天皇於一九四六年元旦發布的新年詔書，原文標題為〈關於新日本建設的詔書〉，其中否認了天皇是神的意涵，所以又被稱為人間宣言）。年初的新年歌會的敕題為〈松上雪〉（譯注：按照傳統的慣例，日本皇宮內會在新年舉行第一次「歌會」，稱之為「歌會始」，所有皇族、貴族都會參加發表和歌，而指定的題材就叫做「敕題」），昭和天皇寫的詩如下：

「雪落堆積深　承擔不變色　松樹英姿勇　人亦應如斯」

戰敗到新年還不到半年，皇居前成了一片焦土。民眾搭建起臨時屋，肩並著肩準備過冬。天皇透過這首詩勉勵國民，要成為不屈於積雪的松樹。

過了三年，一九四九年的新年歌會，主題也是雪，名之為「朝雪」。天皇寫的詩是這樣的：

「今晨見庭外　覆上一面雪　不覺掛念起　寒冬雪中人」*

戰敗之後雖然時日尚短，但從詩中可以感受到一點寬裕之心。這時國家漸漸朝向復興之路。即使如此，昭和天皇作詩時，詩中惦念的還是國民與民生。想必他對自己的關注，遠不及對國民的關懷吧。

自戰敗到占領結束的七年，不僅日本社會有了改變，世界也發生急遽的變動。冷戰開始，亞洲、非洲國家紛紛獨立。不只是原子彈，還研發出氫彈，核子戰爭成了現實。只不過，牽動全世界的大戰結束後，人口持續的增加，不論哪個國家，都誕生了新消費者。消費者的增加，使得需求也變得多樣化，因應這種情勢，汽車業也發達起來，持續推進量產。日本車廠雖然還是以卡車為主體，但是生產量正逐漸地上升。

戰敗後的第二年，一九四七年，豐田汽車的生產量為三九二二輛，隔年到達六七〇三輛，再下一年為一萬零八二四輛。這些數字都是卡車的成績，而轎車的生產輛數，在一九四九年也

---

*文中天皇所寫的和歌，原文多為平假名如下：「ふりつもる　み雪にたえて　いろかへぬ　松ぞををしき人もかくあれ」「庭のおもに　つもるゆきみて　さむからむ　人をいとども　おもふけさかな」

只占總生產數的百分之二．二而已。

豐田的領袖——豐田喜一郎在戰後雖然忙著應付財閥解體和過度經濟力集中排除法，但還是全力投入於轎車的研發。與GHQ或政府的談判可以交給其他幹部，但是在轎車、卡車的規格的制定上，如果少了喜一郎，就無法前進。

一九四七年六月，GHQ做出決定，同意每年可以生產三〇〇輛一五〇〇cc以下的轎車。

「終於可以造車了。」

對喜一郎來說，從這一天開始，他才切身感受到戰敗後的自由。

從戰爭爆發之前起算，有六年的時間，豐田實際上並沒有製造轎車。雖然在舉母，建設了全新的轎車專用工廠，但是在舉國進入備戰時期後，就被軍部徵用，成了卡車工廠。豐田汽車公司雖然在戰前就成立，但直到GHQ同意生產、銷售的這一天開始，才正式成為轎車的生產廠商。

不過，喜一郎早在決定發布前就獲知了情報，所以一直穩健地在研發可以量產的轎車。

第一步進行的是小型車新引擎的開發，喜一郎任命比他小十九歲的英二擔任負責人。英二出身帝大工學院，對汽車工學、生產技術也很嫻熟。最重要的是必須培養他成為下一代引領豐田的人物，喜一郎經常到英二的辦公室，與他磋商。

戰後完成的第一具新型引擎，是一升四汽缸側閥式，取名為S型。S型引擎故障少，馬力足，不只適合轎車，連卡車也可以搭載。

一九四七年十月，搭載S型引擎的轎車SA型上市，這是在GHQ允許轎車生產的短短四個月之後。

SA型在上市前，採用了公開徵求車名的點子，最後決定車名為「豐寶」（TOYOPET）。車名獲得大眾的支持，之後，也成為豐寶可樂娜、豐寶皇冠等轎車的名字。

不過，喜一郎對豐寶這個名稱不太喜歡，決定名稱的那天，他回到家，皺著眉頭對兒子章一郎叨念道，「好好的新車，怎麼取了個聽起來像廁所的名字。」

話雖如此，SA型豐寶卻是喜一郎灌注全副心力的車。在當時的汽車業界獲得極高的評價。

車體設計帶有歐洲風格，類似福斯的流線形，排氣量九九五cc，重量九四〇公斤，最高速度達八〇公里。就戰敗後日本第一輛國產車而言，已是十分成功的作品。

一是因為，這是許多優秀的工程師全心合力製作出來的作品。戰後，開發飛機的工程師流入汽車業，這對汽車界而言，等於是如虎添翼。

GHQ雖然允許廠商開發、生產汽車，但是並不同意開發飛機，因為它也是武器的一種。直到一九五二年，美蘇對立情勢升高，冷戰態勢抵定之後，才開放了許可。

設計、開發了零式戰機、隼號戰機等名機的工程師，為了追求發展的空間，也進入汽車業，參與汽車的開發。

櫻井真一郎就曾經目睹這樣的現場。櫻井是日產名車天際線（Skyline）的開發者，戰後加入了王子汽車（後與日產合併）。

櫻井這麼說：

「戰前，工程師中最優秀的人才都在做飛機。自從不能設計飛機之後，只好轉投汽車公司。但是，真正投入汽車設計，才發現汽車的設計比任何載具都要困難。

因為你看，鐵路、船、飛機、火箭……這些載具的乘客都是專業人士。只要針對專業人士設計就行了。但是，汽車不一樣，只要考取了駕照，就算是老太太也會開到一半，將排檔拉到倒車檔。汽車是屬於大眾的，在設計的時候必須考慮到這些細節。汽車設計是所有交通工具中最難的一種吧。

「話題走偏了。國產車之所以進步，是因為飛機工程師的加入。製造天際線引擎的人，是前零式戰機的工程師。將硬殼式結構（Monocoque）導入汽車車體的，也是飛機工程師。請想想看，英國、德國、美國、法國、瑞典、義大利、日本……這些製造過飛機的國家，與中國、韓國等沒製造飛機的國家，做出來的汽車也是截然不同的。設計理念不一樣。我告訴你，沒有想飛欲望的人，做出來的車完全沒有魅力啦。」

硬殼式車體並不是將車體裝在底盤上，而是底盤車架與車體合而為一的構造，這個概念來自於飛機的構造。戰後，國產汽車開始採用硬殼式車體結構，而豐田是從豐寶可樂娜（一九五七年）開始第一次採用。

話題再回到SA型的豐寶。

SA型在性能上也很穩定，所以上市的第二年，每日新聞送來了一份企畫案。

「要不要讓SA型豐寶和國鐵急行列車比賽？」

距離是從名古屋到大阪，全長二三五公里。不過，急行列車當時還沒有電氣化，所以汽車是和燒煤的蒸汽機關車競賽。大家可能會想，既然這樣，汽車應該鐵贏了吧。然而公路並非全部都鋪有柏油。即使是事前的預測，很難簡單判斷到底哪一方會獲勝。

一九四八年八月七日，上午四點三十七分。名古屋市內天氣燠熱。

急行第十一號列車，從名古屋車站出發，同一時間，SA型豐寶也從車站起跑。豐寶疾駛於舊中山道等惡路，在上午八點三十七分到達大阪站。相反的，急行列車還在軌道上。豐寶比急行快了四十六分鐘到達大阪車站。所有開發SA型的相關人員，包含喜一郎在內，握著冒汗的雙手靜待結果。SA型從名古屋一路順利的到達大阪時，全體都鬆了一口氣，並不是因為贏過急行列車，而是一次故障也沒有發生。

競賽活動成了話題，但是SA型豐寶在五年內只賣出一九七輛。與其怪罪開發者的責任，其實是因為當時還沒有培養出買車的消費者。

從裝置SA型底盤的SB型卡車在同一期間賣出一萬二七九六輛，就可以說明一切。民眾買車來兜風的時代還是很久以後的事。

戰後的大野耐一

戰後，喜一郎再次潛心於轎車開發之時，大野耐一的職務，是舉母工廠中組裝工廠的課長。組裝廠是將從廠區內的引擎工廠、機械工廠和周邊各零件公司收集來的零件，組裝成汽車的裝配廠。在汽車公司裡，它可以說是最重要，工程也最多的廠區。

但是，組裝廠並不製作零件，零件沒有到齊之前，什麼事也沒辦法做。尤其是戰爭期間，根本沒有工作。如果說大野做過什麼工作，也只是完成標準作業表而已。

此外，舉母工廠生產線雖然作業員人數夠多，但是大多是被勤勞動員來的外行人。其中甚至有人連汽車都沒看過，叫他們「拿齒輪過來」，也根本聽不懂。

所以，當時大野的工作，可以說是教導這些門外漢標準的作業流程，以及零件和工具的名稱，讓現場不會混亂不堪。

戰爭結束後，並不是馬上就開始正式生產汽車。首先要把疏散到各地的機器設備搬回來，安裝固定。檢查機器的運作狀況，啟動生產線，等零件到達那天，就能看到生產卡車的景象。

辦公室雖然有桌椅，可是大野總是待在現場的生產線旁。身高一八〇公分的他，以當時的人來說，相當高挑，所以，不論廠區或是現場，只要他一現身，遠遠就知道是他來了。

也許是有條不紊的性格使然吧，他的頭髮總是修剪整齊，作業服熨燙過，一條縐折也沒有。令人印象深刻的是他的鬍子，鼻子下方留著小小的鬍髭，跨著大步在現場走動。畏懼他的現場作業員、討厭他的上司或同輩會拿他的小鬍鬚作文章，暗地裡叫大野「鬍子」或是「鬍子老大」。

大野調職到汽車工廠，第一個直覺是「這裡的生產力比紡織工廠還低」。

「紡織女工一個人可以看守二十台紡織機，但是汽車工廠卻不行，通常是一個人站在機器前面，做一件事。有的人忙著幹活，隔壁的人沒事幹，只好研磨車床用的車刀。這樣不會浪費人力嗎？多餘的零件隨便堆放在生產線旁邊……不成體統。絕對不可以這樣下去。但是該從哪裡開始才好呢……」

有一次，大野待在組裝工廠的生產線裡，作業停止了。上前一問，作業員回答「車軸和方向盤都沒有庫存了」。

「那就得看第三機械了。」

第三機械指的是機械工廠。機械工廠就是製造汽車零件的工廠。在舉母廠區，第一廠製造引擎、第二廠製造傳動組織（齒輪），第三廠負責底盤相關零件與前後車軸。

大野叫來幾個儲備技工出身的年輕作業員：「喂，去第三瞧瞧去。」儲備技工是從中學畢業後，在豐田工業學園（一九六二年以前為豐田工科青年學校，後來改為豐田技術員培養所）接受過職業訓練的作業員。

儲備技工在學園裡學習成長，所以對上司順從，技術也高，只是大家都還年輕，在多為資深技工的現場裡，工作起來還是放不開手腳。

大野帶著儲備技工到第三機械工廠去，向第三機械工廠的主管打完招呼之後，就手把手的一面傳授，一面開始製造齒輪和方向盤。也就是說他們明明是組裝工廠的人，卻跑到隔壁工廠去作業。

於是，製作出某個程度的數量後，將它們帶回組裝工廠，安裝在車體上。從第三機械工廠的人看來，這是越權的行為，覺得這些傢伙「目中無人」。但是，他們只要一少了零件，就會到機械工廠去，來回地製作零件。他們從來沒有踏入製造引擎的第一機械工廠，但是卻把第二、第三機械工廠當成自己的工作場，來去自如。

以往，不論是哪一個汽車工廠，都是前製程的人製作零件，後製程的人等待零件送到。但是，大野看到零件沒送來，就自己到前製程去拿。當然，他也向前製程的主管事先打過招呼。這種行為相當沒規矩，但是若是不這麼做，零件就不會送過來，使得組裝工廠裡一整天都在玩耍。

豐田生產方式有個「後製程去向前製程領取」的特色，最初只不過是因為零件沒送來，所以自己主動去取，但是這種做法在大野的腦海中留下鮮明的印象，因而設計出後製程去領取的系統。

大野帶著部下，到前製程去作業。

「大野，又來了啊？」

聽到第三機械的主管這麼問，大野回了句「少了這個，車就組裝不了啊」，然後整個上午做零件，下午回到組裝工廠，把它裝到卡車上。

一九四七年，大野成為第二機械工廠、第三機械工廠的主任（從課長變主任）。上司似乎聽說，以前他指責前製程的機械工廠「動作太慢」，心想「大野這麼愛抱怨，乾脆讓他來當主管，應該就會閉嘴吧。」

組裝工廠是集合各種零件，組成汽車雛形的地方。作業員沿著輸送帶配置，負責安裝電子配線，裝設方向盤、座椅、車門，使用扳手、螺絲、螺帽安裝零件。當然，這裡是個站著工作的工廠。

另一方面，機械工廠要切削、彎曲金屬，製造零件。細瑣的工作很多，所以，有些地方會在生產線旁擺張椅子，可以坐著作業。大野當上機械工廠的主管後，第一步就是讓全體人員站著工作。

「聽好了。坐著工作的話，會需要扭腰的動作。每天這麼做的話，絕對會出現腰痛肩痛，你看看農民、菜販、魚販，大家都是站著工作。站著做事對身體好。」

但是，以往坐著工作的人，對站著工作有抗拒感。

「站著工作是加重勞動。」

「我們以前坐著工作也沒有怠慢過，為什麼非要站著工作不可？」

有些工會的人來參加談判，只能循循善誘地勸解他們。

「戰時，我在紡織廠，那裡的女工們每天都站著工作，一個人負責二十台紡織機。可是，你們這些大男人卻討厭站著工作？聽著，我已經說過好幾次了，坐著工作，肩和腰一定會受傷，站著工作是最自然的方法。」

大野對這一點絲毫不肯讓步，考慮作業員的身體比起作業效率更重要，這就是改善。大野一生經手過的改善不知幾何，每一次都受到很多反彈，但是其中反彈最直接的，就是站著工作。但是，大野一次又一次地堅持自己的主張，讓它成為定規。

就在這時，他深切體會到一件事。

「人總是以為自己目前的做法是最好的方法。而我提出的主張，等於是要他們『質疑自己的做法』。這不是一蹴可成的事，很少有人能夠做得到。教育出能自己思考的人……是我的工作。」

讓作業員站起來之後，大野漸漸引進了新的架構。每一項都是在戰後開始，長達數年。這段期間，豐田經歷了一場勞動爭議導致的經營危機，幾乎瀕臨破產邊緣。但是，就在罷工如火如荼的期間，大野依然叫大家「先思考再工作」。有一次工廠上了鎖，他不得其門而入；還有一次被趕出工廠。即使如此，他還是站在廠區內，對拿著紅旗抗爭的作業員說：「公司倒了，什麼事都做不成了呀。」

培育多能工人

接著引進的是一名作業員可以操作不止一台的機器。這其實只是第一步，豐田生產方式就是從這項改善出發。

他對上司如此說明：

「舉例來說，車床的工作不只負責車床，也讓他負責銑床，手上沒事的時候，也把鑽床交給他。即使得費一番工夫，也一定要說服他們這麼做。」

機械工廠的工具機，基本上有三種：鑽床、車床、銑床。這三種工具機，不只在汽車工廠，只要是做金屬加工、製造零件的工廠，都是不可缺少的機具。後來，它們都變成複合式的工具機。

鑽床是由圓盤和鑽子組成。金屬板放在圓盤上固定，旋轉的鑽子從上方下來，在金屬板上打出孔洞。它是打洞用的工具機，在鑽好的洞切削內孔，就能形成可以旋入螺絲的螺旋溝槽。

車床類似橫倒的鑽床，將加工的金屬固定其上後，使其旋轉，側邊會伸出切削工具，叫做車刀，用它削取旋轉的金屬。

銑床是去除金屬飛邊，使表面變得光滑的機器。這三種工具機都是金屬與金屬互相切割，會發出高亢刺耳的聲音。機械工廠的噪音雖然不大，但是令人煩躁。

在大野接管之前，機械工廠裡的作業員，都帶著工匠脾氣，對各自負責的機器都看作是自己的家當一般。他們有著工匠的自尊心，所以很討厭外人亂碰機器，車床的作業工只操作車床，銑床則固定由銑床工人掌管。

這種狀況很像是老店的廚師說：「切生魚片是我的工作」、「紅燒不能交給其他傢伙處理」。不只是豐田，當時所有的工程現場都把這種觀念視為理所當然，工作的人都帶點工匠脾氣，對手藝自信十足。

「非得做點改變才行。」

大野一來到現場，不禁皺起了眉頭。一眼就看得出哪個人在工作，哪個人閒著沒事，在打發時間。勤奮工作的人旁邊，卻有個一面抽菸，用砥石研磨車刀的人。呈現出大家各自忙自己的事的狀態，完全不是團隊合作。

但是，這個狀態是有理由的。如果每天送來的材料有均等的量，就能大致呈現全體都在工作的狀態。但是，戰爭剛剛結束，有時車床工作的材料送來了，但鑽床那邊一片需要打洞的鋼板都沒有。這種狀況下，既然沒事可做，就只好幫機器上上油，或是拿抹布四處擦擦了。

大野對站在車床旁抽菸的男人喊了一聲。那人是個熟練的技工，若是能說服得了他，其他作業員也會願意操作多台機器。

「喂，有件事拜託你。」

不管怎麼說，這個時期的作業員都是戰前就進公司的技工，這些人並沒有打算在豐田幹一輩子，一門技藝在手，就算隨時跳到別的工廠也很正常。即使大野是工廠老大，也只能好聲好氣地勸解他們。

「不要只顧車床嘛，把鑽床、銑床都一起學會了，不是很好嗎？你覺得如何？」

那個人回答：

「鑽床？那種只會打洞的機器，是娘兒們做的事。車床的工作才是行家的工作、師傅的工作。一旦學會做車床的人，就不會再回去做鑽床了。」

「哦，我看不見得吧。你要知道，剛才你說到的娘兒們，在紡織廠裡她們可是每個人都能控制二十台機器。然而你這個大男人，只能盯著一台機器，還說自己是行家，不會有點丟臉嗎？」

聽他這麼一說，原本排斥的技工無話可說。大野繼續找話故意激他。

「那些娘兒們一人就能操作二十台機器，所以說，娘兒們才更稱得上是行家不是嗎？」

這麼一來，帶著工匠脾氣的車床工，走到鑽床前面說：「沒的事，這玩意我也會。」但是，他卻不敢走近鑽床旁。大野盯著那人的眼睛說：「鑽床很難嗎？」那人嘟著嘴：「我不是說了我會嗎」，接著終於動手操作起鑽床了。大野花了半天時間才說服他。

大野是管理部長，有指揮現場的權力。只要他一聲令下，作業員遲早都得學會操作各種機器吧。但是，心不甘情不願的工作，和從心裡接納的做事，在作業效率上完全不同。大野考慮到這個層面，便決定先把老大級的技工勸服了，再漸漸地增加可以操作兩種以上機器的人。寧可親自教育他們，也絕對不不由分說地下命令。

後來，大野將這段過程，解釋為培育多能工人。

「舉例來說，一個工人在焊接方面，有執照，手藝也好，但是如果只做焊接，在日本是行不通的，尤其是工作量越少，這種工人就越走不下去。現在能夠考到焊接執照的人，稍微再學習一下，其他什麼事都能做得了。但如果他抱著『我只做焊接』的想法，他最後就只能做焊接了。（略）在今後的日本，尤其是中小企業（不會雇用）擁有一門好手藝，卻只做那一行的人。所以讓他們學做各種各樣的工作，不也是一件重要的事嗎？」

另外，在落實豐田生產方式的做法，同時將它體系化的過程中，他堅持工作不分人與機器。他斷言，組合機器與人的作業才是最重要的。

「舉例來說，將工件進給到機器去作業，大概一次需要二十秒或三十秒。如果操作的人懂得焊接，把之前做過的工件焊接起來的話，人就做了二十秒或三十秒的工作。當機器加工完成後，又對下一個工件施以進給。機器工作的期間，人在做人的作業。必須把人的工作串接起來，才算是八小時的實際工作。」

也就是說當機器工作的時候，只是盯著它「監視」並不列入工作的範疇。

但是，這種要求卻引發部分作業員的反感，認為「鬍子老大又開始挑毛病了」、「這是加重勞動」。不只是現場，主管當中也有人責怪「大野推行的方法，只會讓我們和現場產生摩擦」。

因此，大野只能找英二商量。喜一郎是社長，大野不可能把他叫出來談。而英二統攬整個技術層，正因為有他的庇護，才有可能推進現場的改革。

轉任機械工廠之後，大野更加推動改革。但主要也是因為當時的豐田生產量少，現場有思考的時間，所以能夠按部就班地展開。那時候生活汽車化（motorization）的時代還沒開始，雖然說是流水線作業，但是零件沒有進來就不能做事。時間很充裕，所以工人接到命令，也不得不按大野的話去做。

大野還只是三十出頭，周圍多的是比他經驗老到的年長技工。他得在這些人當中，挺起腰板，一面巡視一面說「好的就是好的，不行的就是不行」。每天回到家都累壞了。

妻子良久總是聽到他在說：

「還要花很多很多時間哩。」

上床之前，他都在家裡整理要執行的工作。

「我想實現喜一郎先生說的及時化。但是，首先零件廠商得要及時把物件送來才做得到。這並非不可能，只要有心想做馬上就能實現。但是運費就會顯著提高。我們沒有負擔運費的能力，所以現在還做不到。那麼，其次能做的事是什麼呢？怎麼樣才能做到及時化呢……」

喜一郎並沒有當面這麼囑咐過大野，但是在英二的激勵之下，他也對危機感有了共鳴，立刻想出了各式各樣改革的方法。從某個層面來說，其實是多管閒事。

「如果美國的汽車公司進來，我們絕對打不過他們。」

不只是喜一郎或是大野，戰爭剛結束時，任何日本人都有這種感受吧，應該可以說這是全民共識。

「既然怎麼樣都會垮，乾脆做些想做的事。」

大野當初是抱著自暴自棄的心情，面對眼前的工作。

不准逃避

大野熱愛工作，而且是個自己會去找出差事來做的人，但是，他並不認為工作就是人生的全部。他的射箭達到八段，後來學會的高爾夫，馬上就達到單差點（譯注：指高出標準桿九桿以內）的程度，而且他也經常通宵打麻將。

「總之是個沉默寡言的人。」

創建J聯盟的川淵三郎，也是日本足球協會、日本籃球協會的理事長，他還在古河電工當營業員的時代，經常在名古屋高爾夫俱樂部和合球場見到大野。印象最深刻的是大野晚年離開豐田，與他搭檔打球的時候。

「大野在名古屋也算是個名人，只要提到看板方式的大野，可說無人不知無人不曉。見到他時，我主動上前打招呼，然後在和合球場每月例會上，我們分到同組。我忘了自己在沙坑打了三次，告知『這一洞的分數是七』，不料他一臉驚訝地直直瞪著我。我心想，哪裡錯了嗎？又再重算了一次，然後說『對不起，應該是八桿』，他才回道：『喔，這樣』……我還記得我背上冒冷汗。他沒說話，只是兩道眼光瞪著你，還是令人膽寒。再加上個子又高，頗有壓迫感。」

他在現場的時候，想必也不會大吼大叫吧。只是目不轉睛地瞪著人，等著對方給出答案。一旦在現場發現不能接受的作業方式，他會先觀察一陣，把主管、廠長叫來一起觀察，他並不會主動說：「去用這種方法解決！」而是等著主管說：「改成這樣不知好不好？」

有一名部下說，他永遠不會忘記，大野大吼一聲：「不准逃避！」

「哎呀，那真是太恐怖了。為了修理生產線不太正常的地方，我便去拿工具，結果老大吼著說：『不准逃避！』我嚇得兩腳僵硬，無法動彈。他氣的是，叫我去解決問題，但不是隨便解決它。總之，他是要教育我們，多用頭腦想想，成為一個會思考的人。」

第4章 改革的開始

超越福特

戰爭剛結束時，豐田生產的並不是SA型豐寶（轎車），而是SB型卡車。舉母工廠雖然配有輸送帶的生產線，但是並沒有被應用。一方面零件取得的狀況並不順利，更重要的是廠內沒有確立生產的系統。每個廠區的廠長以福特系統為範本，各自在廠內追求自己的效率。

然而，由於缺乏有機性的合作，例如，機械工廠做了超出計畫的齒輪，做的數量太多，組裝工廠無法全數消化。於是工廠與工廠之間，就需要保管零件的空間，也需要管理的人手。

零件不足的話，作業員只能無所事事，但是做的量太多，就需要保管零件的空間和人力。只做出需要的量，送到下一個工程是最不會浪費的做法。只是每個作業者都抱著「我有在努力幹活」的意識，照著吩咐工作，結果，卻是累積了中間庫存。

大野對不斷擴增的保管空間產生了危機感，對於繼續追隨福特系統是否正確，也產生了大大的問號。

「究竟美國人是怎麼解決不斷膨脹的中間庫存呢？」

月初設定好大家決定的目標量，配合需求開始生產，卻一定會產製出超出需求的數量。

大野總是在思考及時化的實現，而首要之務就是消除中間庫存這個結構的存在。他想要再一次徹底了解福特系統。

畢竟，當時並不是只有豐田採用福特系統或是模仿其型態，日產使用的生產系統，是根據美國工程師指導的福特系統為根基所設計的，五十鈴也是一樣。而且不論哪裡的工廠都有中間庫存，因為大家都以同樣的系統為基礎，自然都會陷入同樣的處境。

福特系統是適合大量生產的做法，而且以款式少為宜。在使用輸送帶的流水作業上，組裝同顏色、同車型的車。不只是美國，當時先進國家大量生產的組裝工廠中，都以福特系統為依歸。

不管怎麼說，正因為有了福特T型車的成功案例在前，才會被如此的神格化吧。

福特T型車於一九〇八年上市，在十八年中賣掉一五〇〇萬輛。它成為美國的代表性車款，北美大陸從東岸到西岸，不論哪個城市都能看到這款暢銷車。而它之所以如此暢銷，還是因為價格便宜。

在美國國民平均年收入六〇〇美元的時代，該車的價格為八五〇美元。以往，轎車的價格都沒有低於二〇〇〇美元，所以從一開始，它就是破格價。再加上福特T型車每年降價，到一九二五年時，只要二九〇美元。這是靠著大量生產來降低價格的典型，因此生產量產品的製造工廠，無不爭先恐後地採用福特系統。

大家奉為圭臬的福特系統，到底是什麼樣的體系呢？

亨利．福特是在一九一五年創造出福特系統。那一年，他在底特律郊外的高地公園（Highland Park）工廠的地面，鋪設了連續驅動的輸送帶（板條運送機）。輸送帶載著車子的底盤移動，工人再將零件安裝上去。

以前是將底盤放在台車上移動到作業員前面，再進行安裝，自此時開始，製造業正式引進了輸送帶作業。

流水線作業據說是福特參觀芝加哥的肉品加工廠時，得到的靈感。當時，肉品加工廠利用流水線作業，將牛隻解體。屠宰後的牛隻，用鏈條滑車吊起，經由鋪設在屋頂的軌道緩緩移動，在移動的過程中切割成多個部位。

亨利．福特看到這景象，大概是想到「把這流水線倒過來就好了」，不過也有人說「看到肉品工廠只是民間的謠傳」。

但是，我想不管福特是否真的親眼看到，流水線作業誕生的靈感，應該是以牛的解體方法為前例。早在流水線作業之前，牛隻的解體也是採取定置的方式：把一頭牛搬到桌上，再一塊一塊地切下來，這與汽車的組裝一模一樣。而將它改成流水線作業的正是芝加哥肉品工廠。所以，亨利．福特從那裡得到靈感，確實也說得通。

福特系統有一個特徵：首先，把工人應該要進行的作業，按照要項分解，加以細分化。之後，再決定各個作業的標準作業時間。

至於標準時間的決定，亨利．福特是親自一手拿著碼錶，測量熟練工人在幾秒內完成作業，而做出決定。

對於福特以「熟練工人的作業時間」為標準，大野十分不以為然，豐田生產方式中並不以熟練工人為基準。

「如果以熟練工人的作業時間為標準，就必須全面提高輸送帶的速度，這樣做會失敗。標準作業必須是任何人都能做得到的速度。」

豐田生產方式的作業時間，是由全體的生產量來決定，但是速度調整成新來的作業者也能趕得上。

讓我們再回到福特系統。區分作業的種類，決定各作業的標準時間之後，再配合它們，規劃現場的動線，讓員工盯場。

簡單的說，有下列三個重點：

一、將作業單純化、細分化。

二、決定標準時間。

三、以輸送帶串連作業。

但是，他們只生產一種車款，那就是福特T型車。

配置在生產線的工人做的工作，只是配合輸送帶的速度，重複單純的作業。每個作業都沒有熟練的需要，不熟練的工人都能組裝汽車。

以往的汽車組裝，都是熟練工人運用自己的技術，一輛一輛地裝設器材。

但因為改變成流水線作業，完成一輪的時間大幅減少。定置式組裝一輛車的時候，每一輛需要花十四個小時才能完成，一旦改變成福特系統的流水線作業，便縮短成一小時三十三分鐘。

當時，高地公園工廠有七〇〇〇名以上的組裝工，大半是移民、農村子弟。也有人才剛到底特律討生活，所說的語言種類高達五十種以上。即使如此，作業十分順利，並沒有製造出一堆瑕疵品。

「大量製造同一種製品，就會變便宜。」

這是福特系統的基本概念。而且，輸送帶的速度調得越快，每一台的成本就越低。對製造業的經營者來說，確實是十分誘人的系統。

但是，對工人來說，雖然賺得到錢，但是也有壓力。作業太過單純化、細分化時，便失去了「造車」的成就感。假設一天的工作，就是重複鎖十五次車上的螺絲，這工作做不了長久。

福特系統的獨門訣竅，就在於作業的區分方式。過於單純化的話，工人會辭職走人。讓工程單純化，但同時激起工人的工作意願便是經理人的職責。

福特系統促進了製造工廠的效率化，但是喜一郎與大野都抱持著疑問。

喜一郎認為「大量生產單一車種的系統不適合日本汽車市場」，大野則想「大量生產能降低成本，是有前提條件的。」

大野研究了福特系統之後，提出了一種假說：

「美國可以少品種大量生產，但是日本是少量生產，直接移植福特系統，恐怕發揮不了作用。」

喜一郎與大野都贊成輸送帶的導入。在工廠現場，它遠比將底盤放在台車上推著走有效率，而且對作業者而言也輕鬆不少。此外，對作業的細分化，他們也沒有異議，只是並沒有將它無限制地變成單純勞動。他直覺認為，想要提升生產力，還需要其他創意。

喜一郎、大野與亨利．福特想法的不同處，在於現場經驗的有無吧。福特終究是個經營者，但是喜一郎、大野一直都在現場。他們是從現場的實況、現場的思想來思考豐田生產方式。

大野在對工程師的演講當中，曾提到他對移植福特系統抱持著疑問。

「像美國那樣，『一旦量產，成本就會降低』會不會是一種錯覺？

「因為，美國與日本在支薪制度上並不相同。美國的支薪制度，大多採取時薪制。明文規定做什麼工作一小時支付多少錢（按職務給付）。例如，假設有一項工作是給汽車裝輪胎，讓作業者裝越多輪胎，每一個輪胎的成本就會降低。

「相反的，即使生產線停止了三十分鐘，付給作業者的每小時薪資還是一樣的，這種狀況下，輪胎安裝的成本就變成了兩倍。所以，在美國，只有提高輸送帶的速度，沒有停止輸送帶的可能。

「另一方面，日本的支薪是依人而定（按職能給付）。如果薪水高的人來裝輪胎，成本就會升高，薪水低的人裝就會降低。」

大野真正想說的，大概是下面這段話——日本的環境採取工齡工資，如果生產線上都是工作資歷長的人，成本就會上升。所以盡量雇用每小時工資低的人力，但是並不會隨便調高輸送帶的速度。

日本和美國的工資體系不同，所以，他直覺即使引進福特系統，提高輸送帶速度，生產力也不會增加。此外，他也領悟到日本是少量生產，輸送帶也必須找到適合日本的應用方法。原封不動把福特系統帶進來，雖然可以達到一定程度的應用，但是感覺上並不充分。

為什麼不充分呢？因為使用美國進口的最新工具機，「工件做太多了」。

大野對此驚訝不已。

「美國的生產設備機具必須製造大量。以前，一台機器一小時能做出十個，但最新的機器進來後，能做出十五個。機器由一個人操作，所以使用最新機器的話，做得較多，每個工件的成本就降低。但是這種方式在日本行得通嗎？在美國，車子生產出來就賣得掉。但是，日本戰敗後民生凋敝，沒辦法馬上售出。

「在大量生產降低成本的概念基礎下，製造出許多物件，就必須蓋倉庫，先存放起來。這樣既要花倉庫費，而且保存久了，總會變成瑕疵品。

「再怎麼說，美國的汽車廠商，資本都是我們的百倍以上，也擁有大型設備，而且還是最新設備。像我們豐田這種芝麻大的公司，就算採取人家前三大的生產方式，也贏不過人家。生產方式必須配合中小企業的模式。」

大野雖然認為不能模仿美國大量生產的方式，但是並沒有否定亨利．福特，不如說還十分尊敬。

「長久以來，我都對現在美國的大量生產方式，以及根植於全世界，包含日本的美國型大量生產方式，抱著一個疑問，也許這並不是亨利．福特一世的本意。

「福特系統的『流水線作業』，在福特車以及整個美國汽車業當中是怎麼發展起來的？我在想，大家會不會沒有正確理解亨利．福特的真意呢？

「原因我前面也複述過，那就是汽車工廠雖然最後組裝線十分流暢，但是其他工程卻因為落實了盡可能放大批量的生產方式，因而沒有建立流暢的產線，甚至可以說是堵塞。」

大野說過「連我寫的書、寫的內容，都不要相信」，他的意思是，再優越的生產方式，一旦後來的人做了錯誤的解釋，反而會變成危害。

他在推廣豐田生產方式到自家工廠、協力企業時，都請對於豐田生產方式十分了解的人來進行說明。他的用意在於，若是只寫了語意不清的說明手冊，他擔心會有人誤解了文意，做出錯誤的解釋。

對大野而言，亨利・福特一世與喜一郎同樣是豐田生產方式的導師。從他完全贊成福特「真正的效率是什麼」的說法，就可以證明這一點。

「效率就是放棄糟糕的方法，用我們所知道最卓越的方法工作，就是這麼簡單。」（亨利・福特）

回想起來，喜一郎和大野，都習慣在現場觀察作業，不時對效率化提供建議，或檢查危險的位置。而且，也習於在現場的喧囂中，思考出新的點子。也許比起坐在辦公室裡籌謀計畫，聽著金屬聲，和輸送帶規律的驅動聲，更能活化他們的大腦吧。

廢止中間倉庫

舉母工廠的內部光線昏暗。廠房只有頂部開了窗玻璃取得採光，靠近窗邊的人可以利用室外光工作，但是在中央區域作業的人，手邊十分暗淡，因此廠房中央掛著電燈泡作為照明。

大野管理的第二、第三機械工廠，是製作齒輪和車軸相關零件的地方，工人們使用車床、鑽床、銑床等，切削加工金屬。雖然不像沖床工廠那樣，沖壓車體用鋼板時發出卡鏘聲那樣吵雜，但還是充滿了金屬切削時發出尖銳的「唧——」聲。

在發出這樣噪音的工廠裡，喜一郎獨自走過來，對生產線的作業員問道：

「怎麼樣？」

「會不會太暗？要不要再裝些電燈？」

很少有資料提到喜一郎這個人的性格，但是從英二、章一郎表露的感想中可以察知，大家認為他是個技術專家，非常冷靜的人，他客觀地看待事物，有時甚至到了冷嘲熱諷的地步。他並不喜歡玩樂，嗜酒，還有高血壓。認識他的人眾口一致地說，「他喜歡現場」。

但是，這個人卻指揮企業，從自動織機製造公司轉進到汽車公司。喜一郎不是學者型的技術人，而是像他的父親佐吉那樣，有強烈偏執的天才型人物。若非如此，他不會豁出家產，成立汽車公司。人們認為他外表看起來文靜，但心中卻抱持著激烈的情感。

發動改革時，大野經常在現場遇到喜一郎，但是，兩個人並沒有深談過，喜一郎只是用眼睛觀察大野的工作，做出判斷。

那時候的大野想盡辦法試著做出成績來。因為雖然進行了改革，但是只培養多能工人的話，並沒有提高生產力。現場是活的，永遠都在變動。他必須不斷地想出各種辦法來解決。

最早，他堅決執行的是中間倉庫的廢止。為了實現及時化，機械工廠只做需要量的零件，只送往組裝工廠。

組裝工廠在前一天晚上確認要製造幾輛車，然後，作業員早上到達現場之後，便指示他們「只做組裝工廠需要用的量」。

「多餘的時間要做什麼呢？」

作業長、組長問道，大野回答：

「就把那邊打掃一下，或是發呆吧。總之不准做超出規定的數量。」

當然，一開始十分混亂。製作零件的材料沒有入庫，即使想做零件也沒得做。即使如此，某一天，大野下定決心，要他們放棄將零件暫時送進倉庫的做法。

「零件完成的話，組裝區那邊會來取。」

以前，組裝工廠的作業員見零件沒了，會到機械工廠的中間倉庫去取貨，而且他們並不會直接裝在車體上，而是保管在組裝廠內的中間倉庫。可以說大家都在做浪費的工作，與及時化正好相反的作業。

大野撤掉機械工廠的倉庫之後，在經營會議上預告：「廢棄中間倉庫」。但是其中一個幹部提出異議：「會不會為時尚早？」

大野的理由出人意表。他回憶當時的情形說：

「有中間倉庫的時候，零件經常被偷。戰爭剛結束後，正品零件非常昂貴，偷了之後拿到城裡，可以高價賣掉。中間倉庫的帳面上雖有登記，但實際上卻沒有那個數量。直到警方通知我們，小偷抓到了，請寫檢討報告。倉庫架了鐵絲網，還上了鎖，可是小偷還是道高一丈。「所以，當我說廢掉中間倉庫，幹部才會說『零件會被偷得更多。為時尚早。』……我對幹部說『偷就偷吧，有什麼關係？』」

大野當面這樣嗆上司，聽到他的話，幹部心想：「這個人真囂張。」

但是，大野並未改變看法。

「既然庫存會被偷那就不要保留，做好的零件立刻送到組裝廠，安裝在車子上就行了。」

但是，這項嘗試花了很長時間才步上軌道。送到組裝工廠的零件沒能全部用完，只好放進倉庫。但是，機械工廠沒有了倉庫，對關連的組裝工廠造成很大的影響。

工具集中研磨

舉凡新的措施開始時，一定會招來抱怨，也會出現鬧情緒、執行作業時故意老牛拖車的人。熟練工人攻擊說：「大野說的我們都懂，但是現實上那麼做，要花很多時間。」

大野也會聆聽這些人的聲音，不厭其煩地一再重複同樣的指示，有時候自己到生產線上示範作業的程序。他認為，不要生氣，同樣的話重複多說幾次，是讓工人願意動手去做的法門。

接著，大野又帶了另一個點子到現場。他決定切削使用的工具，一律集中研磨。

以往，車刀、鑽頭等切削工具，一向是負責車床、銑床和鑽床的人自己研磨。這不是某人規定如此，而是技工理所當然的想法。就像大廚師自己磨自己的菜刀，切削工具也都是負責的作業員來研磨。

「以後組一個研磨班，所有的工具讓特定的人員、特定的機器研磨。」

大野做了這個決定，指示現場的人照做。

集中研磨有兩個原因，一是作業時間的浪費。

當某個作業員判斷「刀變鈍了」而打算磨刀的話，就得離開生產線去磨車刀。這段時間，工作就中斷了。

另一個原因是為了保持零件品質的一致。若是各人磨各人的工具，會因為技工在不在行，而影響到研磨的成果。於是，磨得利的車刀，與磨得鈍的車刀，也會改變切削出來的零件品質。

大野擔心這一點，於是成立集中研磨班，謀求一石兩鳥的解決方案。但是現場作業員極力反對。作業長、組長等現場主管過去也是作業員，他們也站在反對的那一邊。

他們拿出「武士也是自己磨自己的刀」的歪理，用「工具是技工的靈魂，自己研磨工具是天經地義」的精神論當藉口。

實施集中研磨時的作業長、組長，都是從戰前就和喜一郎一起做汽車的老練技師。他們對大野早有反感，再加上心理上抗拒改變行之有年的習慣。師匠的藉口和不想改變的心情，便以反對的態度表現出來。

大野面對批評、不服從、反對，並沒有退卻。不像廢除中間倉庫時那樣花時間去解決，而是用工廠長的職權堅持執行。

在豐田的現場，由下往上分別是作業員、班長、組長、作業長。作業長被稱為「現場之神」，工員中的領袖。作業長的意見通常會反映現場的意見。

如果是一般的事情，大野對作業長的意見也從不阻礙。但是堅決大改革的時候，如果還看著每個人的臉色行事，就會失去機會。而且他們的反對也沒有正當理由，只是心理上的抗拒。

再說這件事沒有妥協的空間，不是自己磨，就是研磨班來磨，只能二選一。所以，即使知道大家反對集中研磨，還是斷然執行。

安燈

中間倉庫的廢止，可能因為有較長的緩衝期，所以並沒有明顯的抵抗。但是，集中研磨時，作業員都在心裡罵：「大野那個混帳！」

在這樣的反對聲浪中，大野又想到下一個點子。那就是停止作業時的表示方式，叫做安燈（Andon）。當生產線發生異常時，就以黃或紅燈表示，這樣一眼就能了解狀況。

在豐田生產方式裡，將安燈解釋為自働化的象徵。但是道理很簡單，就是設定進行輸送帶作業時出現不正常的狀況。這時候，只要把生產線旁垂掛的繩子往下拉，安燈就會亮起黃燈。看到燈的班長、組長會立刻跑過來，幫忙現場作業，解決不正常狀況後，把帶子放鬆，黃燈就會熄滅，回到正常狀態。若是旁人趕不及幫忙，或是沒有調整好不正常狀態，生產線就會停在規定的停止位置，而安燈會轉為紅色。紅燈亮起的話，班長和組長都要參與尋找不正常的原因。

在抓出原因、訂定對策之前，生產線都不會啟動。同一生產線的其他作業員沒事可做，只能靜靜等待，他們會默默地打掃周圍。

暫停生產線，是福特系統不會出現的狀況。因此，引進的時候有不少聲音質疑「如果聽大野的命令，輸送帶會不會壞掉？」因為，輸送帶是一種恆動的機器，不時關機的話，來令片會燒黏在一起。於是，大野請輸送帶廠商「製造可以停止的輸送帶」。

引進安燈之後，大野對生產線的作業員說「只要覺得不對勁，就依你的判斷拉下安燈」。不過，引進安燈的直接因素，並不是為了發現不正常，也不是為了了解生產狀況。最初，採用安燈是讓作業員去上廁所時向大家打的暗號。後來在應用時，用途擴大，成了自働化的工具之一。

大野也曾苦笑著這麼說：

「（安燈）是從引擎組裝工程引進的。引擎的機器比較高，監督者的視線會被擋住，作業員操作多工程之後，如果想去上廁所，一方面要顧許多機器，沒有空去找人來代理。所以打開安燈，作為『組長，請過來一下，我現在要去廁所』的暗號。

「而且我們決定，打開安燈過了兩分鐘之後，還是沒有人來的話，可以停下機器去上廁所。另外又決定，如果有不懂的事，不正常的狀況，也可以停下機器。」

安燈的功能雖然擴大，但我們不能忘記的是，豐田的現場貫徹了目視可見的標示。再者，並不是用口頭來催促作業的實行，而是用安燈這種指示盤。

「生產線太快了跟不上。」

「現在正在做的作業很複雜，比較花時間。」

新來的作業員不太敢說出這種話，但是如果能拉一拉安燈的繩子，不論是誰都不會抗拒。像是正在拉肚子，來回跑廁所的時候，拉下安燈的繩子，總比報告「我要去廁所」來得沒有負擔。

此外，對於監看生產狀況的人來說，有了目視可見的安燈，也省得老是說「做再快一點」、「快要來不及了哦」。

在一般的製造工廠內，即使是現在，主管還是習以為常地以口頭指示吧。

「動作快一點。」

「拿那個過來。」

只是，口氣中帶了情緒。心情急躁時下指示的話，不知不覺就會流露出生氣的口吻。這麼一來，聽者心裡也會不舒服，甚而不想誠心的服從。

如果可以用安燈這種機械式指示盤，來傳達狀況的話，主管也不用特地傳達討人厭的話，生產線的作業者也不用聽到憤怒口吻的指示。

還有更重要的事。大野命令主管們「不論出了什麼樣的狀況，都要對拉安燈繩的作業員說

『謝謝』。」

燈轉為黃色，主管跑過去。

「對不起，我要去廁所。」

於是，主管回答：「哦，快去，謝謝你叫我來。」即使作業員是因為自己的失誤而呼叫，前往解決的上司更必須說「謝謝」。

只要主管是個會說「我在忙的時候，別叫我」的人，安燈就成了無用之物了。大野深深了解生產線上工作者的心理，因此，在引進安燈的時候，相當受到作業員的歡迎。安燈與過去的大野改革完全不同，作業員都額手稱慶。

現在，在豐田工作的人會這麼說：

「我們經常因為作業延遲而開啟安燈。有時候原因可能出在宿醉或睡眠不足，但是這種情形會先排除，因為如果身體狀況不好，主管會叫我們去休息，不要工作。

「會打開安燈的原因在於作業失誤。舉例來說，鎖螺絲的時候，螺絲有時會斜向插入，解開螺絲，將該零件拿出生產線外就行了。但是還是會習慣性地試著再鎖一次。但是，再重做也是失敗。這時候螺絲解不開了，只好停下生產線。

「造成作業延遲，所以呼叫上司。於是上司會說『謝謝你通知我』，因為誠實告知而受到感謝。如果這時候上司斥罵：『死小子，你搞什麼，笨蛋！』那就再也沒有人會拉安燈的繩子了。就因為知道主管會感謝自己，才會毫不猶豫地拉下繩子。」

我在採訪的肯塔基廠聽說，前社長張富士夫每每會在美籍作業員停下生產線時說「Thank you」。「謝謝」和「Thank you」正是為了讓員工毫不猶豫拉安燈繩而準備的話。

此外，安燈這種通知作業進行狀況的裝置，不是只有豐田有，現在所有生產工廠都有類似的設置。但是，教育主管對通知者表示感謝，豐田卻是獨一無二的。大野是實際站在拉安燈繩的作業員立場來思考，他推動的改善不是表面工夫，而是真正考慮到實際的運用。

第5章 破產邊緣

戰後的日本汽車業

戰敗之後，GHQ全面禁止日本汽車公司生產轎車。兩年後（一九四七年），開放了轎車生產，但只限一五〇〇cc以下的小型轎車，直到一九四九年以後，才通過所有轎車、卡車的生產。

開放生產之後，國內出現了新的汽車廠商。戰前，日產、豐田、五十鈴號稱汽車三雄，但是戰後，新興的汽車廠商出現，意欲趕上或超越三強。

三菱汽車的前身——中日本重工業，與美國威利車廠簽下支援製造契約，獲得吉普車的授權生產。戰前就存在的多摩汽車更名為王子汽車工業，後來開發出天際線（王子後來與日產合併）。引擎製造則變更公司名稱為大發工業。

中島飛行機改組為富士重工業，鈴木式織機公司更名為鈴木汽車工業，都成為正式的汽車公司。另外，本田技研工業也在戰後成立，不過此時尚未涉足汽車產業。

但是，戰爭結束後的幾年時間，在都市馬路上奔馳的轎車主角，並不是國產車，而是美軍的吉普車，或是從美國軍人手中流入民間的轎車。

戰前，馬路上的轎車大多是美國製，日產、豐田製的轎車都還不成氣候。而戰敗後經過一段時間，路上明顯增加的是日本獨特的車型——三輪摩托車。

三輪摩托車原本是用摩托車引擎發動的三輪貨車，從戰前就有了。馬自達、大發、黑貓稱得上是三輪摩托車的三大品牌，但是到了戰後，製造飛機的中日本重工、新明和工業等都加入這個產業，價格突然變得大眾化。這種車既堅固又善於穿街走巷，所以很適合尚未鋪設柏油的日本路況。

一九五〇年，全國製造的三輪摩托車達四萬台，但後來隨著四輪輕型卡車上場，市場急速萎縮。但是，美國車和三輪摩托車，可以說是日本戰後的代表車型。

喜一郎在戰爭結束後便召集幹部，公開宣布「三年內趕上美國」，因為他擔心「如果美國的汽車公司進入日本，我們公司會垮」。

但是，實際上，通用、福特和克萊斯勒都沒有將重心放在進軍日本上。即使如此，豐田等日本汽車公司老闆，都還是害怕三大巨頭「黑船來航」。

仔細想想，三大巨頭之所以沒有進軍日本，原因不外乎是他們以美國國內市場為優先。

戰後，美國成為全球唯一未受到戰火蹂躪的國家，因而稱霸世界。嬰兒潮出現，導致中產階級消費擴大。軍需工廠改裝成民生工廠，不斷生產出消費財。

自一九五〇年起的十年，美國進入繁榮的年代，因而被稱為黃金五〇（Golden Fifties）。通用、福特、克萊斯勒三家公司年年變換車款，即使如此還是能轉眼間賣光。因此光是在美國國內就能賺取充分的利潤，經營也十分順利，因而根本不用進軍國外市場。此外，在當時三大巨頭的首腦的印象中，日本只是個小不隆咚的戰敗國而已。

「那麼貧困的國家，國民會需要我們公司的大房車嗎？」

他們的認知大概就是這樣。

到了一九七〇年代，美國市場接受了日本車進入後，通用汽車的幹部中還有人不知道日本車靠左行駛，所以方向盤在右側的事實。並不是他們的幹部缺乏常識，而是就算不清楚日本的狀況，通用還是能繼續賺大錢的緣故。

總而言之，美國的汽車公司並不認為日本市場具吸引力，即使如此，日本汽車公司或產業界還是害怕美國，時常對其做出過高的評價。

一九四九年，日本銀行（央行）總裁一萬田尚登發言表示「與美國轎車競爭有其困難」。一萬田一手緊抓金融界，有太上皇的封號，但是在他看來，國內的汽車產業是個靠不住的產業。與鋼鐵、煤礦、造船、鐵路等主要產業相比，汽車屬於二三流的業種，不值得從溫飽都有問題的國民手上聚集寶貴的資金投入。

「未來是國際分工的時代，既然與美國的轎車無法競爭，日本就只生產卡車就行了。」一萬田如此堅信，甚至說出「培育國產車是沒有意義的事」這種話。

而且，贊成這個論調的，不是只有他。由於徹底敗給美國，各產業界的人士也都抱著相同的看法。

經濟安定九原則

豐田SA型轎車是頗具野心的設計，雖然它的性能好，但是社會上尚未培養出使用轎車的客層，所以銷售成績並不亮眼。不過，搭載同引擎的SB型卡車，銷售量卻爆炸性的成長。它的暢銷因素與三輪摩托車相同，在日本社會力圖復興的路途上，他們需要的並不是轎車，而是可以載貨的業務用車。

舉例來說，都市近郊有蔬菜農家，他們耕田、播種，種植蔬菜。但是，一旦收成好，想把它運到市場或集運中心時，腳踏車卻載不了太大的量。如果有摩托車，是可以幫得上忙，但是，蔬菜曝露在載貨架上，一旦下雨，就全都泡湯了。

這種時候，如果有一台三輪摩托車或是卡車的話，每天就能運送大量物資，就算遇到下雨也不會傷了蔬菜。而且，賣的量越大，賺的錢就越多。買卡車的費用採取分期付款，生意做得好，自然就能順利繳款。因此，三輪摩托車、卡車在自營業、中小企業中十分暢銷。

在這樣的背景下，豐田的SB型卡車成了熱門車。一九四八年，上市的一年後月產達一〇〇輛，四九年，月產倍增到二〇〇輛。上市五年，賣出一萬二七九六輛，成為暢銷車。

只是暢銷歸暢銷，卻發生了意想不到的事件，原因出在GHQ。

一九四八年年底，GHQ向日本政府提出經濟安定九原則，這是一道「今後經濟營運都要遵照我們的要求」的命令。

九大原則如下：

- 削減經費達到預算平衡。
- 改善徵稅系統。
- 安定融資。
- 薪酬安定化。
- 強化物價管制。
- 改善與強化對外貿易事務。
- 有效施行資材的分配配給制度。
- 擴大生產重要國產原料、工業製品。
- 更有效地執行糧食集運計畫。

GHQ推動的政策算是正確的。

當時通貨膨脹日益惡化，四七年到四八年間，物價漲了十倍，公共費用每半年就必須調整一次。

再加上糧食雖然已有增加，但依然不足。由於通貨膨脹的關係，有人開始囤積糧食，使得黑市價格居高不下。

美國政府認為「必須改善」日本的貧困狀態，那是因為他們與蘇聯進入冷戰對峙的局面。世界勢力的均衡，改變了美國對日戰略，並且推動日本的復興。

一九四七年，蘇聯成立「共產黨和工人黨情報局」，與東歐各國結為同盟。四八年史達林封鎖了柏林通往美英占領區的道路與鐵路，即所謂的柏林封鎖（Berlin Blockade）。

柏林封鎖造成歐洲情勢緊張，頗有超越冷戰，可能發展成第三次世界大戰的態勢，所以美國希望重建日本經濟，而且停止為援助日本而耗費的龐大預算。他們想把該筆預算轉向歐洲，用在對蘇聯的戰略上。

因此，美國政府要求GHQ制定九原則，進而決定派遣專家到日本。

一九四九年二月，底特律銀行總裁約瑟夫．道奇（Joseph Dodge）來日，一個月後，他勸告並迫使日本實施經濟政策，俗稱「道奇路線」。

日本政府處於美國占領下，而道奇與美國總統唱同調，因此他所指示的具體政策立即付諸實行。

道奇路線與竹馬經濟

道奇路線的目的在安定日本的經濟，振興產業。而盡快中止用美國國民的稅金支援日本，更是他的任務。

戰爭結束後，美國給予日本高額的援助金，美國對舊敵國的援助稱為「GARIOA‧EROA資金」（譯注：為占領地區統治救濟資金〔Government and Relief in Occupied Areas〕與占領地區經濟復興資金〔Economic Rehabilitation in Occupied Areas〕的總稱），從戰敗的第二年開始直到五一年，援助了六年時間。

日本領取的總額約有十八億美元，其中十三億美元為無償援助。換算成現在的價值，約為十二兆日圓（無償部分為九‧五兆日圓），金額龐大，從銀行家道奇的角度來看，無論如何都不希望再超出更多金額。

第一步，必須終結通貨膨脹，讓日本重新站起來。

道奇在記者會上公然說：

「日本經濟就像是竹馬（譯注：即踩高蹺），一隻腳靠美國援助，另一隻腳靠的是國內的補助金政策。」

這次記者會，日本的媒體創造出「竹馬經濟」這個詞。

道奇間不容緩地立刻著手施行，他的順序是消解通貨膨脹、振興產業、促進出口。他用以下的方法消除通貨膨脹。

廢止已經赤字的國家預算，改為平衡預算。其次是命令復興金融金庫停止對鋼鐵、煤礦、造船業進行的融資，最後解散該金庫（五二年）。這兩點是消除通貨膨脹的兩大支柱。

復興金融金庫是戰敗後為了日本復興與幫助產業界度過難關，而成立的金融機構，屬於公營單位，主要功能是融資給前述的鋼鐵、煤礦、造船等三個產業。

復興金融金庫發行金庫債券，日銀收購，將錢付給金庫，金庫再用這些錢作為融資。發行金庫債券的話，至少都能收到錢。但事實上由日銀收購，不但經濟並沒有成長，還印鈔票借給民間企業。這項政策雖然暫時幫助了企業，但大量的鈔票流入市面，加快了通貨膨脹的速度。

藉由平衡預算與停止復興金融金庫的融資，物價趨於穩定。

但是，民間企業卻因此求助無門。尤其是不能向復興金融金庫借錢的企業，只能轉向商業銀行。但是，商業銀行光是應付手上的借貸客戶，就已經竭盡全力了，所以無法貸款給新申請的公司。

一九四九年起的一年內，全國破產的公司有一一〇〇家以上，失業者也超過五〇萬人。道奇雖然穩定了物價，卻造成失業者充斥街頭，不景氣的時代到來，被稱為「道奇蕭條」。

關於第二個目的產業振興，道奇廢止各項補助金，貫徹自由經濟、市場主義。

而第三個目的出口振興，他輔導民間主導出口，取代之前對美軍的依賴，並且決定一美元兌換三六〇日圓。

這三項政策稱之為道奇路線。

不過，出口的振興並沒有什麼成果。日本出口增加是從韓戰爆發之後才開始的，道奇路線的任務是盡可能準備好出口的體制。

汽車產業的困境

一九四九年，道奇路線開始的那一年，對汽車業來說卻是多災多難的一年。首先，道奇蕭條造成卡車賣不出去。

鄉下的鄉鎮公所、運輸業、中小企業等卡車的購買客戶，都因為經濟不景氣而取消合約，車子的庫存不斷增加。豐田從七月到八月間，庫存超過四〇〇輛。八月廢止煤的配給管制，九月道奇路線進一步中止支付給製鐵用原料炭的補助金，因此，煤和鐵的價格上漲，而鋼鐵的管制價格也提升了三七％。

「既然原料上漲的話，汽車也可以調漲價格。」

這理論好像說得通，但是直到五〇年四月以前，汽車必須按照舊價格出售。只有汽車還保留著管制價格，實在是件奇妙的事。

煤礦、鋼鐵業等傳統產業有影響GHQ或政府的力量，但是，此時的汽車業界還是新產業，即使竭盡所能地向政府遊說，還是得不到滿意的回應。就算這時候調高價格，車子可能還是賣不出去。

喜一郎不再到現場報到，而是和幹部一起，打起全副精神努力賣車，四處奔走收取應收帳款。此外更試圖削減成本，以彌補資材上漲的部分。但即使如此，鋼鐵上漲將近四成，所以就算再怎麼節省，也有一個極限。每月持續出現二二〇〇萬日圓的赤字。

當時的公務員起薪四八六三日圓（四八年），二二〇〇萬日圓的赤字漏洞，漸漸掏空了豐田的實力。但是，豐田還能苟延殘喘，全是因為本家豐田織機公司遇到「紡織大賺錢」的棉業好景氣，賺了許多錢的緣故。

但是，戰前與豐田並立為汽車三雄的日產、五十鈴就沒有那麼好的體質，最先叫苦發難的就是這兩家公司。

當時三家公司的市占率是豐田四二．五%，日產三八．二%，五十鈴一五．四%。三家公司獨占了卡車市場，但是各別都有說不出的苦衷。日產、五十鈴都不像豐田有像豐田自動織機這麼賺錢的關係企業，若想要打破赤字結構，就只有調整人力削減成本一途了。

因此，五十鈴於九月發表裁員一二七一人，在五四七四名從業員中約占二三%。接著十月，日產也裁員一八二六人，並且決定減薪。這在日產八六七一名從業員中，約占二一%。可以想見日產是參考五十鈴公司的方案。

但是，這兩家公司的工會都不可能乖乖接受這樣的裁員。再怎麼說，戰敗之後的五年，是勞工運動士氣最高昂的時期，各地激進的工會組織都發動大型的抗爭。他們不願談判解決，寧願走罷工、放棄職場、封鎖職場等手段。

在幾場大型勞工抗爭當中，東寶電影公司砧攝影廠的那場，成了全國國民關注的焦點。攝影廠的工會成員為了對抗公司，占據封鎖砧攝影廠，設置要塞，技術和美術人員合力搬出通電的電線和大型風扇，發動籠城戰。他們將砧攝影廠武裝起來，宛如戰國時代的城郭。更因為攝影廠的罷工行動有電影導演、當紅男星、女星等名人參加，大眾媒體和一般民眾都瞪大眼睛關注它的發展。

終於，到了肅清工會員工的那一天，到場的除了警察之外，甚至出動了美軍。而且，美軍還派出了裝甲車、戰車和三架戰鬥機。

這個事件引起軒然大波，被戲稱「只差軍艦沒到」。

這時候，勞工運動的領袖們不時出差，到全國各地大型抗爭中進行指導，傳授示威、鬥爭的招數，因而頻頻發生罷工和放棄職場的行動。另外，中國本土國共內戰爆發，共產黨占據優勢的消息傳來，對日本國內也造成了影響，當時，是左翼勢力意氣風發的時代。

話題再轉回來。

五十鈴、日產的工會為抗議公司裁員，放棄職場，宣布罷工。罷工長達兩個月，但最後，公司與工會兩造都為了避免倒閉，而轉移到條件抗爭，爭議才告落幕。這時候兩家公司的老闆都沒有辭職。

日產、五十鈴發生勞工抗爭的時候，豐田內部召開職場集會，舉母工廠中豎起了紅旗，豐田也受到抗爭的波及。

勤走日銀

一九四九年秋天，日產、五十鈴進入勞工抗爭的時期，喜一郎則是到處籌錢。他沒去公司上班，每天一大早就帶著會計主管，到各商業銀行拜會。

「我們家的卡車賣得很好，年底的資金，能不能貸款給我們？」

到處求情成了每天的例行公事。

但是，越是跑銀行，越是給人「這公司該不會有危險了吧？」的感覺，即使喜一郎低頭懇求，但是沒有一家金融機構同意貸款。

那時候，傳說大阪銀行（後來的住友銀行，現在的三井住友銀行）的一位分行長大放厥詞地說「寧可借錢給紡織廠，也不借錢給鋼鐵廠」，意思是他可以借錢給豐田織機，但不借給豐田汽車。但是，這句話並沒有出現在任何可信任的資料中。更何況，區區一個銀行人員有資格對別人說出那麼傲慢的話嗎？不過，不管是真是假，大阪銀行確實中止了與豐田的交易。

越來越多銀行不肯貸款，豐田面臨生死交關的危機，如果沒有二億日圓的年末資金，公司就會倒閉。喜一郎拚命解釋「母公司有賺錢」，但是銀行不為所動。

這時候，銷售部門的常務董事神谷正太郎也展開了行動。他跑去日本銀行名古屋分行，直闖舊識分行長高梨壯夫的房間，訴說豐田的背後，存在著無數中小企業。

「豐田若是倒閉，中京地區有三〇〇家以上的零件工廠會跟著連鎖倒閉。為了幫助中京地區的經濟，拜託日銀成立一個融資團來協調融資。」

但是，高梨拒絕。

「日銀本身不能貸款給民間企業，也不能命令銀行貸款給民間企業。」

「它不用貸款給我們，也不用下命令，只要把大家召集起來，幫我們出聲就行了。」

神谷靠著近乎狡辯的言辭，多次拜訪日銀，請求高梨幫忙。高梨被神谷打動，私自進行調查，發現豐田的卡車十分暢銷，如果豐田倒閉，真如神谷所說，中京地區的經濟也會分崩離析。

「我們不能置之不理。」

高梨與日銀總行會談，但是總裁一萬田尚登是個高唱汽車國際分工論的人。

他堅持：「轎車仰賴美國進口就行了。」不想出面調解局勢。

若是一般的銀行員，可能就此放棄了，但是高梨不能眼看著中京地區經濟崩壞而袖手旁觀。

他自己承擔風險，召集在名古屋有分行的金融機構，也把喜一郎叫來。

「各位，日銀不能命令民間的金融機構怎麼做。今天把大家找來，只是想請你們聽聽我的看法。」

說完開場白，他開口道：「為了名古屋的經濟，我希望各位能盡己所能。」

不僅如此，高梨在喜一郎和出席者面前，低下頭懇求：「拜託各位，而且既然我開口了，所有責任由我負責。」身旁的喜一郎也一起鞠躬。

大阪銀行的負責人舉手提問：

「高梨先生，你說你負責是指，如果豐田還不了錢，日銀要幫他作保的意思嗎？」

高梨回答：

「大阪銀行這位先生，我不是拜託你們融資，只是請求你們盡己所能而已。」

也就是要他們體會言外之意的意思。但是，大阪銀行的負責人沒有回答，逕自離開會場。

剩下的銀行團察知高梨的意思，討論起對豐田的融資。最後，二十四家銀行由帝國銀行（後來的三井銀行，現在的三井住友銀行）與東海銀行（現在的三菱東京ＵＦＪ銀行）擔任幹事，決定了協調融資。

場上，喜一郎向融資團出示了與豐田工會交換的白皮書。

「我們會在削減成本的目的下，推動合理化，不進行裁員，減薪一成。」

喜一郎可能認為，無論如何都要守住這個承諾吧，但是融資團已經知道，日產、五十鈴靠著裁員來度過危機。現場他們未置一詞，但是，還是繼續觀察豐田的狀況，如果經營成效沒有好轉，接下來就只能裁員了。

無論如何，喜一郎總算可以脫離最糟的狀態。

這一次，離席的大阪銀行與日本興業銀行並沒有加入融資團，因此，大阪銀行，也就是住友銀行，多年來都沒有和豐田有業務往來。

雖然有日銀分行長的暗示，而且由眾家銀行共同融資，但是，大阪銀行（住友）的幹部還是認為汽車公司是新興企業，不認同它的價值，所以才沒有加入融資團吧。

住友是一家比三井、三菱歷史更悠久的財閥，它樹立穩固的企業文化，其審查標準，就是不信任豐田這種新興企業。所以即使其他銀行願意融資，住友還是不願意說「我也加入」。豐田後來成為大企業，因此住友好像成了壞人，但是，住友銀行有它自己堅持的原則。

一九四九年的破產危機就這樣過關了，但是，問題出在第二年，也就是一九五〇年。

勞資爭議

一九四九年到隔年，勞工運動方興未艾，但也可以說它是蠟燭熄滅之前的一瞬光輝。

四九年十月，中華人民共和國成立，國共內戰結束，毛澤東率領的中國共產黨得到勝利。戰敗的蔣介石撤退到台灣，鞏固中華民國。眼看著蘇聯的抬頭與中國的共產化，美國決定將日本打造為共產圈的防波堤，促進戰後的復興，由此可知中華人民共和國的建國對美國的衝擊有多麼大。

美國國內也興起反共運動。參議員約瑟夫·麥卡錫（Joseph McCarthy）掀起紅色恐慌，欲將共產黨員、其協助者和同情者從公職或民間企業驅趕出去。當時，電影明星查理·卓別林也受到調查，後來離開美國。訴求反共的麥卡錫主義掀起巨浪，驅逐共產黨與自由主義者的運動因而更加激化。

反共運動也影響到美國占領下的日本。

一九五〇年六月，GHQ將日本共產黨全體中央委員共二十四名，解除其公職，禁止機關報《紅旗》的發行，展開赤色清洗。陸續從言論媒體、民間企業的職場，驅逐所有共產黨員。主張尊重基本人權的日本國憲法，早在一九四七年即已實施，這是赤色清洗發生之前的事。大家雖然心知肚明，但是，共產黨員卻一一在職場上遭到開除。雖說憲法為不朽的大典，但實際上，GHQ的權力遠在憲法之上。

由於赤色清洗的執行，戰後勃興的勞工運動漸漸失去鋒芒，而戰後勞工運動的巔峰，就在五〇年五月。

對豐田而言，這個時期也正是該公司勞工運動最激烈的時刻。

靠著日銀名古屋分行帶頭的銀行團協調融資，豐田總算有了一線生機，但是經營狀況依然是低空飛過。因此，豐田與日銀共同籌畫具體的重建案，訂定了三個方針。

A 設立銷售公司，與豐田分開。

B 生產有銷售保障的數量。

C 裁撤考核為多餘的人員。

重點在於設立銷售公司與人員的裁撤。

決定成立銷售公司，是為了將生產車輛的資金與銷售相關的資金分開。在銀行團的認知中，這筆緊急融資的金額，並不是給製造車輛使用，而是過渡性資金，只借貸到賣車的款項入帳為止。一旦銷售買賣正常化之後，就要立刻歸還。這筆錢是為了協助分期付款銷售的正常化，若是將它用於車輛製造，短期之內無法收回，所以日銀與銀行團希望另外設立銷售公司，以避免這種狀況發生。

喜一郎在與工會組織進行經營協議會時，向內部談到銷售公司的設立，是這麼說的：

「一、金融界對豐田的經營不信任。二、對汽車產業的前景感到擔憂。三、他們認為會變成庫存融資，而不是分期償還融資了。

「也就是說，銀行對於豐田的不信任，在於我們重技術而輕經營（然而，現在一般都是在貸款的基礎上從事經營、發展技術），以及給豐田的融資，用途不明確。

「進而，金融界為了修正這一點，有意派人進入豐田的經營層，關於這一點，之前（一九五〇年）二月十八日，與金融業者舉行過懇談會。進而，我們的想法是，第一，努力恢復金融界的信任，第二，修正技術優先，讓經營改為更簡潔單純的形式。所以，不論對外或對內都要更加強化經營層，進而努力早日設立銷售公司。」

接二連三的「進而」充斥在文章中，此處喜一郎想表達的心情大概有以下二點。一是「豐田在金融機構中沒有信用」、「我自己把錢都投入技術中」。

另外一點，如果說，他在談話中還有些捫心自問的意思，那也許是「自己究竟適不適合當一個經營者？」

——關於汽車的技術，我比誰都了解。若是要製造品質優良的汽車，非己莫屬。但是，我不善於籌募資金，照這樣下去，沒問題嗎……。不行，還是把銷售公司交給神谷，自己照往常那樣，專注於汽車的製造。只要成立銷售公司的話，就能夠度過危機。唉，真的能度過危機嗎？

當時喜一郎的心裡，是這麼想的吧。

喜一郎偏執地以為，只要成立銷售公司的話，或許不用裁員，銀行也一定願意幫助豐田。不，他就是這麼想的。

正因為如此，他才抱著十足的信心，成立豐田汽車銷售公司（豐田自販），起用神谷正太郎擔任社長。雖然，不論是誰，都會認為只有神谷能勝任銷售公司的領袖，因為沒有人比他更嫻熟販售，而且他也具有說服得了日銀名古屋分行長的談判能力。只要是神谷出馬，銀行界都可以認同。但是，有一說指出設立銷售公司的點子，是神谷提出的。也許神谷認為，這是他從員工躍上經營者的機會。

就在一九五〇年四月，豐田汽車銷售公司開業。本來應該由豐田汽車出資，但是它已被認定為閉鎖型公司，所以不能出資。最後是由神谷等銷售部員工以個人名義貸款，籌措出新公司的資本額。直到一九五二年，豐田汽車不再是閉鎖型公司之後，才成為股東。

日銀、銀行團對於分拆出銷售公司十分滿意，因為不管怎麼說，融資的錢不會再用於製造上了。

豐田的困境不在車子賣不出去，而是因為經濟不景氣，分期購買的客人不再繳款的緣故。如果提供給銷售公司過渡性資金，這筆錢總有歸還的一天。

那麼，另一個條件，人員裁撤的結果怎麼樣呢？

最初，公司方面向工會人員解釋重建方案時，隱瞞了「裁撤考核為多餘的人員」。因為喜一郎一再公開宣稱「不會裁員」，所以這個方案並不是他的本意，而且，喜一郎和經營層都一廂情願認為，成立銷售公司，業績好轉的話，銀行團會默許不裁員。

但是，銀行團沒有那麼好說話，這一點只能說，喜一郎的認知不足。

於是，現實與他微小的期望背道而馳。

一九五〇年四月二十二日，公司方面不得不告知豐田工會「希望實施一六〇〇名員工自動離職」。不用說，當然引發了極大的反抗。況且還有附帶條件，留在公司的人減薪百分之十。

勞工團體勃然大怒也是理所當然，從那一天起，開始了激烈的抗爭，幾乎令人懷疑「豐田這下子真的要倒閉了」。

一六〇〇這個人數，約占當時從業員總數的二〇％，比日產、五十鈴要少三％。

但是，工會方面並沒有留意這一點。因為這不是人數的問題，而是對公司一再保證「不會裁員」的大反彈，他們必須保護工會成員的生計。

另一方面，從年初開始，喜一郎的高血壓痼疾惡化，在名古屋郊外的八事別墅靜養。就算想與工會團體談判，身體狀況也不容許他去，連去公司上班都不可能。

舉母工廠的罷工情勢，無時無刻地傳達到他那裡。

「工廠建築的屋頂上插了紅旗。」

「廠區內紅旗林立，每天都舉行職場集會。」

「也開始批鬥幹部了。」

「大野先生等各廠廠長都被擋在入口，不得進入廠區。」

喜一郎突然想到：

「工廠的幹部恐怕承受不了吧。」

大野身為機械工廠廠長，也成了工會的目標。他讓工人操作數台機器，將工具切削系統改變為集中管理。對工會會員來說，他可以說是改變職場系統最大的敵人。果然如喜一郎所想，大野在抗爭中成了攻擊的靶心。

「把鬍子叫來！」

「拆了大野建立的生產線！」

工會成員雖然叫囂怒罵，但是並沒有真的對工廠的生產線動手。取而代之的是，天天批鬥大野，禁止他進入廠區。

「反對合理化！」

工會成員、工會專職人員喊叫著。

大野默默地點頭致意。

工會成員笑了。

「怎麼樣？老大，你要放棄合理化嗎？」

大野無畏地笑笑。

「沒有，我不會放棄。如果不改善工作效率，我們公司就完蛋了。」

工會會員大怒。

「鬍子老頭，你在說什麼夢話?!把職場搞壞的是你耶。快點恢復原狀，你把勞工當成什麼了！」

但是大野毫不退讓。

「我不是不懂你們的想法。但是，如果美國的汽車公司來了，到時候怎麼辦？如果那樣子製造汽車，轉眼間就會破產哦。到時候連罷工的閒工夫都沒有。」

待在組裝工廠的石川義之，回想起勞動爭議當時的現場，「那時候真是難受極了。」

「勞動爭議發生之前，我並不知道公司經營有困難。雖然也會擔心經濟不景氣，但是，我以為跟自己的工作沒有關係。勞動爭議的時候，從業員的思想信條各不相同。共產思想、非政治、保守等，全都混在一起，所以，在職場集合一討論起來就失控了。生產現場癱瘓，氣氛箭拔弩張。抗爭的經費也用完了，只好背著筆記本、橡皮擦等文具，到鄉下各地的親戚家賺些零用錢，還被親戚們叨念：『你們到底在幹什麼啊？』

「有一次我去叫大野先生來，商量經營重建的事，但實際上就是批鬥。大野先生說『你們是要說我壞話吧』，但他還是來了。我們把大野推到一公尺高的台上，不斷地丟出各種意見。大野先生說：『我來是為了說說，豐田怎麼樣才能存活下去。』他是個不對現場的意見屈服的人，也不會大聲怒吼，不是可怕的人。」

大野總是坦承不諱地回答。就算下面的人攻擊他，他也只回答：「多想想工作的方法吧。」有時候，他不發一語，只是凝視著對方。當他盯著人看的時候，不論是工會成員還是來支援的夥伴，都會感到背脊發涼。因為大野雖然是敵人，但是他引進安燈，讓大家方便去上廁所，所以也是恩人。

他說的話永遠都是那一句：

「如果不工作就沒有飯吃。用普通的工作方法做事，就贏不過美國。我們只能提高生產力去工作。」

雖然，在那個時候，他還沒有去過美國，雖然讀過亨利．福特的著作，研究過美國的汽車公司，但並不是專家。

即使如此，焦躁感驅策著他——如果不能快點想出一套超越福特系統的生產體系就會輸給美國。在戰爭中已經歷過被徹底擊敗、被占領，如果連汽車都輸給對方，日本將何去何從呢？

大野既不怕罷工，也不怕批鬥。他才剛剛體驗過戰爭和空襲，與真正的戰爭比起來，和勞工組織鬥爭根本算不了什麼，只不過是內訌罷了。

大野心中的敵人並不是工會成員，而是福特建立的系統。如果能完成喜一郎主張的及時化，就能勝過福特系統。他是這麼想的。

他害怕的是及時化的發想者——喜一郎離開經營層。示威活動最激烈的期間，他只在意一件事，就是喜一郎的情況。

喜一郎雖然惦記著被工會攻擊的幹部，但還是充滿鬥志，最初根本完全沒考慮要辭去社長一職。

證據是他把某個人物請到家裡來。

長谷川龍雄，這位工程師後來因為開發出卡羅拉（Corolla）而馳名一時，但他原本是立川飛機（王子汽車的前身）的飛機設計師。

當時，長谷川是職場的抗爭委員長，在立場上，不可以一聽到社長召見，便故作無事地往社長家裡跑。但是，長谷川認為喜一郎是工程界的前輩，因而到府拜訪。

喜一郎說：

「長谷川老弟，我想蓋一間月產五〇〇輛的轎車工廠，你幫我規畫吧。」

長谷川嚇了一跳。飛機、汽車的設計他沒問題，但是沒有工廠設計的知識。

「意下如何？」

喜一郎再問了一次，長谷川回答：

「社長，對不起。我不是生產技術的專家，而且現在抗爭正在最火熱的時期，所以真的很抱歉，我不能再跟您討論下去了。」

「這樣啊。」

長谷川後來想像當時喜一郎的心情，得出的結論是「社長是認真的。」

「其實，以前他也突然把我叫去過。我進公司（一九四六年）之後，在發明比賽獨得了獎項，喜一郎先生叫我去他的房間這麼說：

「『長谷川老弟，你以前是玩飛機的吧，下次要不要開發會飛的汽車呢？』

「社長不論說什麼，都是認真的。」

喜一郎腦中想的，不是眼前發生的勞動爭議，而是新型轎車與工廠建設。他的關心永遠在造車上。

喜一郎，辭職

舉母工廠發生的豐田抗爭，過程如下。

四月二十四日　二十四小時罷工。
四月二十五日　工會將鍛造、鑄件工廠廠長趕出門外。
四月二十六日　將其他廠長趕出門外，大野也在這時候被請出工廠外。
五月　三日　三天禁止進入公司、工廠。
五月　六日　上午，所有工廠一起開職場大會。
五月　八日　二十四小時罷工。
五月　十一日　二十四小時罷工。
五月　十三日　公司方面向部分工會成員發布離職勸告聲明。
五月　十五日　二十四小時罷工。
五月　十八日　工會成員親手燒毀離職勸告聲明。
五月　二十日　組織大會。

這段期間，生產處於停擺狀態。日產、五十鈴的勞工組織雖然也一樣在兩個月間，發動罷工、放棄職場，但是生產量並沒有減少那麼多，也沒有演變成豐田那種激昂的鬥爭。豐田方面由於工會組織打死不退的持續罷工，四月、五月的生產量比過去的平均值掉了七成，可見抗爭的程度有多激烈。

日銀主導的銀行團看見勞動爭議與生產停滯，態度也漸漸轉為強硬。

「好不容易才融資給他們，若是公司垮了，可就血本無歸了。」

在銀行團看來，豐田如果繼續淪於內訌紛爭，不能團結起來的話，那就是走向自毀之路了。因此，他們向喜一郎及經營層建議「結束鬥爭吧」。

他們一再表達「讓生產正常化、賣出卡車」的建議，並沒有再多說什麼，但是言外之意溢於言表——

「不論用什麼手段，反正，快點讓爭議落幕吧。」

喜一郎終於下定了決心。

「只有我負責辭職，才能走上正常化之路。」

五月二十五日，喜一郎攬下爭議的責任，表達了辭意。辭職的不只是他一人，副社長隈部一雄、常務董事西村小八郎等持有代表權的三人，一同辭去職位，做出與其他同業爭議不同的結論。

日產、五十鈴的勞工爭議時，裁減了人員也減薪，但是，經營者沒有辭職。唯獨豐田，三位經營者連袂下台。

喜一郎不能堅持下去的原因，一方面是銀行的壓力，另外也是時機太差吧。豐田的勞工爭議比同業兩家公司晚了半年才開始，半年的延遲讓他們與勞工運動的極盛期重疊，演變成極大的抗爭，也改變了收尾的方式。

新社長的運氣

一九五〇年六月五日，發表喜一郎等三人的辭職令，而爭議也因此告一段落。

在人員裁減、從業員薪水減少一成兩件事上，取得工會的同意，而經營層辭職換來的是，公司方面的主張全數通過。

豐田自創業至今，只有裁員過這麼一次。戰爭剛結束時人員也有減少，但那是勤勞動員徵召來的人，並不是正規的從業員。

繼而在七月十八日，舉行了臨時股東大會，決定由豐田自動織機社長石田退三兼任豐田汽車的社長，執行董事則由帝國銀行大阪事務所所長中川不器男擔任。

臨時股東大會上，章一郎身為股東之一，在場聆聽了石田的演說。他的回憶中，石田聲嘶力竭地向大家訴說。

他最後這麼說道：

「敝人定當粉身碎骨，努力使公司的業績好轉，遵循各位的期待獲得成果時，必會再次迎接豐田喜一郎氏回任社長。懇請各位同意支持。」

石田當場流下淚來。這位致力節省，想盡辦法賺錢的人物，外號叫做「鐵公雞」，但是，就任社長的職位，既不是為錢，也不為聲望，而是抱著「想回報自佐吉以來，從豐田家承受的恩義」。從他六十一歲的年齡來看，石田再怎麼樣也不會想要汽車公司社長這個位子吧。

但是，自石田就任社長開始，豐田的業績就急速上升。

那是因為韓戰爆發，產生了特別需求。

就在股東大會的大約一個月前，六月二十五日清晨四點，北韓軍隊向大韓民國發動攻擊。當天是星期天，南韓軍的將官團自星期五開始，有三天的慰勞假期，離開了前線。北韓軍隊得知此事，發兵入侵韓國領土，並且在三天後的二十八日到達漢城。他們採取突擊行動，因而市民一覺醒來，北韓軍已經兵臨城下。

自北方來攻的士兵有十八萬二千人，相反的，南韓軍只有它的一半。擁有大軍的北韓軍兩個月後，將戰線推進到韓國南部，頗有一口氣將南韓軍趕出朝鮮半島的氣勢。

聯軍以美軍為主力，趕赴朝鮮半島，加入戰線以協助南韓。因為整個朝鮮半島成為戰場，美國需要調遣物資時，最方便的地點就是最近的鄰國日本。美軍在日本採購軍需與美軍用的物資，再運到朝鮮半島去。而運送軍需物資的卡車更是其中不可缺少的工具。

對當時還未從戰敗中重新站起的日本企業來說，這是一個大機會。

石田認為這是天賜良機，在就任社長之前，就前往美軍的採購部，獲得了一〇〇〇輛卡車的大宗買賣合約。後來也繼續與美軍做生意，到第二年為止，豐田總共交出四六七九輛卡車，換算成金額高達三六億六〇〇〇萬日圓。

如果喜一郎再多當兩個月的社長，這筆營收就能把從銀行貸的款完全還清了。

而喜一郎辭去社長之後，搬到東京，開始籌備設立一家開發小型轎車的公司。不論什麼時候，他一心想做的，就是開發轎車。所以，即使他留在社長這個位子上，即使美軍採購再多車輛，他肯定還是會說，比起軍用卡車，還是「寧可做轎車」吧。

中興之祖

被封為豐田中興之祖的石田退三生於一八八八年，比喜一郎年長六歲。

他出生在愛知縣知多郡小鈴谷村，本家姓澤田。澤田家有兄弟六人，退三是老么。家中小孩太多，父親又早逝，所以，退三只讀完高等小學（譯注：明治時期到第二次世界大戰前的學制，相當於現在的中學），就出外當學徒了。

但是，他有個遠房表哥叫兒玉一造，此人曾在三井物產工作，正是他改變了退三的命運。兒玉是三井物產棉花事業部長，後來成為東洋棉花（東棉）的創業社長，對棉花、棉線、棉布、紡紗眼光獨到。

兒玉透過棉花的工作，認識了喜一郎的父親佐吉，支持他的事業，也讓自己的親弟弟利三郎娶了佐吉的獨生女愛子，入贅豐田家。

豐田家中，喜一郎為佐吉的長子，愛子為長女，但愛子年紀較小，利三郎算是喜一郎的妹夫。然而，在實際年齡上，利三郎比喜一郎大十歲。按舊有資料，依照戰前的戶籍法，利三郎應為豐田的當家，但是在佐吉的葬禮中，喜一郎擔任喪主，所以豐田家的當家應該還是長子喜一郎吧。

話題轉回兒玉一造。兒玉是遠房的表哥，他知道退三想升中學的心意，於是向母親請求援助：「未來，是受教育的時代。退三那個老么，還是讓他去讀中學比較好。」

如此，兒玉準備了退三的生活和升學費用，帶著退三到自己在彥根的家，讓他就讀滋賀縣立第一中學。石田從小時候就是個運勢很強的人吧，能夠進中學也是他的運氣，但是他從那時起也加倍的努力。

影響退三最大的是兒玉的妻子。

退三本人曾經回憶道：

「叔母的教育思想是『貧窮是不行的，無論如何一定要出人頭地』，『人要是貧窮的話，不說別的，對誰都抬不起頭來，不是嗎？』

「這是近江商人的觀念，我從早到晚受到這種思想的鍛練。在這樣的鞭策下，不顧一切地努力學習，為了將來的榮耀，現在忍耐一時的困苦，不斷累積磨練，這部分對我後來的生涯發揮了難以估量的作用。」

抱著「出人頭地、刻苦勉勵」這種明治時代式的少年目標，退三在彥根的兒玉家展開生活。中學畢業後，他心底雖然想再繼續升學，但是畢竟寄人籬下，這種話說不出口。於是，就當起了代課老師，開始工作，不過半年就辭職了。接著去京都的進口家具店、東京的吳服店做行商販子，到名古屋的纖維商社上班，最後進入了豐田紡織。二十四歲時，他成為彥根的石田家的養子。

退三進入豐田紡織，因而認識了佐吉。此外，他和入贅豐田家的利三郎也很親近。受到佐吉的薰陶，在豐田紡織做到了大阪出張所長，讓業績成長。派駐印度孟買的時候，擴展了棉布的銷路。到了開戰的一九四一年，他從豐田紡織調到豐田自動織機，任常務董事，一九四八年升任社長。

退三任職豐田紡織、自動織機的時代，對汽車事業抱持懷疑的態度，有段時間對進軍汽車業堅持反對的論調。

退三對汽車完全是門外漢，這樣的人能成為豐田汽車的社長，其實是靠著第一任社長利三郎的推薦。利三郎從退三上中學時就有交情，而且也見過他在豐田紡織和織機時代的做事方法。最重要的是，退三當上社長時，豐田自動織機一再增產，處於鴻運當頭的狀況。賺錢的織機公司社長兼任豐田汽車社長的話，銀行團應該也不會挑剔了吧⋯⋯。

另外，利三郎也知道，退三是談判的高手，從部下那裡得知，戰後，退三在與GHQ談判時不卑不亢，貫徹自己的想法做成買賣。

戰爭一結束，退三立刻想到把堆在倉庫裡的自動紡織機賣到國外，好換成現金。國內的棉布製造公司還未能重新站起來，紡織機沒有出售的對象，所以銷路只好往外國找。因此，他到東京，與商工省洽談⋯⋯。

然而負責人立刻回道：「辦不到。」

「石田先生，我們不能發許可證。就算我發出許可給你，也不表示你可以出口，一切都必須與GHQ商量後才能決定。」

商工省負責人說的沒錯，戰敗後，日本公務機關並沒有准許出口的權限。

退三理解後，又前往GHQ總部。他透過翻譯，向出來接待的美籍負責人低頭請求：「請發給我們出口紡織機的許可。」但是……

「不行。日本是戰敗國，戰敗的國家還想出口，別作夢了。」

退三並未退縮，他微微一笑說：

「的確，日本是戰敗了。但是就算是戰敗，也得做生意才有飯吃。希望您能高抬貴手。」

「你說什麼鬼話？戰爭失敗的三等國家怎麼可以出口機器！」

這時，儘管面對的是美國人，退三拍著桌子，怒聲喝道：

「不對，你這話我不認同。我們又不是自己願意成為三等國家。因為你們打贏了，我們輸了才成了三等國家。歸根究柢都是你們的責任。拜託，如果不出口，我們就要餓死了。」

他就這樣時而進逼，時而低頭，一次次專程到GHQ去，再三交涉，請求出口許可，完全不想退讓。

不知去到第幾次，退三終於從美籍負責人手上得到出口八〇〇台紡織機的許可。日本戰後第一號出口商品，就是退三取得許可的豐田自動紡織機。

朝鮮特需

一九五〇年開始的韓戰，自五一年春天起陷入膠著狀態。該年七月，在板門店展開停戰談判。

終於，五三年七月，各方簽署了停戰協定。戰爭持續了三年又一個月，死傷者南韓軍隊九五萬人，北韓軍六一萬人。參戰的中國軍隊死傷五〇萬人，美軍四〇萬人。除此之外，隸屬聯合國軍的士兵也有四〇萬人死傷，行蹤不明的一般百姓多達二〇〇萬人。

由於長期戰爭的結果，聯合國軍使用的彈藥量，比太平洋戰爭中美軍在日本投下的炸彈量還多。

雖然對韓國來說，這是場重大的慘劇，但是對日本經濟帶來了特別需求。戰爭期間，產生了（以現在的水準來說）大約二〇兆到三〇兆日圓的有效需求，因此日本國內的景氣一瞬間恢復了。

三年韓戰的結果，日本產業界賺進了一一億三六〇〇萬美金（特需合約所得），若以一美元等於三六〇日圓來計算，相當於四〇八九億日圓。

而且，日本產業界得到的不只是錢。聯合國軍不接受任何瑕疵品，因為若是零件在戰場上壞了，或是卡車故障，將攸關士兵的性命。因此豐田、日產等各家公司，除了大量生產的系統之外，也學習提高品質。豐田自創業以來，就秉持驅逐劣品的精神，但藉著韓戰的特需生產，學習到徹底不出現瑕疵品的作業。

不管再怎麼呼籲，用說的也無法實現驅逐瑕疵品，只有透過嚴厲客戶的挑剔、投訴來學習。特需的訂購方是聯合國軍，也就是由美國出錢，但是他們面對瑕疵品的態度是非常嚴苛的。

國內景氣變好之後，作為交通運輸工具的卡車，需求也大幅增加。要求「卡車這個月內要交貨」的客戶不絕於途。製造現場接連數天都實施兩小時的加班體制。

韓戰進入休戰狀態後，卡車仍然持續交貨給美軍。美軍並不直接使用，而是將這些車輛作為對菲律賓、泰國、印尼、南越等國的軍事援助。日產、五十鈴也同樣繼續向美軍交車，但其中數量最大的是豐田。

豐田汽車第二二期事業報告書（一九五〇年四月到九月）即透露出業績因特需而快速恢復的狀況：

「四月中旬廢除了汽車的銷售管制價格，這在過去一直是沉重的桎梏，因此朝鮮動亂爆發後，儘管素材、零件、輪胎等價格接二連三的飛漲，但是因為修訂了汽車銷售價格，隨時可以調整收支，加上需求與生產量上升的配合下，爭議解決後，業績到達逐月上升的地步。」

向美軍交車的銷售金額，是一定拿得到的錢。銀行團觀察到借出去的錢收得回來，也不再對石田社長頤指氣使了。

石田在公司裡的聲量也變大了：「我一定要趁著這個機會，把錢賺個夠本給大家看！」他叫來英二，對他說：「我有個提議。」

「英二，你去美國一趟。」

英二沒說話，只是靜靜聆聽。

石田春風得意地開始演說：

「聽我說，特需結束之後，豐田也該走出三河（譯注：日本舊的行政區域，為現在愛知縣東部），放眼天下了。因此，我想讓你去福特看看。這本來應該是喜一郎要神谷（正太郎）去做的事……。我要代替喜一郎，建議你去美國參訪見習。英二，去吸收正宗的做法，看看正宗的生產設備吧。」

石田號稱「豐田的掌櫃」，但是，他雖然是掌櫃，卻沒有下人的秉性。石田的目的不在達成任期中的營業數字，而是解讀未來的情勢，以鞏固豐田公司的江山。當同業的日產、五十鈴還埋頭努力賺取眼前的利潤時，石田已經想到下一步驟，將有利於豐田未來的事付諸實行。將英二送到美國，就是為了豐田的未來。

英二看到的美國

英二是在韓戰爆發之後，才出發赴美。雖然他搭乘的是飛機，但並不是直飛的航班，而是經由關島、夏威夷，再轉往美國本土。他的護照上標記的不是「日本人」，而是「聯軍占領下的日本人」。看到這一頁，英二深深感覺到「原來日本不是一個獨立的國家」。

那一年，日本人出國的人數只有八二五五人（一九五〇年），大多數是外務省屬下的職員和其他公務員，民間企業幾乎沒有人出國學習技術。

當時的豐田是三河地區的新興中小企業，這種規模的公司，就算是身為常務董事，讓他飛到美國視察也是相當不符合身分的事。思考到這一環節，可以說石田雖然長得一副鄉下頑固老頭的樣子，但思想卻遠比大財閥的經營者更開明。

英二赴美最初的目的是與福特技術合作。豐田自販的社長神谷為了預作安排，提前出發。先由擅長英語的神谷與對方會談，以便英二到美國時只要在合約書上簽字就行了。

然而，由於飛機延遲，僅僅半個月，風向就轉變了。

到達當地的英二，一看到神谷的臉，就有不祥的預感。

「神谷先生，那麼，接下來我們要怎麼做？」

神谷吞吞吐吐地說：

「英二先生，技術合作泡湯了。」

「嗄？怎麼會？」

英二問道。神谷回答：

「因為韓戰。美國政府不准福特進行海外投資，更不准他們將技術流出，所以他們決定不讓幹部員工到國外去。實際上等於禁足令。」

「這樣的話，我們該怎麼辦才好，神谷先生？」

「因為發生了戰爭，福特也莫可奈何。但是，對方也很同情我們，他們說，雖然不能合作，但是可以接納豐田的技術人員。至少，你可以在這裡學習技術。」

最後，英二成了福特第一號豐田實習生，在工廠見習。他是技術部的領袖，視察回去之後，可以將知識傳授給部下，可以說是參觀現場最適當的人選。英二鬆了一口氣，奮勇地向福特工廠出發。

福特的總部在底特律西方的迪爾伯恩（Dearborn），這裡除了總公司，還設有紅河工廠、高地公園工廠、蒙德路工廠、化油器工廠、活塞環工廠等數個工廠。

一天的生產輛數為八〇〇〇輛，相對的，當時的豐田只有四〇輛。福特如果是巨人，豐田就相當於小白兔。值得慶幸的是，從英二的眼光來看，福特的最新廠區就像一座寶山，不論走到哪個工廠，都有值得吸收的東西。

擔任翻譯兼嚮導的是日系美國人，名字叫做詹姆斯平田。平田本來在貨船上工作，後來偷渡到美國，現時已經六十五歲的他，從第一線退下來，擔任檢查部門的顧問。

平田帶著英二參觀了許多地方，首先去的是為事務員開辦的預算管理講習。雖然平田在旁細心地翻譯，但是他完全無法理解。並不是聽不懂英語，而是預算管理的理論太過專業，提不起勁。

他很快地放棄，接著又去聆聽品質管制的課程，但也是聽得一頭霧水……。最後，英二最能學習，並且樂在其中的，還是生產現場，他和在那裡工作的工人們交換意見。

生產現場，當然是大量生產的福特系統。巨大的工廠容積約是豐田工廠的兩倍大，廠內生產線直線並列，螢光燈照耀下，燈火通明。戰爭剛結束時，豐田工廠裡裝的還是電燈泡，英二對現場的明亮印象深刻。

配置在生產線旁的作業員，只遵循操作手冊，做自己該做的作業。豐田的現場裡，大野已經開始培養多能工人，但是在福特，車床工人只做車床的工作，他們是單能工，到退休以前都只做同樣的工作。既然做同樣的工作，薪水也萬年不變。但是，他們對這種現象也並未表示不滿。

每天按時工作，到了下班時間，即使手上還有工作，也立刻下班回家。他們對工作沒有不滿，也認同現場作業就是切割、販賣時間的工作。

英二趁著休息時間，走到工人旁邊，詢問他們工作的內容，和一天大約要做多少零件。

每個人都十分得意地告訴他：「我做的工作是這樣的。」也有人示範作業的內容給他看，他們並不是在主管命令下不情願地工作，而是對自己的工作十分驕傲，並且滿臉得意地說明，自己如何配合輸送帶的速度完成作業。

「輸送帶的速度怎麼樣？」

聽他這麼問，工人答道：「輸送帶不能停止，所以我們只能跟上它，熟練就是指跟得上速度。」工人們比管理部長或組長更注意輸送帶的速度。

英二心想：「這是美國人的工作方式。」他們按照指示做事，到了下班時間，就立刻停止。日本人的想法是「做到某個階段再停」，但是美國工人只是販賣時間，獲取固定的薪資，所以他們絕對不會想要無酬加班。大量生產系統就是只動手不動腦。

工人不用動腦進行作業，但是等級較高的工程師，面對工作的態度卻完全不同。據英二的觀察，工程師們大多快速打發午餐，在辦公桌前閱讀專業書籍。他們努力進修，希望自己多少能往上晉升。

英二心想：「說不定，我們公司的現場人力、系統還更進步。」

「論現場的環境，美國更上層樓，機器也是最新式的。但是現場的員工不一樣，福特的工人把聽指令作業當成工作，沒有大野栽培的那種多能工人。

「豐田在做的是培養會思考的人。上面再怎麼逼迫，生產力也提升不起來。必須在現場下點工夫才能提高生產力。而這就是我的工作。

「另外在我參觀的時候，美國的經營者、廠管人員從來沒有走下現場，與工人們交談，只傳達計畫而已。這一點上，我們都像喜一郎一樣和現場的作業人員談話，大家平起平坐。我們如果想勝過福特，就不要分經營者或是作業員，大家一起思考。」

一個半月的時間，他看過各式各樣的福特工廠，雖然每每只有嘆息，只有反省，但是，看到美國的現場，也讓他有了新的想法。他認為豐田的強項在於現場工作的人，但是，除此之外，其他全部輸給美國。

「尤其是日本的機器，品質不夠好。只能買回去了。」

英二結束了汽車工廠的見習，在美國剩餘的期間，跑遍了二十一家工具機廠商。如果有好機器，就考慮買回日本。

「進口機器，安置在工廠裡的話，就算是我們這種小公司，也能做出更好的車。」

飛到美國，從見習中學到的，大概就是參觀生產現場與工人對談，以及決定進口最先進的工具機吧。

這時候，英二還只是豐田公司中兩名常務董事之一，但是因為喜一郎辭職，他成為豐田家的代表。

石田雖然承諾，一旦業績好轉，就會再一次迎回喜一郎，可是他另外也打算培植英二成為下一世代的經營者。英二自己也感受到期待的眼光。

美國工廠的見習、實習結束之後，他就要面對今後的未來。

「為美國工人規劃的生產系統，即使直接移植到日本，也不會發揮功能。我們必須用自己的做法去追上美國。

「另外，經營者應該是個懂得拋開自我，成就他人，或是成就公司的人。我必須努力改變。」

他還留下另一個印象。聽美國的工程師說起往昔：「從前的福特只是個小工坊。」「老爹（亨利・福特）在世的時候，所有支付的支票，全部都由他開出。現在傳到年輕的第二代，公司的職員增加，對管理也開始錙銖必較了。往日的舊作風正在改變中呢，我們公司。」

美國的工程師攤開手，搖搖頭說：「還是小工坊的時候，福特做的車比較優秀。」英二看了他的樣子，感覺「福特走錯路了。」

「豐田還是保持鄉下公司就好了，用工作服精神來製造汽車吧。」

第6章　看板

操作多工程

一九五〇年，由於韓戰產生的特別需求，豐田的第二十二期成長為收支打平的狀態。特需延續到第二年，公司業績也恢復到可以重新對股東配股的地步，成為外人眼中具有成長性的公司。

但是，在現場工作的大野依然懷有危機感，一點也沒有放鬆。

自豐田紡織移調過來，立刻就遇到戰爭，處於開張休業的狀態。戰敗之後，他以為可以開始生產汽車銷售了，不料道奇蕭條害得公司近乎破產，因為整頓人力而引發抗爭，大家長喜一郎辭去了社長。

回想起來，自從到了豐田汽車之後，大野就是苦難頻仍，他無論如何都無法想像，因為景氣變好，按照福特的大量生產方式造車，就可以一帆風順。

英二從美國回來後，也和大野同樣有著危機感，兩人工作結束之後，其他幹部也加入商議，決定「不花錢來改善現場」。

英二對大野說：

「福特靠著物流的改善來節省，用同樣的想法，我們也可以降低廠區物流的成本呀。」

大野交叉雙臂沉吟著：

「若是削減運輸的成本，現場的抗拒也會比較少吧。但是，英二兄，重點是現場的改善。那部分請讓我來效勞。」

「有道理。但是，要記得是不花錢的改善。而且，大野老弟，也不能忘了現場人員的心聲，大家必須齊心合力，否則無法紮根。

「不要一開始就給答案，讓他們思考。而你的職責就是引導他們自己思考。因為不花錢，所以非得想些點子不可，培育出會思考的作業員。」

此時豐田內部展開了「創意動腦」運動，靈感來自英二在福特的所見所聞。

以往一向認為創意動腦運動，不同於豐田生產方式的改善運動，但是它們的目標是一致的，在現場，每個作業員想到的點子，既是創意動腦，而且也是現場的改善。

最初，物流、搬運的改善從「不花錢想點子」開始，不過也引進了新的機具。以往廠區內搬運零件時，用的是手推車，由人推著走的台車，後來漸漸將它改良成堆高機、拖曳車（牽引用拖拉機）。

採用堆高機時，使用了統一規格的木製棧板，並且規定了在廠區內行走的動線。再加上在工廠內引進電動起重機，稱之為電動吊車，不再靠人力搬運引擎。現在任何工廠都習以為常的工廠物流系統，豐田的舉母工廠在戰後立刻就整備完成了。

機器的更新需要花錢，但是大野「不花錢」，而是去改變現場作業員的思考方式。

舉例來說，「操作多工程」就是其中之一。大野費盡唇舌說服作業員，不要只操作一台機器，而是使用多台機器工作，以落實操作多工程的目標。抗爭落幕時，一名工人已經可以操作五台到六台機器了。即使如此，大野還是毫不留情地大聲叱喝，減少待機的時間。

對大野來說，作戰的對象並不是競爭廠商日產、五十鈴，而是現場作業員的匠人脾氣，和製造現場幹部信奉的福特系統。

「聽我說，在旁邊看著機器冒著煙切削物件，不叫工作。」

大野認為「監督機器切削物件，冒出白煙」不是在工作，只是自我滿足。於是，增加每一名作業員操作機器的台數。

而且，他要求他們操作的機器種類，必須各不相同。多工程開始的時候，如果作業員操作相同種類的兩台機器，那只是做出兩倍同樣的零件。操作三台的話，就等於做三倍零件。但是工廠用不了那麼多零件。因此，大野命令他們操作不同種類的機器。

「為什麼要他們操作不同種類的機器呢？」某個幹部向他提問時，大野這麼回答：

「作業員做出的成品數增加，會有被強迫勞動的感覺。勞動的時候明明不辛苦，但是看到完成品的當下，卻產生『我被虐待了』的錯覺。所以，不可以讓他們做大量不需要的東西。」

幹部覺得恍然大悟。

「大野，你考慮得真多啊。」

於是，大野擔任廠長的機械工廠，成功推動了多工程操作。

另外也引進安燈。但是，出現一個大問題。雖然他們將零件數調整得剛剛好，但是原料送到的時期卻不一定。現場需使用製鐵廠或工坊送來的原料，加工成零件。大野希望只進貨「需要的份量」，外部的供應工廠尚未能配合這樣的要求。

鈴村的感受

在大野推動改革的機械工廠中，鈴村喜久男是其中一員，他推廣豐田生產方式，是大野的大弟子。

體格魁梧、長相嚴厲，總是用沙啞的破嗓子對部下怒吼。如果說大野習慣察顏觀色，那鈴村就是直接開罵。但是，一旦脾氣爆發之後，立刻又忘得一乾二淨，而且還會笑。長相雖然可怕，但相當討人喜歡。

後來，豐田成立生產調查室（現在的生產調查部），將豐田生產方式推廣到公司內部、供應廠商和外部，由鈴村擔任調查主任，是實働部隊的前線指揮官。調查主任是部長級的職階，儘管這個職位不只有他一人，但是，在豐田的現場，以前只要說到「調查主任」就是指鈴村。

現場生產線旁邊若是有零件殘餘，或是出了問題，「被主任發現可要倒大楣」就成了責罵部下時的公式用語。

鈴村喜久男，一九二七年生於愛知縣西加茂郡舉母町，十歲的時候，老家附近建起了舉母工廠。愛知縣立工業專科學校（現在的名古屋工業大學）畢業後，於一九四八年進入豐田公司。

他一進公司就被分配到機械工廠，經過爭議、裁員之後的隔年，被拔擢為現場的組長，雖然當時他進公司才第三年。照理說，這個職位要進公司七年到八年的人才能勝任，但是因為裁員，人員都不在了，所以大野升他為主管。之後，他在大野麾下擔任工廠技術員，從事豐田生產方式的傳播，一九七〇年時，生產調查室成立後，即如前述，成為前線指揮官。

鈴村升上組長的一九五一年，機械工廠的現場氣氛並不好。

鈴村回憶道：

「那時候，整個豐田約有八〇〇〇人吧。開除了二〇〇〇人。不論是離開還是留下，都如身在地獄。大家戰戰兢兢，不知誰會被裁員，對人失去了信任，人人都不再相信別人。我的心情是，再也不想看到抗爭和裁員的事情了。

「就在這時，韓戰特需轟的湧進來，這下非得硬著頭皮生產了。裁員時本來打算月產七〇〇輛，但是，因為特需的關係，必須生產一〇〇〇輛。人員雖然不夠，但是才剛裁員結束，也不好徵求新人。」

如果不馬上消除浪費、提高生產力的話，就沒辦法彌補現場人員的空缺。如果沒有奠定豐田生產方式，就沒辦法應付特需了吧。

鈴村雖然只有三年資歷，但在他眼中看來，現場還有許多浪費之處。

「當時的機械工廠，說得簡單點，就是這裡一團鑽床，那裡一團車床。用鑽床鑽好洞的零件堆在那裡，從另一處運來需要車床加工的工件，到處都是浪費的工作。為了讓它按工程順序流動，形成流水生產，就必須改變機器位置，排列成線狀。

「此外，還得說服那些自稱『老子是專業工人，我不做鑽床，只做車床』的傢伙。花了五年時間，才東一點西一點地消除浪費，走上流水生產。」

聽了他的話才知道，大野並不是消除中間倉庫之後，才進行到多工程操作，也許他腦海中早已分別整理好「廢除中間倉庫」、「普及多工程操作」的項目，但是，到了現場，所有一切都互相關連，所以必須一氣呵成才行。進行的方式大概是大野告訴作業長、組長，身為組長的鈴村再下達指令到現場吧。

而隨著多工程操作，也產生了標準作業的概念。專業工人按自己的步調操作車床時，一個作業並沒有固定幾秒完成。全由操作機器最熟悉的專業工人判斷，決定作業時間和完工的程度。

但是，一旦改變成所有人操作多種機器的方式，就必須決定標準作業時間，除非任何人都能用同樣的時間，為零件加工，就無法成立流水作業。

從戰後到抗爭期間，豐田的現場是專業工人的大本營。專業工人操持各自的機器，按自己的步調做零件，做好之後送到倉庫A。下一個工程在組裝工廠，工人再從倉庫A中取出零件，將它組裝。

組裝完成的組合零件送進倉庫B保管，總裝配（組裝工廠）的人再去倉庫B拿出組合零件，裝配在車上。各段工程雖然都有輸送帶，但是因為每次都要把零件送到倉庫保管，所以不是真正的流水作業。

不准一股腦生產

鈴村還這麼說：

「開始引進豐田生產方式時，也就是抗爭結束後，月底趕進度生產，成了機械工廠的例行公事。」

月初時因為零件沒到齊，所以作業員趁著空閒打掃生產線、晃來晃去打發時間。而到了後半個月，就會用布條綁住額頭，全力運轉輸送帶，一股腦地生產。

每天，做好的零件習以為常地放在生產線出口附近，接近月底的時候，下一個工程的人，就會一起來取走。所以暫時之間，零件放置場的空間比作業場更大。

零件堆積如山之後，大家都只取走上方容易取得的零件，有些最早送來的零件一直被壓在下方，沒人動過，最後生鏽，變成不能用。

大野嘆息。

挪出放零件的空間，從貨堆中尋找零件搬運的時間，比工作時間還長。尋找零件、搬運都不能創造附加價值，因為工作不有趣，人人都疲累、板著臉。有時因為零件的取用而吵架，不論幹部或作業員都被剩餘的零件堆搞得頭痛不已。

大野宣布：

「不准一股腦地生產。」

然後去見來交原料貨件的製鐵廠、小工廠的人。

「能不能至少一星期送一次，不要到月底才送來？」

「大野先生，運送的費用由你們買單嗎？」

「欸，這可不行。」

「那就只好調高材料的價格了。」

「欸，那也不行。」

大野狀若無事地說，但是他並沒有想讓供應商吃虧的意思。

「要不，這麼做吧。想些法子不改變搬運費，像是原先用三輪摩托車送貨，改成腳踏車也行。而且，現在我們卡車賣得好，每個月進貨量也會增加。進貨量增加，搬運費也會增加吧。到那時候，貴廠可以用三輪摩托車分成三、四次送來。」

他親自與業者談判，用這種方式讓材料入庫平準化，從收貨時就開始管制，避免月底一口氣大量生產。

大野思考的是「第一，在機械工廠建立流水線」。此外，將機械工廠與組裝工廠同步化，之後把流水線延長到總裝配，最後讓零件放置場從整個舉母工廠消失，從材料到變成一輛車之間，形成一條大河。接下去還必須調整到供應廠商⋯⋯。

「不知道欸，全部完成可能需要十年的工夫吧。」

但是，不能花那麼久的時間。

——現在這時候，豐田靠著韓戰特需撐著，卡車很暢銷。但是，一方面還沒有賣轎車，一方面也還沒有進入流水生產。如果汽車三巨頭進軍日本，我們就會被踩扁了，得趁現在把現場整頓好才行。

大野並沒有打算把這個想法拿到會議上提出，經過一番討論而得出結論，他認為只有在現場一邊運行一邊思考改善，以便落實新的生產方式，沒有時間在會議上等大家歸納出正確答案。其他幹部批評他「大野是個獨裁者」，英二就出來幫他護航。大野的做法是，即使不知道正確答案在哪裡，但反正每天都要前進，改變現場作業，哪怕只是一個小地方也行。

另一方面，鈴村等現場的作業長、組長體會到大野的意圖，想出了兩個點子。

一是「東海道線」。下一工程的人從零件堆隨便搬走，未能實現及時化（Just In Time）。因此，讓牽引車在連結工廠與工廠之間的軌道行走，裝上貨架。前一工程的作業員只製造貨架載得了的數量，決定只用台車貨架來放置完成的零件。

此外，也決定了貨架的尺寸，禁止一次大量運送。由於完成了東海道線，解決了放在流水線出口的零件堆，這是「看板」開始前苦思出來的一策。

另一個點子是「兜檔布」。兜檔布指的是作業的指示字條，因為紙條細長，就像越中兜檔布一樣。

在一張紙上寫著當天要製作的零件種類、數量，但是如果寫的是當天合計的數量，各現場就會奮發地卯起來做。

鈴村為了將作業平準化，依次告知屬下零件的種類和數量。現場的作業員繳交完成零件後，就到鈴村面前來。

鈴村從「兜檔布」只取下一次作業的部分交出去，於是大批量的生產變成小批量，作業也變得平準化。

大野說明了整體樣貌，現場的人想出點子、架構，放到流水線去。豐田生產方式不是紙上談兵，而是將東海道線、兜檔布那樣單純又實用的點子落實執行。

喜一郎之死

辭去豐田社長職務的喜一郎，在東京世田谷岡本的家裡，建立了研究室，每天與少數部下致力於小型直升機的設計。

小型直升機的特點，在於引擎使用壓縮空氣，那是喜一郎自己從德國飛機廠商容克斯（Junkers）的柴油引擎得到的靈感。

英二後來看到直升機的設計圖時，有了這樣的感想：

「喜一郎對容克斯的引擎，做了相當多的研究。但是，卻給予它全新的用法，與一般有些不同。那個用法令人意想不到。喜一郎總是能想到出人意表的點子。」

他開發的小型直升機，據說是用於載貨「空中運送」，所以，喜一郎可以說是無人機研究的先驅。雖然他被公司掃地出門，但是又不能無所事事地過日子，所以，便從事工程研究，過著心滿意足的生活。

豐田重新站起來，有了股票的分紅，收入也增加了。直升機研究不再只是興趣，他甚至計畫用自己的資金成立新公司。

就在這種狀態中，三月的某天，豐田汽車的社長石田退三專程從名古屋來拜訪。

「大少爺，我有件事跟您商量。我已經過了耳順之年了（當時六十四歲）。豐田已經重建起來，但是說老實話，它只是生產卡車的公司。

「接下來也該要開發轎車才行了。您若是不回公司，我就沒辦法退休。跟您拜託一下了。」

石田說完，低頭行了一禮。

突然的造訪雖然讓喜一郎驚訝，但是在豐田生產轎車本來就是喜一郎的心願。

然而，直升機的設計剛剛完成，他想試做、試驗飛行的心情也很強烈。喜一郎從骨子裡就是個工程師，技術的開發永遠比事業更重要。

「退三兄，你說的話我都懂，但是，我還有想做的事，能不能讓我考慮一下……」

石田拉大了嗓門說：

「您在說什麼！大少爺，聽我說，沒有你在，轎車的開發就會停滯不前。如果美國人來了，到時候該怎麼辦？三大巨頭來了的話，該怎麼辦？

「我不想再看到被美國人打敗了。不想再吃那種苦頭。而且，是您自己說的不是嗎？三年之內如果不能提高生產力，日本的汽車公司就會完蛋。這是您說過的話吧？」

在這樣的質問之下，喜一郎無話可說。

石田還沒說完。

「大少爺，只有您能做到。在紡織機和汽車的業界，大家都知道你這個人。只要一說豐田喜一郎，他們就會說，哦，那個人啊，他真是個了不起的人物，所以就算把社長辭了，眉頭也不皺一下。這個職位非你不可啊。」

喜一郎扠起雙臂。

石田察看他的神情，再接再厲地說服：

「大少爺，還有件事，以前我反對開發汽車的時候，你不是對我說過嗎？『退三兄，你對開發汽車十分反對，但是，我們公司若是不做汽車，就不能成長。我們不能永遠當一個紡織機的公司。你要不要考慮，考個汽車駕照看看。考上的話，我就送你一輛車，當然，是我自己做的車子。』

「大少爺，我還沒有收到那輛車哦。所以，快點做出來給我吧。」

既然都說到這種地步了，喜一郎也只能點頭答應。畢竟他本來就不討厭汽車，直升機可以和轎車開發一起進行。

「好吧，退三兄，我就任你使喚，一起攜手努力吧。」

喜一郎決定復出。

石田則打算退下社長之位，回到自動紡織機。放下心中大石的退三，立刻返回名古屋。

喜一郎開始行動。

他開始拜會通產省、銀行、客戶，朝著復出做準備。另外召開會議，路程中重新思索轎車的設計想法，晚上則與人碰面，一起喝酒同時磋商。

他還是很喜愛汽車吧。本來提到直升機就滔滔不絕的他，決定復出之後，又專注於汽車的討論了。

每天他都是工作到深夜，不斷飲酒。他說回世田谷的家太浪費時間，所以在朋友經營的築地割烹旅館「柳」滯留不歸。

然而，就在三月二十一日，他告訴退三自己願意返回社長之位還不到一個月，喜一郎在住宿的房間昏倒，失去了意識。

舊疾高血壓造成了腦出血，經過急救處置後，送回家中，但是仍然不省人事。退三、英二等幹部擔心他的病況，緊急從名古屋趕到東京。

家人、退三、英二圍繞在病榻旁，喜一郎沒有意識，持續沉睡著。周圍的人只能祈禱他早日清醒。

昏倒後經過了一星期，三月二十七日清晨，喜一郎離開人世，享年五十七。

這年紀過世，只能說走得太早了。

而且就在重回豐田領袖的前夕。

他的死令人感嘆萬分。

大野等現場的人是在舉母工廠得知噩耗。

由於喜一郎辭職後還不到兩年，大多數工人都還記得喜一郎，聽到他將回歸的消息，也有人抱著期待「要開始做轎車了」。好景氣的帶動下，現場以兩班輪流制的方式工作，但是聽到噩訊的這天，大家都沒心情工作，但是大野並未因為這樣，就大聲叱罵。

「及時化是喜一郎先生發起的工作……」

只有自己能將剛剛起步的工作完成。大野在現場默默地合十哀禱。

喜一郎去世過了兩個多月，六月三日，豐田第一代社長利三郎也跟著與世長辭，死時六十八歲。利三郎對於汽車的開發，一向沒給好臉色，即使如此他還是與喜一郎一同走到今天。領導創業的兩個人相繼離世。

從創業到那時為止，可以說豐田從沒有過過一天安寧太平的日子。

英二為了在喜一郎葬禮上演說，而曾在利三郎在世時去拜訪。當時，利三郎纏綿病榻，已經坐不起來了。

「我聽到的話是『豐田要做轎車』，利三郎以前最反對做汽車，但他說『現在這時代，光做卡車是行不通的。不管怎麼樣，都要做轎車。』我為了鼓勵他，用堅定的口氣說：『現在正在準備中，沒多久就會完成了，到時候一定開來讓您看。』遺憾的是，沒有機會讓他看到完成的車。」

兩人若是還活著的話，豐田後來的歷史會有所不同嗎？

我覺得不會改變。真有什麼變化的話，那可能是昭和年代，就開發出無人機了吧。喜一郎可能一面生產轎車，徹底推動及時化，進而再使盡餘力，投入小型直升機的開發吧。

在過去的資料中，都把喜一郎描述成理性的技術人員。但他的真實面貌，難道不是個勇往直前的天生愛車家、創業家嗎？採訪一位熟知戰前汽車界的老人時，他說：「那時候，想製造汽車的人，和現在的經營者不一樣。」

如英二所說，喜一郎做的事永遠是出人意表的。

第7章　意識的改革

超級市場的方式

一九五二年，豐田創業者豐田喜一郎過世。前一年與聯合國簽訂的《對日和平條約》也在這一年生效，通稱「舊金山和約」。

日本正式成為獨立國家，外稱進駐軍的聯合國軍（主力為美軍）解散、撤退。但因為同時簽訂了美日安全保障條約，所以唯獨美軍還留在日本，改名為駐留軍。

匆忙而連續地簽訂和平條約和安保條約，全是因為美蘇之間的冷戰漸趨嚴重。

同年十一月，美國為了領先蘇聯，並且拉開差距，成功實驗出氫彈。但是，一九五三年，蘇聯、英國也相繼成為擁有氫彈的國家。

核子武器從原子彈變成氫彈，破壞力增強，而蘇聯於一九六一年實驗的氫彈，稱為沙皇炸彈（Tsar Bomba），據推測它的爆炸力為廣島原子彈「小男孩」的三三〇〇倍，現在超級大國擁有的核子武器也都具有原子彈難以相比的破壞力。

日本雖然重新獲得獨立，但是國家的周邊並不安全。

一九五〇年爆發的韓戰還在持續進行，到了一九五三年才進入休戰狀態。

而且，朝鮮半島的戰火雖然平息，但是越南自一九四六年開始發動對法國的獨立戰爭，延續到一九五四年。美國、蘇聯之間的爭鬥，在亞洲各地播下了火種。

不過，兩個超級大國並非實力相當，即使在戰後的全盛時期，蘇聯的GDP也不到美國的三分之一，把一個比自己富饒三倍的國家當成競爭對手，可以想見當時的蘇聯應該是咬牙苦撐。

當時，與豐田相似的日本民間企業，發展的狀況如何呢？可以說，每一家的業績都在成長。復興告一段落，基礎建設也完備了。

在戰後嬰兒潮出生的孩子，已從幼兒成長為兒童，開始加入消費者當中。隨著孩子們長大，產生了巨大的需求，這也帶動了好景氣的持續。一九五四年開始的神武景氣，接著岩戶景氣，然後進入高度成長期，都是因為國內人口持續擴大，消費者增加的因素。

那時候，豐田生產的卡車銷量暢旺，社長石田退三拍胸脯保證「韓戰的特需結束之後，車子一定大賣。老子也要趁這機會大賺一筆。」他對現場發下豪語：「總而言之盡量生產，只管做就對了。」於是，豐田成了不管三七二十一賣車賺錢，從一個無紅利的公司，變成分紅的企業。

一九五三年，在機械工廠擔任廠長的大野耐一，在機械工廠與組裝工廠之間，採用了某個系統。

最初，大野稱它為「超級市場方式」，就是後製程的人向前製程領取完成零件的系統。過去，只要有多少材料，就做出那麼多零件，然後送到後製程去，並不考慮後面製程的需求。但是這時候，大野將它改成由後製程的人主動來領取。

超級市場方式的靈感，是來自大野從學校同學那裡聽來的話。

名古屋高等工業學校（現為名古屋工業大學）大野那一班得知足球社的同學山口去了美國，所以便召集了同屆同學，舉行「自美歸國見聞談話會」，大野也十分好奇，便出席了聚會。

山口用幻燈機放出自己拍攝的照片，一面說明自己在美國的見聞，不只是大野，出席同學的目光焦點都放在大商店的照片。

肉、蔬菜、罐頭、麵包、牛奶等食物和雜貨陳列在商品架上，多得快要滿出來。其中一人忍不住嘆了一口氣。

「美國竟然有那麼多罐頭和牛奶啊。」

大野也對商品的豐富度嘆服，但他更注意到一個「與日本大不相同」的地方。

「喂，山口，這裡沒有店員嗎？怎麼沒有拍到店員的身影呢……」

山口停下幻燈機回答：

「哦，這是一家大商店，然而賣場裡沒有店員。出口處有結帳的地方，那裡有女店員。客人自己到貨架上取下商品，然後拿到結帳處，算帳付款。」

「賣場裡沒有派人，也太不用心了吧。擺放了那麼大量的商品，難道不怕被偷嗎？」

「哈哈，沒有人會做那種事啦。那可是美國啊。東西太多了。而且店裡也不會擺太高價的商品，最多就是蔬菜、肉和牛奶那些。」

大野扠起手臂，問山口：

「喂，這裡到底是什麼店啊？」

「大野，看來你很喜歡哪。其實不只是這裡，美國所有的食品材料店都是這個模樣。他們叫做Super Market。Market在英語中就是市場的意思。

「美國不像日本的蔬果店或魚店會派小伙計上門來問需求，他們都是自己出門買需要的物品，也不會要店員拿貨給你，都是自己一聲不吭地去拿貨，然後付錢了事。接下來是……」

幻燈片跳到下一張，但是大野的思緒一直停留在超級市場那張照片。

——美國人講求合理主義，客人考慮自己冰箱的容量，只要外帶今天晚上吃的份量就行。美國物產豐富，隨時都有貨，所以，想要的時候再去買就行。店家也只要補充賣掉的部分就可以了。也就是說，在需要的時候供應需要的東西……。

大野在思考工廠效率化當中，突然想到這件事，拍了一下膝蓋。

「如果用這種方式，也許就能達到喜一郎社長說的及時化了。……原來如此，就是這麼一回事啊。」

大野召集現場的作業長、組長，宣布「從現在起，我們要展開Super Market方式。」

但是，所有在場的人全都只能傻楞地站著，因為大野說的內容，不但沒見過，連聽都沒聽過。

聽到Super Market，不論是誰都會一臉納悶。這一年，東京青山開了一家自助結帳的超級市場「紀之國屋」。也許東京極小部分的富人階層能夠理解超級市場的概念。但是，對在舉母町工廠工作的人拋出這種字眼，他們當然不可能了解。

某位作業長說話了，他的話也代表了現場所有人的意見。

「廠長，Super是什麼東西？我不懂那是什麼玩意兒。我們要怎麼做才行？」

大野說：「注意聽，美國有些賣場是沒有人的商店，它就叫做Super Market。」解釋完之後，「我們要模仿這種形式，然後這樣做。」接著說明了系統。

「以前前製程的人做零件，做好就堆積起來，後製程的需求，都不關他們的事。

「但是，從今天開始要改變了。聽好了。後製程是『客戶』，前製程是『超級市場』，客人手邊的零件不夠了，就到超級市場去，補充需要的份量。注意，不可以拿了一大堆零件堆在生產線旁哦，只能拿需要的份量。」

作業長問：

「這跟以往有什麼不同？」

大野有些惱怒。

「我說的話很難懂嗎？反正，我不想做多餘的零件。前製程只做需要的份量就行了，請後製程的人來領走。」

在現場的人還是聽不懂。

「對不起，我想問一下那個超級什麼的東西，那個地方賣場裡沒有販賣員，在出口結帳是嗎？」

「對，就是這樣。」

「這樣的話，廠長，如果進到店裡，沒付錢就把裡面的包子、麵包吃了，會怎麼樣呢？」

這下子大野被問倒了。他自己對超級市場也不太了解，只從幻燈片裡看到，所以只能這麼解釋：

「笨蛋。聽好了，美國是紳士的國家，沒有人會在店裡不付錢白吃包子，嗯，我想是這樣的。

「好，那些不重要。我想說的是，後製程的人去前面領取，只要這麼做就行了。」當下所有人到最後還是沒能搞懂超級市場是什麼。

但是，實際在現場運作起來，竟然意想不到地十分順暢。生產目標並沒有增加，輸送帶的速度也沒有提高。但是，明顯可以看見生產線旁堆積的零件不見了。

以前只會悶著頭亂做一通，但現在考慮後製程的狀況，只做需要的量，也就是說自己的工作自己控制，這便證明作業員的視線擴大了。

說得更清楚一點，就是作業員開始一邊思考一邊工作。但是，還是有些員工擔心手邊的零件不夠，而把零件藏在腳邊。於是，大野巡視現場時，把藏零件的員工罵了一頓。

結果，後製程的人去前製程領貨雖然花了不少時間，但確實實現了。只不過「超級市場方式」這個名字消失了。

經過了一個月，現場順暢流動之後，大野再次召集了作業長、組長。

「注意聽，大家現在習慣了後製程來領取零件，今後要用這個。」

這麼說時，他拿出一塊三十公分乘四十五公分、寫著零件數量的板子。把它掛在裝零件的貨物籃前面。

大野在手邊的白紙上畫圖，向周圍的人說明。

「做好的零件要附上這個看板。然後，後製程的人會來取。」

後製程的人拿走零件之後，就撤下看板，拿回給前製程。前製程看到看板拿回來，就按看板上寫的數量製作零件。零件做好之後，再掛上看板，等後製程的人來取。

簡單的說，就是在製好的零件附上指示條的系統。

由於附有「看板」這個指示條，前製程只會做後製程需要的數量。這個時期，看板只具有機械工廠到組裝工程之間的聯繫，但隨著施行到全工廠之後，看板也衍生出各式各樣的種類。

這時候，大野說了：

「先以超級市場方式建立流動，後來才想到看板的點子。」

當初，大野並沒有想到「看板」這個名字會聞名國際。但是經過幾年之後，「豐田的現場正在使用一個古怪名字的玩意兒」成為一則傳聞，同業的人、業界媒體記者開始稱呼它「看板方式」，因而逐漸打開知名度。

「我對看板這個名字流傳開來，十分困惑。」

大野後來這麼說。

「看板雖然重要，但是再怎麼樣也只是為了實現及時化的運用手段。所以，如果只是模仿看板，現場會大亂。在附加看板之前，必須把整個工廠的流動做好。此外，不了解豐田生產方式的概念，為零件附加看板，是沒有意義的。」

「看板方式」成為外界議論的話題之後，出現了各式各樣的解說書籍。大野把這些書讀了之後，到了現場，特地向部下叮嚀：

「現在出了好幾本整理了看板理論的書，我也讀過了。但是沒有實踐過的人看了也沒用。你們都經由實踐學到了，所以，那些書包含我寫的文章，全部都不必看。反正讀了也看不懂。」

什麼是看板方式

的確，世面上有許多解說「看板方式」或是「豐田生產方式」的書籍，大野自己、大野的徒弟們，以及研究者、新聞雜誌記者都寫過。

每一本書都夾雜了許多像「批量生產」、「拍子時間」（takt time）、「前置時間」（lead time）等專用名詞。一般讀者一看到專有名詞，就提不起勁閱讀，也無法理解。

的確，若只是翻閱這類書籍，很難在腦海中浮現工廠現場的景象。就算書裡提到「後製程向前製程領取」，也無法體會它的劃時代性到底在哪裡。

若是真的想要理解的話，就只能到工廠去。而且不能只去豐田的工廠，而是觀摩比較豐田和其他汽車廠商的工廠才行。若非如此，是體會不出豐田生產方式的革命性在哪裡。去到採用豐田生產方式的工廠，它沒有中間倉庫。此外工廠裡不是沒有零件放置區，就是空間縮小了。我們要看的就是這一點。

那麼，為什麼大野會說「不用讀那些書也沒關係」呢？

那是因為大野故意說明得讓讀者很難理解。

為什麼要讓人讀了也看不懂呢？原因是，那是豐田獨創的技術，他擔心傳播出去。

他自己是這麼說的：「為了怕被美國汽車廠商學去，所以故意取了個外部人士想像不出的名字，那就是『看板』。」

就如大野所說，當初他在解說豐田生產方式的文章中，故意使用了外人看不懂的造字或術語。

「既然這樣的話，何必要寫這種書呢？」

每個人都會這麼想吧，他自己其實也沒有寫書的意願。

但是其他廠商的人聽到「豐田生產方式能提升效果」，便自行推測、引進類似看板的東西，對工廠的作業者造成了混亂。而且甚至國會殿堂上，都議論這種方式「在欺負承包商」。因此，大野才寫書闡明真正的豐田生產方式，不過那並不是普羅的書籍。

許多資料中都提到，大野引進豐田生產方式之初，遭到現場的反對。那麼，現場人員究竟對生產系統的哪個部分有意見呢？

成為操作多台機器的作業員、標準作業的設定、安燈的引進、一出狀況就停下生產線、後製程向前製程領取……。

這五項新方針都不會在肉體上造成壓力，因為並不是引進這五項，就要求工人搬運比以前更重的貨物，或是用更快的速度完成工作。

有時候，在後製程的人來取零件之前，前製程的人已經做完一整籃零件了。前製程的作業長對大野說：「做完這些，手邊就空了，所以我想讓他們多作業一下，做一些零件。」

大野這麼回答：

「有空閒的人不需要做多餘的工作，直接休工吧。不用打掃機器也沒關係。」

某個幹部聽到大野的話，責問他：「為什麼讓作業員休息？」大野不以為然地回答：「讓輸送帶空轉的話，要花電費。」幹部無話可答。

大野引進豐田生產方式，工作不會變忙，而是減少浪費的勞動。

這就是真實樣貌，但是作業員還是反彈。

那麼，他們到底哪裡不滿意呢？

他們對兩件事反彈。

讓作業員不滿的是，第一，外人對他們以往做的工作說No。

「不要只操作一部機器，多操作幾台機器。」

「生產線的出口不准放零件。」

「不要用大批量生產，盡可能以小批量製作。」

人通常會肯定自己現在從事的工作，因此即使做的大多是無益的作業，一旦別人下令「別做了」，便會感到惱火。

豐田生產方式的引進，等於否定過去的生產文化，是意識的改革，而且，必須讓作業員自己想要改變。

並不是大野天天怒吼叱罵，改變了現場，因為不管再怎麼罵，現場若是沒有動力想做，生產力還是提升不上來。

另外一個激怒作業員的點，在於為了設定標準作業，作業長或是管理部長會拿著碼錶，站在他們背後計測。

當時的作業員都還是工匠師傅。他們雖然遵循規定的生產目標，但是對於零件的加工，都是自己安排、進行作業。花在一件工作上的時間慢了，下一步就會加快速度作業。大約是按這個步調，自己調節作業時間。

這麼一來，不論如何，品質都會出現參差不齊的狀況。需要標準作業不只是決定生產線的速度，也有防止品質參差的意義在。

作業員被人盯著自己的動作，最後告知「這份作業的標準時間是一分十五秒」，以後必須用同樣的時間，進行同樣的動作。在他完全習慣之前，一定很鬱悶，感覺被剝奪了自由吧。

而且，一旦觀察人們工作，才發現浪費無所不在。但若是別人指著他說「這些動作都是多餘的」，即使對方是長官，也會感到生氣。做事的是人，人在作業時不可能完全剔除多餘的動作。

但是，大野說，盡可能去除浪費，只追求工作的本質。大家理智上雖然能夠明白，但是一旦被別人說「這裡不准放零件」、「不要藏著一大堆螺絲和螺帽」，都會在心裡咒罵吧。

但是，我們沒有資格嘲笑反彈的作業員。

現在，大多數在日本工作的人，若是在工作上遭到他人責難，不但會感到「真是混帳」，對於被指派新任務，也絕對不會感到高興。人人都是在大量浪費的作為下，大模大樣地做著工作。我們無法否認這一點。

在最近的統計中，日本正職員工一年工作二〇〇〇小時，所有產業的有薪假的平均消化率，為四七％到四八％。不論哪個職場，根本沒有人能夠用完一年所有的有薪假。

相對的，歐洲一年只工作一三〇〇到一五〇〇小時。而且，每個人至少都會休一個月的假期。不休假的人會遭到異樣的眼光看待。

然而，根據IMF（國際貨幣基金）的經濟預測，歐元圈的經濟成長率為一．五％，日本只有〇．六％。日本勞工的工作中有過多的浪費。日本人雖然以勤勉著稱，但是工作上並沒有效率。

大野挑戰了日本人的這種民族性，為了將豐田生產方式根植在現場，他沒有把精力花在系統的說明，而是專注在勞工的意識改革上。

大野在巡視中對每個人說：「要懷疑你現在做的工作」，也公開說過「日本人的工作方式中有太多浪費」，因此飽受愛聽場面話的媒體人攻擊。

大野之所以被批評「加重勞動」、「漠視勞工的人權」，都是因為他一直堅持日本人最不想被人指正的事。

第8章 皇冠上市

韓戰之後的汽車業界

從一九五一年開始，日本馬路上行駛的汽車種類變多了。除了戰敗之後的主角——吉普車，隨後出現的三輪摩托車、國產卡車之外，外國汽車公司設計的轎車也登場了。

但是，這些車都不是個人購買，絕大多數是計程車公司買來作為營業使用。而且，車子也不是國外生產的，而是日本車廠與外國廠商技術合作，進口零件後組裝生產而成。

一九五一年，從三菱重工分割出來的東日本重工，與美國凱塞·佛萊哲（Kaiser-Frazer）公司技術合作，推出轎車亨利J。一九五三年，日野柴油工業組裝生產法國雷諾4CV。同年，日產與五十鈴分別組裝英國的奧斯汀（Austin）和希爾曼·明克斯（Hillman Minx）的汽車上市。

這些車都是配合日本道路條件的小型車，奧斯汀一二〇〇cc，雷諾七五〇cc。在價格方面，奧斯汀一一二萬日圓，雷諾七三萬日圓。相對來說，豐田販賣的SF型豐寶（一〇〇〇cc）為九五萬日圓。在那個時代（一九五二年），公務員的起薪為七六五〇日圓。

稍早之前，日本的交通法規也隨著國內道路汽車的增加，而有了大幅的變動。在GHQ的指導下，實施了「人靠右，車靠左」的對向通行規定。

從明治時代到戰敗之後，人與車（人力車、輕型車、汽車）在日本的道路上，都是靠道路的左側通行。人走在道路的左側，時常被汽車從後面追過。為什麼人們要走在左側呢？那是因為武士將刀插在腰間行走，若是靠右行走，對向行走時「武士刀會互相碰撞」，所以日本人才一律靠左側行走。

美國占領之初，GHQ要求車輛靠右側行駛，以配合美國的習慣，但是變更交通號誌和標識，需要花費龐大的預算，因而判斷「窮困的戰敗國家不可能做到」。因而，採取了與大英聯邦國家相同「人靠右、車靠左」的對向通行措施。

在這期間，國內的各家汽車公司便計畫與外國車廠合作，引進性能優良的汽車，但是唯獨豐田沒有選擇這條路。

「用日本人的頭腦和手藝製造汽車」是創業者豐田喜一郎的夙願，所以，社長石田退三、常務董事豐田英二從一開始就沒有考慮過技術合作。

而且喜一郎在世的時候，內部就開始按照他的指示開發轎車，只是大部分員工都不知道這件事。

為現場改革奔走的大野耐一也聽過新型車的傳聞，但是在生產線上，還是把注意力放在卡車的增產上。

皇冠的開發

從豐田紡織機的時代，喜一郎就夢想著用日本人的頭腦和手藝來製造正式的大眾汽車。但是，在他有生之年未能實現這個夢想，由升為副社長、總攬技術部門的英二繼承了他的遺志。

英二為了開發正式的國產轎車，不僅從設計部，也從生產技術方面調來技術人員，組成橫跨式的開發團隊，為領導者取了個新名稱——「開發調查主任」，賦予技術團隊清新的氣氛。

第一代開發調查主任，是從別處轉職過來的工程師，中村健也。

中村出身兵庫縣西宮市，自長岡高等工業學校電機工學科（現為新潟大學工學院）畢業後，最先是進入共立汽車製作所，組裝克萊斯勒汽車。組裝的工作太乏味，他也想試著開發國產汽車，所以任職四年後，中村離開了。失業的狀況下，在汽車雜誌上讀到喜一郎的一篇文章。

中村萌生出「我想在他的手下工作！」的想法，便去豐田拜訪。幸運的是，豐田的舉母工廠剛剛完工，正在尋找技術人員。接受喜一郎的面試後，中村順利地加入豐田，在車體工廠擔任焊接機的負責人。

後來，中村與住友機械製作（現在的住友重機械工業）合作，著手開發舉母工廠使用的二〇〇〇噸沖床，戰爭爆發時一度中止，最後於一九五一年完成，成為當時日本最大的鋼板用沖床，壽命長，現在泰國的協力公司也使用它，壓製豐田車的車架。

看到照片，中村的形貌竟然與電影《國王與我》中知名的俄籍演員尤・伯連納十分酷似，五官鮮明，頭頂光亮，一臉堅持己見的模樣。事實上，他似乎就是這樣的人，還留下了許多小故事。

他從來不穿西裝打領帶，但是在穿著上也絕不邋遢，不論在現場或是辦公室，永遠是筆挺的白襯衫，搭配卡其色的連身工作服。此乃是中村風格的時髦。即使下著不小的雨，也絕對不打傘，因而在廠內小有名氣。不知道這是理性主義使然，還是純粹是個怪人，即使下著滂沱大雨，也可以看到他兩手貼在身體兩側大步前進。

豐田章一郎因為曾經在他的手下工作，有一次好奇問他：

「中村兄，為什麼不撐傘呢？」

中村神情愉悅地「嗯」了一聲，回答道：

「章一郎，你知道嗎？下雨的時候，如果擺動雙手走路，連袖子也會濕掉。但是，如果把手貼著身體，像這樣……，就只有頭和肩膀會濕哦。吶，這個想法很不錯吧？」

章一郎心想，何必這樣呢，只要撐傘就行了。但是他不想多管閒事，只是回以：「嗄？」

但是，倔強脾氣和異於常人的獨特思考，應該很適合新車的開發吧。受到英二的拔擢，中村成為調查主任後，體現了「領先潮流的創造」的豐田綱領，打造出獨特的開發方法。

英二交給中村的新車概念是「開發一輛走在日本的道路上，也能舒適駕馭的好車」。

昭和三〇年代初，道路的鋪設率僅僅只有百分之一，除了幹線道路外，全部都是砂石路。下雨的日子變得泥濘，一颳風就塵沙滿天。乾燥之後，路面就出現坑坑洞洞。英二交給中村的功課就是，設計一輛即使在這種道路上，人們也能感到舒適的車子。

中村召集了開發團隊，宣布「大家一起進行市場調查」。於是，同仁們走訪計程車公司、豐田自販的銷售門市，收集有關新型轎車的大小、型態的意見。這也是豐田在開發新車時，第一次正式採納顧客調查、市場調查。

另一方面，他引進先進技術，改善乘車時的舒適度，將前輪改變為強硬鋼製彈簧獨立懸吊系統，減少車體的上下搖晃。這雖然是中村指示要做的設計，但是在初期，屬下的工程師反彈，認為「不可能做到」。

「使用強硬鋼製彈簧，乘坐感會改善，但是尚未證明它的耐久性。」

中村聆聽工程師的意見，沉吟了一會兒後搖搖頭：

「我本來就是金屬的專家，有關鐵的性質，我比大家都清楚。鋼製彈簧的材質改良了很多，所以，並不容易壞。下次就用它試試看。」

使用曲面玻璃作為前面的擋風玻璃，是另一個看得出中村固執脾氣的例子。以往的車是用兩片直面玻璃接合起來，但是中村對供應商旭硝子玻璃公司提出無理的要求，要他們開發曲面玻璃。擋風玻璃若是改成曲面，可以把前方看得更清楚，車內也有更寬廣的感覺，成為新車的一大賣點。

開發期間，中村會傾聽部屬的意見，只有在納入「日本首創」、「世界首創」的技術時，他會堅持己見。

開發轎車的不只是豐田，日產、五十鈴、三菱也在嘗試。放眼世界，以三巨頭為首的美國勢力，還有歐洲的汽車公司……在汽車業界早就將改變車型當作兵家常事的狀況下，新推出的車種若是沒有新的嘗試，很快就會陳腐化了。

日本的小公司如果只會模仿，就不可能與世界競爭，雖然靠著特需賺了大錢，但是開發經費和三巨頭比起來，只是滄海之一粟，而且也需要廣納人才。

即使如此，中村團隊還是靠著創意發想，和團隊合作，設計出皇冠（Crown）。

一九五五年，豐田的皇冠上市，除了前輪獨立懸吊之外，後輪也採用葉片彈簧的懸吊方式，與前輪互相支援，達到在惡路上的乘坐舒適性。

在操作上，採用附加同步齒輪的常時咬合變速箱，不用踩住雙重離合器，就能夠變速，駕駛時的離合器操作頓時輕鬆很多。

此外，最值得一提的特色，在於採用外稱「觀音展開」（譯注：雙門展開）的車門。因為它像收藏觀音像的佛龕門，可以同時敞開雙門因而得名。這項設計大受計程車公司的歡迎，因為「乘客上下車都很方便」，算是特別為營業用而設計的車門。

由此可知中村等人的開發團隊，是根據市場調查的結果，進而投入世界最尖端的技術，製造出皇冠這款車。

最重要的是，當時在日本以散件組裝生產的外國廠商車，設計上都太老舊了，日產的奧斯汀A40，是英國一九四七年出產車型的後繼車款，日野的雷諾也是一九四六年設計的產物。日本人雖然都抱持「外國貨比較高級」的觀念，但是新車皇冠與歐洲車比起來，不但毫不遜色，而且性能還更為優越。

上市的皇冠有兩種，RS型豐寶皇冠偏向自用車，RR型豐寶MASTER，則適合計程車，即營業車導向。兩款都有R字，是因為它們搭載新型的R型引擎。

一九五五年上市時，目標為「兩車種合起來月產一〇〇〇輛」，但是實際上只賣出六〇〇輛。雖然獲得專業人士的肯定，認為它是「真正的國產轎車」，但是賣況還是未有起色。

不過，第二年銷售量激增，上市時購買的計程車行駕駛廣為宣傳：「客人都說坐起來很舒服」，所以追隨採購的計程車行也增加了。

皇冠達到月產約八〇〇輛，形成了流行熱潮，到了十月，光是自用車型的皇冠，就已經月產一〇〇〇輛了。接著，主顧客的計程車行提出期望：「客人說，比起營業用的MASTER，更想乘坐轎車型的皇冠。」

因此，豐田改良了個人車主適用的皇冠，推出皇冠豪華版（RSD型），這款車也大為暢銷，連計程車行也都改買這款豪華版。

結果，第一代皇冠經過多次小改版，七年內，成為最暢銷的國產轎車。

ＲＳＤ型皇冠的售價為一〇一萬四八六〇日圓，當時的公務員起薪為八七〇〇日圓，相當於一一六倍。這個價格，一般上班族要日夜辛苦工作十年，才買得起。

倫敦長征與對美出口

在皇冠上市之前，豐田的轎車都以英文字母或數字作為車名，像是ＡＡ型、ＳＡ型。ＳＡ型因為參與每日新聞主辦、與急行列車從名古屋到大阪競速比賽而聞名全國，但是世人認識的是豐田這家公司，對車子的款式並沒有印象。

但是，一九五六年當朝日新聞打出「倫敦─東京五萬公里長征」的宣傳時，人人都對「皇冠」這個車名留下了印象。而且，透過這項活動，日本人終於知道：豐田這家名古屋的小公司，竟然製造出從倫敦開到東京也不會故障的國產轎車。

那時代的人們都知道有個發明家叫做豐田佐吉，但是，很難說他們知道他的兒子創立了汽車公司，以及豐田這家公司是位於名古屋。

尤其是對住在首都圈的人來說，汽車公司就是日產，在他們印象中，豐田與其說是競爭對手，更像是等而下之的公司。

但是，朝日新聞刊載了倫敦─東京的越野活動，而且整理出版成書，成為暢銷書。因此，皇冠在國產車中成為大家耳熟能詳的名字。

活動的概要如下。朝日新聞駐倫敦記者辻豐，與從東京飛來會合的攝影師土崎一，乘坐皇冠豪華型轎車，於當年四月從倫敦出發。走過中東、印度、東南亞的幹線道路到達越南，再從越南搭船到山口縣進入國門，然後再開抵東京。一方面宣傳汽車的性能，同時也是一則向讀者介紹歐洲、中東、東南亞的旅行報導，這也是它深受矚目的原因之一。

皇冠從中東穿越山岳地帶、沙漠、荒地的時候，出現了輕微故障，但還是走完了全程。

現在回想，可能會覺得「昭和三十年的國產車竟然能穿越亞洲的山岳地帶」，但是，再仔細想想，當時日本的道路險惡的狀態，恐怕不下於亞洲山岳地帶的道路，所以皇冠沒有故障地走完，可以說是理所當然。反倒是三巨頭生產的大型轎車，若是開在沙漠那種惡劣環境，可能馬上就故障走不動吧。

這次活動的成功，讓皇冠更加暢銷。因此，石田社長與豐田自販的社長神谷正太郎商量後，決定將皇冠外銷到美國，由神谷主導外銷計畫。

一九五七年，美國豐田銷售公司在加州成立，著手籌備外銷事宜，但是，其間的手續非常繁雜。

美國各州的車輛法規有著些微的差異，因此必須辦理事務手續，取得各州的車輛認定，這部分相當花時間。例如總公司所在的加州，豐田有義務取得公路巡警的認證，駐當地的職員必須一再跑公務機關取得認證，光是這樣就花了將近一年時間。

得到了認證，以為「這下子終於可以出口了」，日本方面也開始準備船運事宜，不料，就在船出港之前，加州公路巡警指出：「車頭燈太暗」。與美國流行的封閉式頭燈（配有反射鏡、光學玻璃的燈泡）相比，皇冠裝設的日本製頭燈，明顯亮度不足。

「皇冠的車頭燈不能安全地行駛在高速公路上。」

雖然遭到這種指摘，但是船已經快要出港了，最後還是只能拆掉頭燈。重新裝船的皇冠左駕車沒有裝頭燈，在美國落地之後，裝上奇異製的封閉式頭燈才得以銷售。

在國內進行過試駕、改成左方向盤、重新調整了好幾個地方，才終於上市的皇冠，在美國得到的評價卻非常嚴苛。

「馬力不足，切入車道時，差點被後面的來車追撞。」

「想上高速公路，卻無法加速。閘道入口若是上坡就會熄火。」

「高速行駛時車體會振動。」

皇冠雖然能夠走惡路，但是引擎乏力，加速性能差。抱怨不斷增加，以致神谷暫時停止美國的銷售。

統籌皇冠開發的英二，後來回想時說：「簡直是蠻幹一場啊。」

「不管怎麼說車子缺少馬力，所以上不了高速。如果不盡早出口比較像樣的車子，美國豐田一定會破產。」

而章一郎後來在紐約與索尼的井深大、盛田昭夫碰面時，接受了他們對皇冠的誠摯建議。

「章一郎兄，如果要出口到美國，最好用大一點的引擎。而且，美國人還是必須用AT

（自動排檔，Automatic transmission），否則不會駕駛哦。」

因此，技術團隊想盡了辦法提升高速性能，然而，豐田的車（可樂娜自排車）約在十年後才為美國所接受，那是在日本有了高速公路（一九六三年），可以實地行駛之後。

皇冠進軍美國市場失敗了，但是英二說，皇冠雖然評價不佳，但是決定外銷的判斷並沒有錯。

「當時，美國市場漸漸被歐洲車所侵蝕，數量最多的是西德的福斯。有一段時期，歐洲車的市占率接近百分之十。如果任由這個情勢發展，可以想見美國的憤怒。

「豐田自販的神谷，看到這個情勢說：『如果美國祭出進口限制，豐田永遠進不了美國市場。想要搶得先機只有趁現在。』進軍美國就是在這樣的盤算下，不顧一切的裝船。」

也就是說，按神谷的想法，皇冠賣不賣得出去還在其次，最主要是先踏入美國市場，哪怕只是腳尖踩進去都好。但是，英二的心底應該冷颼颼的吧，日本國內熱銷的風雲車皇冠，進軍美國卻吃了敗仗。然而，豐田卻因此能得知美國國民對轎車的偏好，可以說這就是皇冠外銷最大的收穫吧。

皇冠出口之後，大野第一次踏上美國的土地，觀摩了福特等汽車公司的工廠，親眼見證福特系統——也就是大量生產系統的樣貌。

參觀時雖然留下了感想，但是大野專注的是生產方式與工人的態度。

「美國的作業員與日本人，在工作態度上完全不一樣。那邊的勞工沒有心眼，看到去觀摩的我，四目交接時，便主動向我說『嗨』或是揮手。

「但是如果在日本的話，就不可能了。在我們工廠裡，工人一接觸到我的視線，就動來動去地幹起活來。不是拿著破布到處擦拭，就是替機器上油……，可能勤勉、好勞動已經是日本人的國民性了吧，只要和我四目相接，立刻就想表現出『我可是拚命在工作哦』，但是，美國的工人不會這麼做。（略）

「所以，如果想要從作業員的勞動中，剔除掉浪費的動作、或是不可以做的動作，我們可以怎麼做呢？

「作業員難得有八個小時充滿著勤勉工作的意志，但是很多企業沒有讓他們真正的勞動，反而做些無益的事。」

大野在美國現場感受到的，是日本勞工經常做多餘的動作。

美國工人在生產線上只做相當於薪水的工作量，只做該做的工作，時間一到就下工回家。

相反的，日本的勞工卻會不厭其煩地裝出勤勉的樣子，花八個小時做事，但若是能抓到要領，那些工作也許一小時就做完了。如果不改革意識，絕對做不到及時化的流水生產線。

「錯的不是作業員，而是沒有教導工作方法的管理者。」

大野如此想。

大野在美國只去看了工廠的現場，並沒有去視察讓他想出「後製程向前製程領取」的正宗超級市場。

回到名古屋之後，部下問他：「超級市場怎麼樣啊？」他回答：「哦，我沒有去。我怕破壞印象，所以故意不去了。而且我們從現在開始，不要叫它超級市場方式，我想想，叫它後製程領取好呢還是同期化方式呢……」

部下又說：

「我們組裡面都習慣用看板，所以就自己把它稱為看板方式。」

那時候也還沒有稱為「豐田生產方式」。現場都暫時叫它「流水生產」或是「看板方式」。後來不知不覺地傳開了，但大野一再解釋：「看板只不過是工具。」對講究事理的他而言，也許從一開始就是「豐田生產方式」吧。

第9章　七種浪費

汽車工廠的架構

從高度成長中期的一九六〇年代到現在，汽車工廠的基本架構並沒有變化。除了整頓勞動環境，像是引進活動式空調，有效率地讓特定場所有冷氣吹，而變得舒適，另外也為各作業員配備平板電腦，其他如工廠的規劃、整體工程幾乎都一樣。

那麼，在一部車完成之前，流程是怎麼樣呢？想要理解豐田生產方式，首先腦中必須有一幅汽車工廠的總覽圖。

汽車的製造工程大致分成三個階段。

一、車輛製造工程

二、引擎製造工程

三、樹脂零件成形工程

車輛製造工程從車體（body）的零件開始，製造到成車為止。附帶一提，唯有豐田將車體念成bode，其他同業都念成body。

引擎製造工程製作的是車子的心臟，也是多種零件的集合體。完成的引擎會在組裝線上裝入車體中。

樹脂零件是指保險桿、儀表板等。除了這些之外，車子還需要窗玻璃、輪胎、座椅、車燈、導航等機件，但是這些都由協力工廠製造送來，在組裝線上會合。

車輛製造工程由五個工程組成：沖壓、焊接、塗裝、組裝、檢查。

引擎製造工程有四個工程：鑄造、鍛造、機械加工、引擎安裝。

樹脂零件成形，分為成形和塗裝兩個工程。

車輛製造中的沖壓，是將汽車用鋼板，用巨大的沖床從上下夾住壓扁，製作成車頂或車門等車體用零件。焊接工程是將沖壓好的零件焊接起來，變成車的形狀。現在幾乎都採用機器人焊接。塗裝即是字面的意思，在車體上進行噴塗，達到防鏽和更加美觀的目的。

引擎製造方面，分成鑄造和鍛造兩個零件製作的過程。

鑄造是製作形狀複雜的製品時的方法，引擎汽缸體就是鑄造而成，以前是鐵製的，現在大多改為鋁製。

鍛造是製作需要強度的製品時的方法。鑄造是將熔化的金屬注入模型中，而鍛造則是用鎚子或沖床敲打、壓模製成。鐵板在敲打之後，金屬組織會變得緊密，增加強度。鍛造零件有凸輪軸、曲軸，以及連結活塞與曲軸的連桿等，能耐得住長時間高速運動的零件。

鑄造零件、鍛造零件的切削加工在機械工廠進行，而將它們組合起來的則是組裝工廠。組裝生產線上，會在噴好漆的車體裡安裝座椅、方向盤、引擎等所有配件，完成整輛車的組裝。之後，經過檢查，再將車子送到消費者手裡。

這麼看來，我們印象中的汽車工廠，大概多半是組裝生產線，因為這裡有輸送帶、作業員將零件裝進車體，感覺就像是製造車子，但是，會形成這種印象也是不得已的。

去汽車工廠觀摩的話，工廠展示的幾乎只有組裝線。焊接、鑄造、鍛造等階段不是不公開展示，就是以錄影帶示範。這些工程因為火花四濺，或是加熱金屬，十分危險，而且也具有獨門的製造祕訣，屬於不可公開的工程。

解說這一點是希望各位讀者了解，汽車工廠並非全部都設置了輸送帶，鑄造、鍛造、機械加工，大多在小部門內作業，稱為單元（cell）生產。完成的零件會交由自動或人工運送出去。

豐田的創業者豐田喜一郎提倡豐田生產方式，而大野耐一為了將它體系化，將這種豐田生產方式套用於所有工程上。

在有輸送帶流水生產的地方，豐田生產方式很容易導入，消除中間庫存、決定標準作業、消除浪費就行了。

問題在沖壓、鍛造等沒有輸送帶的工程，這裡的作業員組成小組，各自按自己的步調製造規定的數量。想要找出浪費，首先必須熟知製造工程。

此外，沒有輸送帶的工程，全都是發揮工匠手藝的場合，就算大野下令「這樣做」，領頭的師傅也會回嗆：「我們有我們的規則」，根本對大野和其屬下鈴村喜久男的話置之不理。

接受操練的人們

一九六〇年代後期，張富士夫與池渕浩介相繼成為大野的部下。張是東京大學法學院畢業的事務部職員，池渕是大阪大學工學院畢業的技術部職員。後來，張成為社長、會長、名譽會長，池渕則當上副會長。

張是在一九六〇年進入公司，但在當時，豐田並不算是東大法學院學生樂於就職的公司。在人們的印象中，這公司位於本州中部，而且還發生過勞動抗爭的糾紛，從客觀的評價來說，它的等級比起東大生瞄準的政府機關、銀行、商社低了不少。

而且，就算是東大生想選擇汽車公司，也會選日產。日產以宣傳口號「技術的日產」聞名，總公司也在東京，而且日產與政府機關、金融業都比較親近，主要融資銀行是日本興業銀行，它也是東大生最想進入的銀行。

日產是菁英都想進入的公司，但當時的豐田卻不是。它不但是名古屋的鄉巴佬企業，而且總公司所在的豐田市，距離名古屋市將近一個小時的車程。

況且，當時該地雖然號稱豐田市，但是連地方上的人都沒聽過這名字。這個小城改名豐田市是在一九五九年，住在東海地方的人，一直都以為「豐田工廠在舉母市」。

張進入豐田時，公司和豐田市就是這樣的一個地方。

當然，沒有新幹線經過，東京要到名古屋得花一天時間。

前警察廳長官國松孝次，在東大的劍道社與張一起練過劍，他曾到工廠附近的單身宿舍去看過張。

「晚上我們兩人出去喝酒，走過烏漆麻黑的道路，好不容易來到一家酒館。我問張不去別家嗎，他說只有這家。真的是一家破落寒酸的小店。我還記得，我們兩人一面喝著酒，收音機裡傳來水原弘的歌聲。昭和三十五年時的豐田市一片漆黑。」

看我這麼寫，好像當時的豐田一個優點都沒有，其實絕非如此。說到豐田的優點，直到現在始終不變，那就是三十五萬從業人員團結一心，一起努力。可能是因為公司裡沒有學閥或是派閥的關係吧。從外面看起來，好像是個不討喜的公司，但走進裡面，內部上通下達。

畢竟再怎麼說，一個國中畢業、從現場苦幹起來的人可以當上副社長。這在汽車業界裡也是獨一無二的例子。學歷不重要，只要努力做出成果，誰都有出人頭地的機會。

但是，能不能升職得看實力。張雖然當上社長，但是東大畢業的頭銜，並不像其他民間企業那麼好用。他能步步高升全靠自己的實力，而徹底鍛練他的大野、鈴村可以說居功厥偉。

張是在東京劍道社的學長引薦下進入豐田，學長讚許張溫和的性格，也欣賞他只要投入就會努力達成目標的奮勇精神。進公司之後，他也一路照應著張，聽到張「被分派到大野手下」時，據說嚇得跳了起來。

「張，大事不妙。我去人事部幫你談談看，如果到那個人手下，你恐怕會被他宰了。總之，對你的前途絕對無益。那個大野，可是全公司的討厭鬼啊。」

但是張回答：「不，我要去。」不管再怎麼嚴格的上司，他都不想靠關係喬人事，而且不論什麼命令，他都當成是自己的命運，屬於正向思考的性格。另外，張也記得在就職典禮上，社長石田退三說過的，不論派到什麼單位，都不能逃避。

石田扯著嗓子喊道：

「各位同仁，本公司終於達成月產一萬輛的目標，全年達十萬輛了。可以說可喜可賀。

「但是，通用汽車的年產量是三六九萬輛。你們要聽好，一旦貿易自由化，通用等三大巨頭進入日本市場的話，我們就會被殺得片甲不留。各位同仁，未來我們必須抱著決一死戰的決心，繼續奮鬥下去。」

這番宣言簡直就像太平洋戰爭即將開戰般悲壯。

池渕聽到石田的話，也記得當時的豐田「公司內部有很強烈的危機感」。

「我們都是戰後世代的人，並不了解真實的戰爭。但是進豐田之後，公司裡還有許多曾在戰場上與美國人拚戰的人，他們都是解甲歸田的軍人。那些人在戰場上體驗過美國的強大，所以他們明白，若想要在製造汽車上贏過美國，靠著半吊子的努力是不行的。

「在那些人的眼中，我們是一群不了解戰爭、一無是處的小鬼頭。那些人對我們的想法，就是『非把這些小鬼徹底鍛練一下才行，否則豐田會完蛋。』大野先生沒有去過戰場，但是，他鍛練我們的時候，用的正是斯巴達教育。」

進公司幾年後，分派在大野之下的張和池渕兩人，把豐田生產方式學得滾瓜爛熟，他們不是從講座上學到的，而是現場。

「跟我來。」聽到大野一叫便跟在後面走。大野巡視現場，一發現浪費就大聲怒叱。如果大野不在，部下鈴村也會依樣照罵。張和池渕兩人不是噤聲旁觀，就是負責後續的追蹤。

儼然是道場主人（大野）與代課教官帶著徒弟，從實戰場面進行教育。

張與池渕的體驗

張第一次見到大野，就領教了他的轟頂雷鳴。進豐田之後，他在總務部宣傳課工作，編輯社內刊物，或是招待來工廠參觀的小學生。第七年，被調往生產管理部，升為組長。每天的工作就是按照前輩的吩咐，將數種豐田內部需要的零件，發訂單給外面的供應廠商。

前輩的吩咐如下：

「少量，而且需要技術的零件，全部交給供應商製造，公司內部只做容易量產的單純零件。」

張心想，原來如此，於是只要找到看起來較難的車用零件，就寫了「外訂」的請購單給上司。上司也爽快蓋章，從不過問，成了每天的例行公事。

半年後，生產管理的負責人換成了大野，上司嚇得臉色發青。

「喂，不得了了，魔鬼要來了。聽我說，你們這些小伙子別靠過來，不論他說什麼，低著頭就對了，千萬別回答任何問題，也別說『是、不是』。閉上嘴，萬一惹惱了他，就吃不完兜著走了。」

大野來到辦公室。

看到張寫好的文件，臉色立刻變得脹紅。他拍著桌子道：

「你這傢伙，到底在寫什麼鬼！」

主管跳起來，戰戰兢兢地問道：「常董，有什麼地方寫錯嗎？」

大野怒聲吼道：

「笨蛋！你們為什麼把難做的東西全都發給外面的人做？我們廠內為什麼只能做這種簡單的零件？」

「常董，對不起，張是文科畢業，對於技術方面，他不清楚。我立刻叫他重寫。喂，張，你快點向常董道歉。」

被主管當成替死鬼的張，一時百口莫辯，只能先道歉。

大野一臉了然於心的表情，用少見的溫和態度開始解釋。

「注意聽，小子。三萬個車用零件當中，有七成是採購的零件，如果不把這七成買得便宜一點，成本就不能降低。所以，簡單的零件才交給外製。

「因為做工簡單，他們就能盡量壓低成本。在我們內部製作的三成，就只負責費工的零件。挑戰有難度的零件，壓低成本，是我們豐田員工的職責。

「聽懂了的話，現在馬上把請購單全部重寫。」

張回答：「聽懂了。」之後，他心想，這老頭說的話其實很有道理啊，感覺可以信任這個老頭。

之後，張和池渕成為大野的徒弟，與他共事多年，直到大野過世。

池渕遇到大野時，是現場的技術員。

「我們技術員待在工廠中的小房間，早上抽根菸之後，就開始工作。有一天，大家在抽菸的時候，大野先生突然進來了。大家慌忙熄了菸，站起來，立正不動，其中還有人在簌簌發抖。大野先生就是這麼令人害怕。

「大野一彎身坐了下來，抬眼盯著大家說：『你們大家幹嘛站著？沒關係，想抽菸就抽吧。不用顧慮我。』

「但是，沒有人敢坐下，因為手都還在發抖，哪裡還敢抽菸呢。他的氣場就是這麼可怕。」

池渕還記得另一件大野交代的工作。

「某位前輩接到大野的指示，要他『仔細看看生產線旁的作業員，從他們的動作中找出浪費。』

「然後，大野用粉筆畫了個半徑一公尺的圓，叫前輩『聽好了，你在這裡面站著不許動，不過可以去廁所。』

「那個前輩在圓裡面站了半天以上，試著找出浪費。」

如果是現在這個時代，肯定會被投訴職務騷擾吧。但是，那個時代不只是豐田，不論哪家公司都有拍臉頰、敲頭的主管。

但是，大野並不是只會責罵部下，遇到說話沒道理的人，哪怕是有權力的高層，他都勇於面對。

池渕說：

「車內引擎刻有車台號碼，這號碼是很重要的數字，會留在文件上，所以，我們會把白紙壓在上面，用鉛筆讓數字浮凸出來。叫做『取拓本』。

「公司將車輛組裝好，經過檢查之後，就會取拓本。之後，運輸省會派檢查員過來，再取一次拓本。但是就大野先生來看，這就叫浪費。他說，我們在工程中把車子做得那麼精細，卻還要取兩次拓本，太奇怪了。

「所以，他就對運輸省的檢查員發脾氣了。檢查員當然也不肯示弱地對大野吼叫。那時候的人，都是大嚷大叫的爭辯。

「公司裡董事互相怒罵也是家常便飯，就算當著部下面前，也會指名道姓地說『你這樣不對。』」

接著，池渕低聲說：

「我和大野先生差不多相同年紀當上董事。一下就成了會罵部下的主管，還被取了個渾名，叫瞬間煮沸器。但是，我沒有罵過剛進公司的年輕人，或是資歷才幾年的員工。大多是把管理部長叫來罵一罵罷了，很少罵得面紅耳赤。

「但是大野先生不一樣，即使對方的年紀跟自己兒子差不多，他還是會激動的、如同烈火般生氣。被罵的人嚇壞了，彷彿天翻地覆，縮起身子，話也說不出來。像他那麼有使命感的人，現在已經找不到了。」

張、池渕都在大野下面待了很久，有三十年以上。雖然共事那麼久，也受到大野的疼愛，但是兩人從來沒有被讚美過。大野最多只說過「你們倆，很有活力嘛」，再怎麼嚴格的上司，一年至少也會說個兩三次「幹得好」吧。但是，大野不會稱讚部下。

到最後，公司裡只有極少數的人了解大野。儘管戰敗後，他為了落實豐田生產方式，用盡心力在現場指導了二十年以上，但是，公司裡大部分人還是認為「大野做事太獨斷霸道」。

不過，公開批判大野的人並不多，因為喜一郎和成為第五代社長的英二都挺大野的緣故。

只是，其中也有很敢的人。某工廠的部長就交代部下「就算常董來了，也不准進我們工廠」。大野的車一到，他們就把門關上。

大野下了車，步行進入工廠，部長沒來迎接，顯然有些意氣用事。

最初，工會成員與大野正面對決，責難、敵視大野。

「在工廠畫個圓，要人站在裡面，簡直是踐踏人權。」

工會攻擊大野、鈴村的現場指導，但是英二為他們反駁。

張最記得鈴村少見地在大野面前說了洩氣的話：

「大野哥，我們為了公司這麼賣命，但是，他們卻說大野派的人會把公司搞垮。」

鈴村的眼中泛著淚光，想必心裡非常不甘心吧。「是嗎，」大野把手擱在鈴村肩上說：

「鈴村，你能哭得出來就好，但是我該怎麼辦呢？想哭都哭不出來。」

張、池渕等直屬部下被周圍孤立，但反而因此更團結，也連帶使豐田生產方式更進化。大野派在公司期間，腦中只想著如何提高生產力。

但是，假日就不同了。到了假日，大野派的人不會把工作帶回家，喜歡出門玩樂。張、池渕、內川晉、好川純一等年輕世代，一到了假日，就到大野家玩。可能因為大野夫妻膝下無子，十分歡迎辦公室的年輕人來玩。

在家裡，大家絕口不提工作的事，不是打麻將，就是練習高爾夫揮桿，吃吃飯、喝喝酒……休假日的大野派，不分頭銜上下，只有周而復始的聊天、玩樂、吃喝。但是，年輕職員每星期都來報到後，夫人就責怪大野：

「老公，這些小伙子都有女朋友，他們有其他想去的地方，你不要每星期都叫他們來。」

這種時候，大野就會露出少許內疚的表情，抱起寵貓巧羅，反省似地說「妳這麼一說，確實沒錯。」

他們之所以連假日都走在一起，並不只是使命感使然，而是因為在公司裡，大家都對他們敬而遠之，所以也才渴望有一吐積怨的機會。

張、池渕眾口一致的說是「危機感和使命感」。

兩人異口同聲地說：

「美國三巨頭如果來襲，豐田就會倒閉，不只是大野先生，經營高層和員工們也都有這種感覺。戰爭中我們被徹底擊垮了，所以美國若是全力來攻，日本絕對贏不了。

「但是，我們必須戰到最後才行。大野先生認為，必須讓豐田生產方式步上軌道，想辦法建立一個不會被擊垮的公司。」

抵制的原因

引進豐田生產方式的順序，首先是從機械工廠開始，其次是組裝工廠，然後才是塗裝、沖壓、鍛造（鑄造）。

機械工廠指的是製造、組裝引擎、變速箱的工廠。機械工廠、組裝工廠中都有安裝皮帶輸送帶，或是地面上可移動的板條輸送帶。而塗裝部門安裝高架輸送帶和台車，焊接使用台車，沖壓到檢查工程使用皮帶輸送帶。在這些工程上解決搬運的浪費，就可以提高生產力。

相對的，鍛造、鑄造的部門，只有用類似滾輪溜滑梯的滑道，移動做好的零件，必須監看作業過程，才能發現動作的浪費之處。

發現浪費的做法各不相同，端視搬運裝置的有無，或者哪個工程使用了什麼樣的搬運裝置而定。

大野由於自己身為機械工廠的負責人，所以率先從有安裝皮帶輸送帶的機械工廠引進豐田生產方式。

其次是組裝工程。組裝工程只是反覆的單純作業，所以設定標準作業也比較容易。此外它也是生手操作起來漸漸會熟練的工作，只要系統化，任何人都可以用相同時間作業。

相反的，鍛造、鑄造的工程是手藝活，就算是設定了標準作業，決定了作業花費的秒數，老手與新人的成果仍有天壤之別。就像訂好了大廚切生魚片的標準時間，未必任何人都能調製出美味的生魚片是同樣的道理。

這裡開始進入正題。引進豐田生產方式時，現場抵制最嚴重的是標準作業的設定。在組裝工程上工人們反彈：「不喜歡被監視的感覺」，而在鍛造、沖壓工程上，工人們說「標準作業的設定沒有意義」。

為了設定標準作業，負責人會站在作業員身後，而且用碼錶測量作業時的相關動作，並且記錄下來。對現場的工人來說，不管是不是熟練工，都認為這項要求很難做到。

不過，只有在日本工廠裡工作的人，才會回答「很難做到」。

我試著問了肯塔基工廠的幾個人，所有人都回答：「碼錶測量？No Problem。」他們敢肯定地說，不會因為被別人監看，而延滯作業。

也有的作業員說：「為什麼要問這個問題？」

日本人討厭被人監看，但是美國作業員的反應卻是：「都是工作的一環，很應當啊。」說得坦白點，有第三者注視之下，日本人總是會不知不覺緊繃起來，擺出最好的樣子。所以他們真正的想法，應該是因為不想緊繃著工作，所以才不願被別人測量吧。

相對的，美國作業員的想法很簡單：「我拿多少錢就做多少事。」不管是誰在監看，還是拿碼錶測量，反正他們是賣時間給工作，所以看得很開，抱怨這些沒有意義。並不會因為有人在監看，就做得比平時賣力。

以前大野這麼說過：

「去美國汽車工廠（福特）觀摩時，我看到工人們滿不在乎地抽著菸。但是，如果是日本人的話，一看到主管過來，立刻熄掉菸，開始做出在勞動的樣子。」

總之，日本人可以說是自我意識太強烈，只要有人看著自己工作，就會手足無措。別人監視後，若是指出自己作業有浪費的部分，就會惱羞成怒地堅決否認。即使改善被指出的缺點，作業的順序會更輕鬆，一般日本人還是會隱隱覺得不愉快。

外人盯視和曝露自己工作上浪費的部分，是現場對引進豐田生產方式最反彈的地方，而且也害怕改變現在做的作業。他們心底期望的是永遠維持現狀。

大野派的人對抗的不只是豐田內部，還有日本社會想要維持現狀的文化。所以，引進生產方式既需要時間，而且一味地強迫並不能落實。必須尊重現場的人，每天不厭其煩地一再採視，改善才能進展。

即使如此，靠著大野派的努力，豐田生產方式還是漸漸深入到每個部門。前面也一再提到，最早接受的是機械工廠，接著是組裝工廠，沖壓、鍛造等部門則是最後。

而且，即使全工廠都引進之後，還是繼續進行改善。因為現場隨時都在變化，每次發現新的浪費，就必須加以改善。

舉例來說，製造皇冠的所有工程中，某種程度把豐田生產方式當成一種規格。但是，一旦皇冠改款，零件也要改變。零件改了，工程也會變化，就會產生新的浪費。於是大野和鈴村必須再次出動，將浪費解決掉。

不只是改款，就算是作業員，每一年都會有新人進來。成員一旦改變，作業的熟練程度也會不同，就必須重新改組生產線。

總而言之，從現場誕生的豐田生產方式，永遠沒有完成的一天，只要是現場的前提條件改變，就必須重新評估運用狀況，所以生產方式不會完成，也不會固定。

那麼，大野派在現場巡視找出的浪費，到底是什麼東西呢？

大野自己把它分成七類，每一種都是任何工廠的生產現場、辦公室經常可見的行為。

七種浪費：

一、生產過多的浪費

二、空等的浪費

三、搬運的浪費

四、加工本身的浪費

五、庫存的浪費

六、動作的浪費

七、製造瑕疵品的浪費

其中，大野最想排除的是「生產過多的浪費」。

「為什麼生產過多會成為浪費呢？多做一點總比不夠好吧？」一般人會這麼判斷吧。但是大野甚至說，不夠雖然不好，但是製造了超出需求的物件，等同於犯罪。

對於排除生產過多這一點，不只大野本人，很多人都說明過，但其中又以張富士夫的解說最是簡明易懂。

張是文科出身，他能以不同於技術人員的視角，向大野提出問題。張對技術方面，幾乎是個門外漢，所以他向大野一再提的問題，都相當粗淺。

技術部門的人習慣性地會想用專有名詞或是豐田話（像是可視化、自工程完結等）來說明，但是，張在說明時，只會用小學五年級生都能聽懂的平易用語。

關於生產過多的浪費，張曾用一個故事來舉例：

「有一對兄弟，哥哥是社長，弟弟是生產部門的專任董事。他們公司經營的是地毯的生產。社長說『我們要依照賣況，進行小批量生產』，但是弟弟反駁：『工具機是高價買來的，這麼做會使生產效率降低，所以只能進行大批量生產。』哥哥因而相當苦惱，這種例子可以說不勝枚舉。

「另外，還有一種情況。他們決定以大批量製造紅色地毯，但是，因為生產線只有一條，所以這段期間，不能製造藍色或黃色的地毯。但是，市場並不是只需要紅色，藍和黃色的製品也有銷路，公司也必須備齊藍色和黃色的地毯。因此，最後決定各種類備貨半個月份或一個月份。

「賣況並不會因為工廠用大批量或是小批量生產而有所改變，但是開支卻會改變。用大批量製造，庫存會增加，製品在倉庫裡越堆越多。此外，也必須搭建棚架，以免讓製品髒污。還需要管理人員統計庫存有多少貨。……」

總之，生產過多的浪費會產生庫存的浪費，庫存堆積起來，就必須備有管理的空間和人力。生產過多的浪費會波及許多層面，所以是萬惡之源。

其次，空等的浪費又是什麼？空等就是零件還沒到，即使很想作業，但是生產線停擺的狀態。這是生產線人力超出需求時會發生的浪費。想要解決的話，就只有減少生產線的人員。

但是，「削減人力」的指示，遭到現場的反彈。從現場的角度來看，這個做法等於是從團隊中，剔除難得建立起工作情誼的夥伴。

剔除的夥伴並不是開除他，只是調到不同的生產線去，但是留下來的人還是會覺得寂寞，而且也擔心工作量會增加。

關於空等的浪費，張用大野說過的排球的例子來解釋。

「有一次，大野先生問我，張，你會打排球嗎？我說會，我讀書的時候打九人制，現在是六人制了吧。聽我這麼一答，他說，對，你說的沒錯。

「球場內有九個人真的會比較強嗎？如果要飛身接球的話，不是會撞在一起嗎？雖然我（大野）是沒聽過啦，不過六人的隊伍和九人隊伍比賽的話，贏的可能是六人哦。

「大野先生說，現場也是同樣的道理。有人說，人力增加，物件就可以增產。沒有這種事。我（張）自己也有過不少經驗，好幾次我們去到能力不足、不管怎樣都交不出足夠數量的部門，做了種種改善，最後以較少的人力，還是達成目標了。」

搬運、物流的浪費在哪裡？

假如現場有中間倉庫或是零件堆的話，作業員就必須趁著工作餘暇去取零件來用。剛開始引進豐田生產方式的時候，現場都還有中間庫存的放置場。大野觀察到，作業員去找零件、搬運過來的時間，比組裝零件所用的時間還長。因為這個緣故，大野才決定把倉庫和零件放置場完全清除。

動作的浪費，就是觀察現場人員的動作，找出浪費之處。

例如，某個零件放在作業員的背後，所以，他每次拿取零件時必須轉過身去。一旦發現這種「轉身作業」的動作，就要設法改變放零件的位置，藉此消除浪費。又或是變更作業台的高度、調整輸送帶的速度等。沒有浪費的作業，不是要增加作業者的勞動，而是要讓作業變得更容易。

有些媒體提到豐田生產方式，把它寫成是加快輸送帶的速度、增加生產輛數，但寫這種文章的人根本不懂豐田生產方式。

並不是加快輸送帶速度，就能提高生產力。人不能長時間從事自己討厭的作業，一定會在哪裡出現「破壞活動」（Sabotage）。

關於動作的浪費，張曾經問過大野：「什麼動作算是浪費呢？」大野曾經回答如下：

有一次，兩人站在組裝生產線旁，大野對張說：「閉上眼睛。」

「閉上眼睛，注意聽。」

張心裡正納悶到底發生什麼事，閉上眼睛之後，大野說：

「張，你聽得到『咿——』的聲音嗎？」

「聽得到。」張回答。

「那是氣動扳手把螺絲轉緊的聲音。聽好了，這裡的工作就是用氣動扳手把螺絲轉緊的時間，其他的時間全部都是浪費。」

現實中，不可能所有的勞動時間都在做這所謂的「工作」。但是他要求大家，要抱著除惡務盡的態度，去找出浪費。

眼光很重要

張和池渕這些傳播豐田生產方式的人，都奉命「到現場去，不准回來」。

他們都是社會人，當然都備有西裝，可是從來沒有在工作中穿過。從早到晚穿著作業服，待在現場，大野要他們「找出浪費」，所以他們站在生產線旁，但是光只是站著，都會遭到現場人員的怒罵「擋路！」。

只要生產線一停下來，張和池渕馬上跑過去，一起找出故障之處；若是作業員說「去給我拿零件來」他們就趕緊跑去拿……。直到作業服沾了油污，拉近了與作業員的距離，成了可以閒話家常的關係，才找到浪費。

兩人不是用居高臨下的目光去挑剔、指出問題，而是和作業員攀談、請他們指教，由此方式來進行現場的改善。

如果是大野或鈴村在場，一看到浪費就會大聲叫住管理者，然後進行改善。但是張和池渕進公司才八年，他們不能用這種方法。如果不採取憨傻求教的姿態，作業員根本不甩他們。

仔細想想，剛開始時，這只是一份不用動手，在周圍冷漠的視線下，呆呆站著就行的工作，但是，他們就是這麼開始的。

我自己在七年當中，觀摩過豐田的工廠七十次，去觀察他們的生產線。但是如果問我，發現了什麼浪費嗎，我只能回答完全沒有發現。我在現場站了半天，心想，總是至少能發現一兩個浪費吧，但是現實沒那麼簡單。不論什麼時候看，現場生產線的作業看起來都一樣，即使生產線暫停了，若是不詢問作業員，根本看不出發生了什麼事。

有一次，我和生產調查室室長二之夕裕美（現任常務幹部兼元町工廠廠長）一起去看元町工廠的組裝生產線。

我們是在參觀路線上遠望生產線，但是二之夕突然站住，喃喃地說：「那裡必須改一下才行。」

咦，哪裡？我問道。他說：「你有看到那個作業員嗎？」

「你看，就是他。他在安裝保險桿之前，不是撕掉了玻璃紙的外包裝嗎？」的確沒錯，那個人正一一撕下玻璃紙，然後將保險桿安裝到車體上。

「附著的玻璃紙全都撕下來太麻煩了，一天多做幾次就會厭煩的。撕掉玻璃紙的工程必須在別處做，或者是改變玻璃紙這種包裝材料。」

二之夕只是瞥了一眼生產線，就發現了問題，同時想出改善的辦法，下一秒就叫來部下，交代他立刻落實。再者，推動改善這麼久，但即使是現在，注視生產線還是可以發現浪費。

換句話說，這些就是讓豐田生產方式紮根的工作。具有識別眼光的專家，能找出人員操作不便之處，並且當場一一解決。

並不是製作一本《改善的方法與本質》手冊，發給大家就結束了。現場的改善就如大野、鈴村傳授給張、池渕一樣，都是一個人手把手地教給另一個人，之後再思考如何系統化。如此一來，細微的現場技術累積在整個公司裡，建立系統，再教育下去。豐田生產方式的傳承，就是始於現場，再將解決的範例傳授給全公司。

即使懂得繫法

豐田生產方式深入各廠區之後，生產線變得流暢了，也不再有作業員把零件放在腳邊了。即使外行人看來，豐田的工廠整齊有序，但是對其他同業的人來說，似乎並不感到自在。

某個外資經銷商的人告訴我，有一次他和賓士、福斯、日產、本田等各家車廠幾位部長級的人物，一起到豐田元町工廠去觀摩。

以前都當過現場主管的各公司部長，表達了感想：「豐田生產方式沒有浪費。」「作業員的動作令人讚佩」、「手邊的零件很少，我們廠做不到這種地步」、「打掃得十分完美，通道上沒有任何雜物」、「我們廠的設備、機器比較好，但是豐田靠團隊合作來製作機件」。

他們畢竟是現場的人，果然該看的地方一點都不含糊。但是，大家討論之後，其中一個人說：「豐田很厲害，但是，我不想在這裡工作。」

這句話一出，在場的所有人全都大力點頭。

了解現場的人，都看得出豐田生產方式沒有各式各樣的浪費吧。因為豐田的現場並不是引進最新的機器，來提高生產力，而是靠著徹底排除浪費和團隊合作來生產。

打個比喻，豐田的現場，並不是集合眾多擅長個人技巧選手的夢幻團隊，而是無名選手站在自己的崗位上，以俐落的動作，準確的累積達標水準。他們用的不是最新的工具機這種個人技巧，終究都是靠著擅長合作的團隊，確實的累積達標，去接近對手的目標。為此，需要日復一日的鍛練。

做到一流的工作並不簡單，一個人若是沒有想做的企圖心，是做不來這種工作的。其他同業的部長們並不是因為豐田的做法對肉體太嚴苛而嘆息，而是他們切身感受到，在達到無浪費動作之前，需要極大的努力與鍛練。

大野後來發表了著作《豐田生產方式》，但是他對直屬的部下坦白地說：「你們都已經在現場實踐了，所以不用讀。」

一是因為生產工程每天都在進化，寫下來的文字很快就陳腐化了，此外他也明白，該方式的運用，並不是用文字或語言所能表達的吧。

全球暢銷的商業書《目標：簡單有效的常識管理》（*The Goal: A Process of Ongoing Improvement*）的作者高德拉特（Eliyahu M. Goldratt）對大野十分尊敬，當《豐田生產方式》

一出版，他就請人翻譯並且熟讀。他寫了多篇論文談論大野與豐田生產方式，此處摘錄其中的一節。

「那麼，『知道』與『做到』，何者比較困難呢？

「很明顯，『做到』知道的事，比『知道』要來得難。

「那麼，『做到』與『教人做到』，何者比較困難呢？

「即使是已經『做到』的人，也察覺到『教會別人做到』是相當困難的事。」

高德拉特經常用以下的問題，來解釋教別人自己做到的事有多困難。

「你會繫鞋帶嗎？好，那麼你能不能口頭告訴我它的繫法？」

光靠一本指導手冊，不可能讓全公司或供應商都接受豐田生產方式，除非親自實地的試做，否則現場的人絕不會願意接受。

有時候大野和鈴村怒罵，之後，張和池渕再仔細說明。就像花藝宗師對弟子教授插花技巧，豐田生產方式就是口耳相傳。

即使如此，工會每個月都會提出對大野和豐田生產方式的抗議。張和池渕不時被挖苦、被當成空氣，甚至還有人當面指著罵：「你們別想升官。」

但是，處在經營高層的豐田英二並不接受抗議。

「及時化是喜一郎發想的點子。大野只是把它推廣開來而已。」他堅決地保護大野和他的團隊。

大野感受到團隊在公司內的孤立，一方面也感謝英二的庇護。即使張和池渕垂頭喪氣的回來，他也從沒有一句慰勞，而是喝斥「你們在做什麼，回到自己的崗位去」，對於英二的庇護，他也沒有當面說過一個謝字。大野這個男人不想讓人知道自己心裡的那一面。

至於原因，他是這麼解釋的：

「我可以體會得到，上司在為我擔心，他一定也有過對我叫停的衝動。但是，他一個字都沒提，從來不說『去這麼做、去那麼做』。我也不告訴他『我想這麼做』，把它當成理所當然的事。如果處處想取得上司的允許，我們自己就下不了那麼大的決心，因為尋求允許，心情輕鬆多了。不論哪一方把話說出口，就會破壞掉了（信任關係）。」

大野站在工廠裡，與其說是使命感，更多時候是抱著豁出性命的心態。

在現場凶神惡煞似地對管理部長咆哮——這就是大野耐一每天的生活。他的身影令池渕難以忘懷。

「大野先生在工廠裡，絕對不戴帽子。雖然公司規定一定要戴帽子，但是他自己不戴。他明明是個最要求守規矩的人，卻絕對不戴帽子。帶客人參觀時會戴一下，平時絕對不戴。

「雖然我心裡怕怕的，但還是戰戰兢兢地問了他原因。結果他說：『池渕，我很清楚大家都對我懷恨在心，恐怕還有人想拿鎚子打我呢。那種時候，若還戴著帽子太沒種了，想打我的人儘管上。所以，我絕對不戴帽子。』」

第10章　卡羅拉之年

卡羅拉上市

一九六六年，豐田推出了最暢銷的大眾車「卡羅拉」（Corolla）。開發調查主任是長谷川龍雄，曾是飛機工程師的他，後來成為豐田的專任董事。

卡羅拉在全世界一百四十個國家，售出了三〇〇〇萬輛以上，是日本生活汽車化（motorization）的象徵車種。

當時，標準款的價格是四三萬二〇〇〇日圓，比同期上班族平均年薪四八萬六五〇〇圓還要便宜。若是用分期付款的方式，它是中產階級負擔得起的第一輛私家車。

長谷川解釋，卡羅拉的特色在於「八十分主義＋α的思想」。

「大眾車在性能、舒適性、價格等各種層面，都必須達到八十分以上的及格分數，其他就看哪個項目能超過九十分，而且能抓住客戶的心。」

長谷川想到「超過九十分」的項目為排氣量、跑車型設計，以及現代感。卡羅拉搭載的引擎，排氣量比日產Sunny多一〇〇cc，排檔桿設置在車地板。雖然實際購買者都是家庭，但年輕人喜愛的跑車型設計，和大馬力的規格，帶動了驚人的買氣。

同一年，一般民眾家裡擁有哪些耐久消費財呢？下表為洗衣機、冰箱等的家庭普及率（依據《朝日年鑑》，括號內為一九八〇年的數字）。

電動洗衣機	七五・五%（九八・八%）
電冰箱	六一・六%（九九・一%）
電動吸塵器	四一・二%（九五・八%）
彩色電視機	二・一%（九八・二%）
室內冷氣機	二・〇%（三九・二%）
自用車	一二・一%（五七・二%）

擁有自用車的家庭比彩色電視機、冷氣機還多。可以知道那個時代，轎車已漸漸成為生活中常見的產品了。

這一年，日本仍然維持著和平狀態，但世界卻處於動盪之中。

美國因為越戰陷入泥沼，國內頻頻發動反戰示威；中國陷在文化大革命的洪流當中；中東爆發第三次中東戰爭（一九六七年），後來稱為六日戰爭；同年歐洲成立EC（歐洲共同體），但翌年一九六八年，蘇聯及華沙公約組織國家入侵東歐的捷克。

世界動盪的狀態下，日本卻是一片太平，經濟持續成長。全世界只有日本人無憂地進行經濟活動，歌頌好景氣。這是因為第二次世界大戰戰敗之後，掌握主權的吉田茂首相提出了正確的方針——「輕武裝、經濟成長優先」。

一九六八年，日本的名目GDP（國內生產毛額）躍居世界第二位，僅次於美國。自戰敗後經過了二十三年，從零出發的日本成為僅次於戰勝國美國的經濟大國。

汽車公司所處的環境也改變了。日本既然成為世界第二大經濟國，國人也期待汽車能和船隻、家電產品一樣，成為出口商品。

豐田身為國內第一流的廠商，不僅要致力國內轎車的普及，在訂定經營策略上必須放眼世界市場。此外，更推出暢銷車卡羅拉，成為世界戰略車。

戰敗後，創業者豐田喜一郎說「如果不在三年內趕上美國，豐田就垮了」，後來激烈的勞動爭議，導致喜一郎辭職後，就任社長的石田退三每次在就職典禮上一定都會期勉大家：「三巨頭來的話，我們就完了。」

豐田是如此地恐懼美國的車廠，因而偷偷蓄積實力，以免巨象認真看待。但是現在，他們必須踏入巨象的大本營美國，卡羅拉的上市，等於是豐田走出自己的陣地，開始與巨人對手競爭的象徵。

河合滿的加入

卡羅拉上市的一九六六年三月，河合滿從豐田技術員培養所（現在的豐田工業學園）畢業，進入公司就職。他的學歷是國中畢業，但是，他從這裡往上爬，在現場磨練後，升上班長、組長、作業長、管理部長，然後當上副廠長。後來又升任技術部門的幹部──技監，二〇一五年成為專任董事，二〇一七年升為副社長。

河合出生於一九四八年，老家就在豐田舉母工廠不遠處，小學四年級時父親過世，母親出外工作，將河合與妹妹兩人撫養長大。

他進豐田工作，是因為討厭念書。在家鄉的松平中學三年級時，他對母親說：

「我不想上高中，一方面我討厭念書，而且還有妹妹在。您供我們兩人上學太辛苦了，所以我要去豐田的培養所。」

「阿滿，你說什麼傻話？你以為媽辛辛苦苦工作是為了什麼？阿滿，拜託你，至少讀完高中吧。」

母親哭著想改變兒子的心意。

但是，河合很固執。

「媽，豐田是個好公司，而且工廠就在附近。況且，爸在世的時候也在那裡工作過。我的成績雖然不好，但是我是這兒土生土長的人，公司應該會通融讓我進去吧。」

母親堅決反對，但是河合第二天早上去找中學的導師商量。

「我想進豐田的培養所。」

「你是認真的嗎？」導師說。

「你放棄吧，像你這種笨蛋怎麼可能進得去？不過，你能抱著必死的決心發憤用功嗎？若是這樣還有一絲希望。如果你有心，我就幫你。」

河合咬牙生平第一次認真起來，稍微用功了一下，勉強通過了考試。

在培養所有薪水可拿，根據一九六四年當時的紀錄，培養所一年級可領到八五〇〇日圓，二年級一萬五〇〇〇圓，三年級一萬二五〇〇圓。當時大學畢業生的起薪是二萬日圓上下，所以這份薪資並不算少。

「我被分派到本社工廠（原舉母工廠）的鍛造部。話雖如此，那個時候本社工廠的規模只比家庭工廠好一點而已。

「其實，舉母町本來就是個鄉下地方，工廠大概就豐田一家，其他都是水田和桑田，整個鎮只有一條小路，大白天都能看到貉或狐狸出沒。

「鍛造，就是將燒紅的材料（鐵）用鎚子敲打成形的工作，來製造如引擎的後傳動軸、連桿等必須非常堅固的零件。現在改用了自動錘，但那時候主要都是手工作業，拿著鐵錘『鏗、鏗』的敲打成形。聲音吵，而且煤煙大得驚人，剛開始我常在心裡抱怨，怎麼把我配到這種地方來……。

「在培養所的時候，我們也在豐田的工廠裡做拆卸引擎再組裝上去的作業，那種工作就很享受，因為自己把拆下的引擎再組裝回去，看到它重新發出低吼，開始旋轉啊，有種把東西製造出來的喜悅。但是，剛到鍛造部那段期間，感受不到那種快樂。」

鍛造工廠有燒鐵的爐，到了夏天，現場高熱得令人頭昏目眩。雖然開著大型電風扇，但根本是杯水車薪，只是把熱風攪動起來罷了。

那麼，冬天就舒服了嗎？沒那回事。剛做出來的鍛造零件會發出高熱，所以必須拿到工廠外面去冷卻。因此，工廠的門永遠是敞開著，冷風咻咻地灌進來。到了冬天，一邊對著手呵氣才能工作。

如果要暖氣，就只有火盆了。而且規定一星期只能用一袋木炭。節省木炭來取暖是他們的例行公事。這可不是明治時代，而是昭和高度成長的巔峰時期。

河合被發配到鍛造部，是披頭四登陸日本，在日本武道館開唱的那一年。儘管如此，豐田本社工廠鍛造部的男人們，卻在熱得想哭、冷得發抖中打造引擎連桿。

第二年夏天，河合向現場的前輩提議：「要不要來動動腦呢？」

他提到「動腦」這個詞，是因為想到與豐田生產方式一起推動的「創意動腦提案制度」。該制度是全體員工參與型的改善提案制度。自一九五一年開辦以來，至今已經提出了五四〇〇萬項建議，幾乎都被採用了。新人一進公司，前輩們就會灌輸「提個案吧」的想法。

順道一提，這個制度規定，提案一旦獲得錄用，會頒發獎金。雖然金額不大，但是多少還夠幾個人到居酒屋去吃喝一頓。

回到主題，河合把自己想到的點子，跟職場的前輩說：

「如果在電風扇上方加工，變成滴水式風扇，各位覺得如何？」

只要在電風扇上面垂掛一條水管，不時把水龍頭稍微鬆開一點就行了。這種單純的嘗試，根本算不上什麼動腦。但是試做之後，水滴形成了水霧，吹出來無比涼快。總之，河合製作的是原始的水霧產生器。

鍛造的現場

當時，豐田正是處於日本生活汽車化的最盛期，除了既有的本社工廠、元町工廠之外，六五年完成了製造引擎的上鄉工廠，六六年，製造卡羅拉的高岡工廠竣工。六八年加入三好工廠，七〇年堤工廠，之後還有明知工廠（七三年）、下山工廠（七五年）、衣浦工廠（七八年）、田原工廠（七九年）等，幾乎每年都增設工廠。

豐田推出一款又一款車種，將所謂的競爭對手「日產」甩在後面，也是歸功於這時期的工廠增設。因為產能擴大，所以能在賣得出暢銷車的時期，將車子送進市場。

一九六六年，大野耐一升為常務董事。他的工作依舊是推動豐田生產方式，落實在公司內部。

豐田生產方式的第一步，就是戰後立即展開的一人操作雙台機器，它的進程大致如下。而豐田生產方式在所有工廠完全落實，是在進入七〇年代以後的事了。

後製程的領取（四八年）
引擎組裝線採用安燈（五〇年）
設定標準作業（五三年）
引進看板方式（機械工廠　五三年）
完成組裝工廠與車體工廠同期化，著手引進豐田生產方式到所有工廠（六〇年）
全公司全面採用看板方式（六二年），縮短沖壓模具更換時間（六二年）

一九六六年時，已經開發出豐田生產方式的主要手法，並且將它們引進到各工廠去。大野描述大方向，輔佐的鈴村喜久男發號施令，其下的張富士夫、池渕浩介，以及好川純一、內川晉等人則出勤到現場，進行指導。

但是，六六年時，豐田生產方式還沒有普及到河合滿所在的鍛造部門。鍛造需要趁著鐵燒熱的時候利用模子打造出零件。使用模子，在短時間內盡量打造出最多的零件，是大家公認的做法，所以這個職場環境很難引進以小批量生產為目標的豐田生產方式。

河合憶起當時，他說鍛造的現場大概是這樣的：

「鍛造的現場沒有生產線，三到四人為一組一起工作。簡單的說，就是將用鐵做出的棒材，製造成零件。

「部門的老大叫做『棒芯』，這個人會發出指示。其次是『燒窯師』，他負責站在狀似披薩窯的窯前面燒圓棒。燒窯師父將燒到一二六〇度的熱鐵棒取出後，棒芯和『模鍛師』用腳踏式模段錘（Stamp hammer）將它衝壓，做成零件。另一名『去飛邊』的師父負責修剪零件，就是把溢出模子多餘的鐵去掉。

「這種活啊，真熱哦。因為燒窯師可是站在混合了重油和空氣等燃料燒得火紅的熔爐面前工作啊。不過組員不時會輪流交換任務，否則那實在熱得受不了。

「我們都有穿戴作業服和安全眼罩，但是看到戰爭剛結束時的照片，那些燒窯師都是繫著褲兜和圍裙，兩腳踏著木屐，在火烤中工作。汽車工廠裡，就屬這個部門的環境最嚴酷。因為比起其他部門的作業員，每小時的薪水只多十二、十三日圓而已。」

燒得火紅的鐵塊，用錘子敲個四、五次之後，組織會變得緊密、強韌。鍛造現場的工人們，每天都做著同樣的事。萬一燒熱的鐵掉下來，落在腳上，就會造成嚴重的燙傷。

「以前的人動作非常快，既能快速地把棒材從爐中取出，衝壓也能用一剎那的速度完成。現在的人就算再怎麼努力，也沒辦法做得像他們那麼快。」

現在幾乎都是機械自動化了，但是據河合說，熟練的技工做起來，動作遠比自動的機器更流暢，而且沒有一絲浪費。

河合說「這是需要獨特天賦的部門」。

「我們要先試壓。把燒熱的鐵放在下半部的模具上，用上半部的模具夾住衝壓。第一次的話，必然會差個〇．三公釐左右，那就變成瑕疵品了。錯開壓模的位置，讓它完全吻合是一種技術、天賦，大致上如果不試壓個兩次到三次，模子無法合攏。但是，熟練的技工當中，有人第一次就能完全吻合壓模，進行衝壓。」

鍛造現場就是這種景況，和組裝現場的作業環境完全不同。

正因為環境太嚴酷，在這裡工作的人有一份自傲，所以說，他們無法隨口一句「好」，就接受豐田生產方式，也因而引進需要相當的時間。

最重要的是，標準作業的設定十分困難，熟練的技工可以作業得比自動機器還快，相對的，新人就需要花時間。如果設定平均時間的話，可能會惹惱熟練技工「這麼慢吞吞的怎麼做事啊！」豐田生產方式引進鍛造現場時，必須聆聽現場工人的想法，採納他們的意見才能進行下去。

去埋在花壇裡

河合在公司裡待了三、四年之後，成為製作後傳動軸的現場棒芯。做好的傳動軸，每五十個放進托盤裡，累積兩個托盤後，下一工程的人就會來取。

有天，他正在作業時，一個身材魁梧的紅臉大漢走了過來。他叼著菸，毛巾掛在作業服的腰部。大漢走到河合身旁，看見一旁兩個托盤，拿出了插在上面的看板。

「喂，小伙子。」

那人轉向河合，咧嘴一笑。

「是？」

「小子，你啊，在這裡插了兩塊看板。把這拿到工廠外的花壇埋了吧。」

河合聽不懂那個人在說什麼，但是看得出那個人非常生氣。

「對不起，看板是重要的東西，不能隨便埋掉。」

那個人（鈴村喜久男）大吼一聲：「你說什麼！」然後咆哮道：「去叫班長來！」周圍的人鴉雀無聲，停下手看著鈴村和河合。

班長急匆匆飛奔而來，然後，鈴村劈頭就是一頓臭罵。

「你是怎麼教育這些年輕人的？笨蛋！為什麼要堆到兩個托盤？插看板的目的到底是為了什麼？」

班長冒著冷汗，試著想要辯解：「是這樣的……」但是鈴村不接受，只是不斷地怒吼：笨蛋，給我好好做！在一旁發楞的河合漸漸火大起來。

「這位阿伯，到底是誰啊？突然冒出來，在這兒大呼小叫的，真是爛透了！話說回來，做錯的明明是我，罵班長做什麼？」

但是，他不敢說出口，鈴村回去之後，班長把大家叫過來說：

「來，以後，後傳動軸每做好一盤之後，就會有人來領，不要再累積兩盤了。」

年長的工人大為不滿：

「班長，這麼做的話，搬運變得很麻煩。我們部門的規矩不就是兩個托盤嗎？」

「不，現在規矩變了，鈴村主任說，先集一盤就好了。而且一盤的數量也從五十支減到三十支。」

「這簡直亂來。」大家嘴上雖然都這麼說，但是規定就是規定。現場的程序立刻更動，變成小批量搬運。

但是，河合總覺得莫名其妙。因為他不太能理解為什麼要縮小零件的批量。

第二天，張來現場察看。張的年齡比較接近，也不像鈴村那麼可怕，所以河合試著提問。

「張先生。」

「什麼事？」

「昨天，我們被鈴村主任臭罵了一頓。我們現場是規定累積兩個托盤之後，再請人領走，我們都按照規定做了，為什麼他那麼生氣呢？」

張抿嘴一笑，他大概想：「那傢伙，滿有幹勁的嘛。」

「河合，聽我說。」

張當場拿起實物來說明。

「聽好，你在這裡累積了兩個托盤的話，它就是中間庫存了。壓著零件就和壓著錢是一樣的道理。做好了之後，必須立刻請人來領。後製程的人是你的客戶，你做好的零件必須立刻交到客戶手上，不能放在自己手邊。鈴村主任想說的是這個意思。」

豐田生產方式中的「後製程領取」，是指後製程的人向前製程領取零件。一般工廠都是前製程將零件運送到後製程處。從物理上來說，零件的移動是相同的。

張告訴河合「後製程的人是客戶」，也就是說「你們要抱著立刻將零件換成現金的意識，而不是讓零件沉睡」。後製程領取的目的，不只是讓零件及時化的移動，也是一種意識改革——製造製品時，也要想到客戶。

河合因而充分體會並理解了豐田生產方式。不留庫存，因此必須小批量生產，且少量的搬運。他明白了大野想做的，就是塑造流暢的生產現場。

河合在鍛造部的前輩小田桐勝巳則說：「我們怕死大野那班人了。」

「最可怕的一幕是（後來大野建立的）生產調查室一夥人到現場來的時候。因為他們指出的問題，第二天會來檢查。所以我們要通宵的改善。其中最可怕的，是大野先生領軍的生調室主持的會議，他們會指正部長錯誤的地方。『今天哪裡哪裡的部長被修理了』這種謠言一下子就傳遍了整個工廠。」

同為河合前輩的現場人石川義之，回想起來也說：「遇到生產調查室的人，只能認栽了。」

「生調室的人很可怕。大野先生、鈴村先生、張先生……大野先生來說幾句，鈴村先生開罵，張先生慰勞，大概是這種印象。鈴村先生真的是很會罵人。機器如果漏油，他會叫你拿著水桶罰站一小時以上，直到找出原因為止。」

鈴村只要發現有奇怪的地方、有浪費的地方，就會丟炸彈。他叱責的對象不是作業員，而是班長、組長等長官。而且是大發雷霆、大聲咆哮。之後，再派遣張這類年輕人到現場去，為現場的人解說，聽取現場的改善建議。

他們用警方一個扮黑臉一個扮白臉，讓凶手招認的手法，鈴村負責怒罵，而年輕人則放低姿態，負責改善現場。

不管用的是什麼手法，現場的人才是主角。總歸來說引導作業的人思考，想出答案，才是正確的順序。

當時，河合這種現場的職員，雖然學習了豐田生產方式，但是並沒有條理清楚地理解它。但是因為待在現場，漸漸明白了它的內容就是杜絕浪費、提案、在工程中精密的製作、營造流暢的生產線。

「那時候，班長說的一句話讓我恍然大悟。他說，如果出現浪費，就不能換現金。

『河合，我們是用現金買材料。材料變成零件，然後組合成車，客人把車買回去，這時錢才回到我們手上。如果我們擺了大量材料，做很多不需要的東西，就是浪費，這和現金靜止不動是同樣的道理。』」

大野在自己的書中用以下的話來表達這種想法：

「我們在做的，只是注視著從接到訂單的那一刻，到收到貨款時的時間線，然後，無限縮短這條時間線罷了。」

更換模具的辛苦

「一直抵制到最後的是沖壓和鍛造。」

就如大野自己所承認的，在鍛造現場，即使減少物流的浪費，也無法縮短零件修潤的時間。此外，這兩個現場，都有多位頑固的技工在工作。機械化沒有進步的話，標準作業的設定就無法深入。

因此，大野把目光轉向縮短模具更換的時間。不論是沖壓或是鍛造，都是用具強度的鐵製金屬模具，壓迫、刻製鋼板或是鐵條，來製成零件。

在鍛造零件方面，比如說皇冠的齒輪與卡羅拉的齒輪，形狀不同，所以，必須更換模具。戰爭剛結束時，模具的更換需要花將近兩小時，大野命令現場要縮短更換的時間。

但是一開始時，現場的管理部長、作業長眾口一致地回答「不可能」。

「不可能。我們都是老手，才能達到現在的時效，不可能再縮短了。」

大野說了聲：「是喔。」但是，依然堅持要他們試試看。

「不要說做不到，先試試再說嘛，往前衝衝看，就能找到解決的線索。」

所有的人都抱怨：「太胡來了。」但是大野每天都到鍛造工廠報到，到處問大家，有沒有什麼好點子，直到改善初具形式為止。而且，大野沒來的時候，就換輔佐主任鈴村過來，鈴村也忙的話，年輕人會過來看看情形。

這麼一來，現場不得不提出一些方案，摸索著找出縮短時間的做法。

河合說：「鍛造部門的改善，最有效果的就是縮短模具更換的時間了。」

「鍛造是從上下夾住燒到一二六〇度的鐵塊，然後敲打。敲打多次當中，模具會偏移，所以必須修正。此外，也需要試敲打的時間。不只是單純更換模具而已，也需要準備作業的時間。我們用了兩年，才從一個半小時縮短成九分鐘。

「最先是縮短模具的修正時間，此外，想辦法一次就打出完美的物件，以減少試打。最後是外部作業轉換準備。

「你們看過F1方程式賽車吧？賽車手駛入後勤維修區時，大家會圍上來拆下輪胎，換上新的，再讓車子駛回賽道。外部更換準備的要領也一樣，將要更換的模具全部準備好，然後一拆下來就換上去。

「最後是手冊的修正。當時，鍛造現場使用的錘子等工具機材，都是向美國採購，進口的是與福特相同的工作機具。在當時來說，是世界最尖端的機具，但它是為錘打大量模具而製作的機器，配合福特系統，所以並不適合少量生產的豐田生產方式。現場的人熟讀使用手冊，每天改變順序試錘，然後縮短時間。

「我們會在現場將改善後的成果示範給生調的人看。但是他們一看之後，總是說：『河合，這樣還不算改善，算是未改善吧。』改善了不下數次，他們還是說『這還是未改善』……

就在這樣一來一往之間，將一個半小時縮短成九分鐘，但是生調和我們主管仍然說：『還是不行，未改善。』……」

從鍛造現場的改善可以知道，豐田生產方式的節省浪費，並不是加重勞動。它不是「加快動作」，而是藉著改變機器的使用方法，減少作業時間。

此外，外面常有人說「廢除技工的工作」，也是子虛烏有的事。燒窯師看一眼燒熱的棒材，就猜得出溫度。用感覺確定溫度，快速從窯中取出，交給模鍛師。

技工們「一眼猜出鐵的溫度」的技術，即使引進豐田生產方式，也繼續保留著。豐田生產方式進入之後，技工的工作減少，只剩單純作業的說法，並沒有看到現實。即使是現在，豐田的現場還是有許多技術過人的技工在工作。

河合現在是豐田的副社長，但是，他最感到驕傲的，並不是全球企業副社長這個頭銜，而是自己曾經是鍛造技工，他也對現場許多技工十分尊敬。

「我們有個項目叫做功能試驗，是將組裝起來的引擎發動運轉的試驗。有一次，負責的技工聽到引擎的聲音，覺得不太對勁，他跟我說：『河合先生，這具引擎的某個地方有裂痕。』

「我心想，哪有這種事？不過為了保險起見，還是把它全部拆開，用內視鏡伸進汽缸內檢查，結果發現有一條不到〇．一公釐的裂痕。那條裂痕是用內視鏡好不容易才找到的，但是那傢伙卻鐵了心，說不行就是不行，真的是鐵面無情啊。不過，我們現場的人就是這麼精密地在做，只要聲音不同，就不通過。不過，汽車這玩意兒真的很有趣。

「我認識一個人，他曾經發願要做一台最完美的引擎，於是精挑細選了頂級的零件，把它們組裝起來，那些零件一個個全都是最精密的產品，但是組裝成引擎發動之後，狀況卻不太好，聲音也差。並不是把最好的零件收集起來，就能成為一輛好車。零件也必須適材適所。」

如果沒有能說這種話的技工，就算ＩＴ再怎麼發達，豐田還是做不出好車。

以往解釋豐田生產方式的書，強調的是節省組裝工程的浪費。因此，一般認為該方式是為組裝工廠的生產現場量身訂做的。但是，了解鍛造現場的改善後，便可了解該方式在無輸送帶的現場，也充分適用。

在大野將豐田生產方式引進鍛造、沖壓現場之前，一般都認為「用一個模具錘打多個工件才有效率，有助於降低成本」，這已經成了大家的常識。

但是，大野首先質疑過往的常識，而且要求這兩個部門也和生產線一樣，進行小批量生產。為了節省浪費，命令他們縮短更換模具時間。

換句話說，他要求他們停止既定的做法，同時試著反其道而行。而且，大野並不是經營高層，而且他雖然是機械工廠的專家，但是在沖壓、鍛造方面並不內行，然而他卻改變了現場的思考方式。雖然成功縮短製作零件的時間是件好事，但如果成果不能提升的話，恐怕董事的位子也會不保吧。

豐田生產方式的本質，並不是使用看板，也不是設置安燈，而是像大野在沖壓、鍛造現場所做的，質疑既有的常識，思考新的方法。否定現下從事的作業，引進新的創意。

「也許我的比喻不當，但是滑頭的學生比模範生更有新點子。」

河合這麼說。

「待在現場時，有很多地方都讓人覺得，這麼做好麻煩，沒有其他更好的方法嗎？比方說經過多次轉身作業，就會希望不要轉身也能作業。滑頭的人貪圖簡便，所以會想，咦，這麼做的話，應該能縮短作業時間吧？於是就生出好計畫。」

在現場，讓豐田生產方式更進化的，不是認真的模範生，而是抓得到訣竅、腦袋靈活的人。另外，在鍛造那種需要靠工匠技藝的現場，運用活動道具作業，和在搬運上動腦筋，比起排除浪費更能縮短作業時間，進而削減成本。

他們並沒有購入電動搬運機，而是使用滑道，只靠重力來送出零件，這便是使用活動道具的技巧。沒有電動搬運，就不會發生電力相關的故障。不只是鍛造的現場，豐田的工廠到處都有使用活動道具的設備。而且，豐田佐吉從前就很重視活動道具。

佐吉在豐田工廠種下的種子，人們稱之為自働化，但我認為是使用活動道具的精神。豐田的現場就是有那麼多使用自然動力、設置機關道具的搬運機。

以前，人們認為活動道具只是上不了台面的裝置，而覺得工廠現場的進化，應該要使用最新式的電動搬運機。但是，在節能的時代，最好用的不是需要電能的機器，而是利用自然動力的活動道具。佐吉留給世人的不只是自働化的思維，還有活動道具這門技術。

銷售起飛的時代

一九六〇年代到七〇年代，當大野等人在現場戰鬥時，「生活汽車化」滋潤了豐田等國內的汽車廠商。

豐田汽車一九六〇年時，在國內的生產輛數為一五萬五〇〇〇輛，到了一九七〇年增長到一六〇萬輛。國內各家車廠在一九六〇年時，總生產輛數為四八萬輛，而一九七〇年的紀錄達到五二九萬輛。

而在一九六七年，日本甩掉西德，成為世界第二大汽車生產國，僅次於美國。那是個不論哪家公司，只要製造汽車就會有人來買的時代。

「生活汽車化」的發展，除了高度成長讓各家公司大豐收之外，我們也不能忘了鋪設道路的進展。

日本不像歐洲原本就有石板路，而是將泥土夯實形成的道路，只要一下雨就會泥濘一片。戰敗後，日本吉普車比高級美國車更受歡迎，全是因為道路並沒有鋪設柏油，車體低、較笨重的美國車走在路上，不一會兒就無法動彈了。

而到了一九七〇年，全國一般道路約有一五%鋪設了柏油，聽到一五%，可能會覺得怎麼這麼少？但是，當時國道已有七八・六%鋪設完畢。主要幹道已成為柏油路，所以日本成了汽車四通八達的國家，而且就算是天候惡劣，車子也能跑。道路整備的進步，也加速了汽車的普及。

這是個汽車銷售起飛的時代，因此現場增產再增產。大野認為「就算不加人也能夠增加生產」，但是每年銷售量都是兩成、三成的增加，若是不增設廠房，無法應付想要買車的客戶。而且，不只是卡羅拉熱銷，後來陸續推出的Sprinter、Corona Mark II、Celica、Carina等都成為熱門車款。

日本人的生活變得富裕，道路的基礎建設也不斷進步，自用車的持有數也增多了。但另一個原因還是跟豐田有關。光是卡羅拉的專用工廠就有兩個，卡羅拉推出的第二年，一九六七年，升任社長的豐田英二說：

「有的看法認為卡羅拉搭上了『生活汽車化』的順風車，但我認為是卡羅拉帶動了『生活汽車化』。事實上的確引發了潮流。豐田為卡羅拉建了上鄉工廠（引擎）與高岡工廠（組裝），就是因為一路長紅，現在才能說這種悠哉的話。不過，如果『生活汽車化』沒有發生，現在豐田恐怕就要為過多的設備而煩惱吧。」

其他同業看到這兩個工廠的成功，也展開增設工廠的動作。競爭漸趨白熱化，所以即使在通貨膨脹下，沒有一家公司敢提高車價。薪資一再調漲，但是車的價格原地不動，性能卻有提升，因此消費者樂意買單，每次推出新車款就跟著換車。日本的「生活汽車化」便按著這個機制發展起來。

汽車暢銷，接著增設工廠，徵求工作者，因為等不及每年召募新員工進來，從一九六〇年代到七〇年代，各家汽車公司開始招收臨時工、短期工，豐田也不例外。

「那時候，煤礦坑陸續關閉，所以很多礦工到豐田來工作。」

河合如此回憶，礦工、自農家出外打工的人，紛紛來到豐田的工廠上班。

雖然也有人像河合這樣，從附近的家中到工廠上班，但是大部分的單身漢是住宿舍，吃飯就在工廠的食堂吃。

工作形態主要為日夜兩班制。早班上午八時出勤，午飯休息後，工作到下午四點。夜班自晚上十點開始，清晨六時下班。日班與夜班經常輪替。

此外，在這兩班之間的空檔，還有第三班的人員來工作。從現在的角度來看，晚班的人換到早班的那天，一定很痛苦吧。但是在高度成長時期，不論哪家工廠都是這種作業形態，所以工人也並不認為很辛苦。

河合進入汽車公司，覺得最棒、最感謝的地方，就是可以便宜地買到自用車。

「那時候，年輕小伙子都想有一部自己的車。我進公司那年十八歲，就買了輛二手的可樂娜，那時真是啊，開心得不得了。我記得好像是三十萬吧。不只是我，我們整組三十個人（「組」比「班」更高一級），特別是組長都很高興。」

河合買下自用車是在一九六六年，比他早六年進公司的池渕說：「我進來那時候從業員有一萬人，但是部長以下，只有四個人有車。」由此可知從一九六〇年起，短短幾年間，汽車就普及了。

可是，買車的明明是河合，為什麼組長會那麼高興呢？

「本來一組三十人當中，只有兩個人有車，組長說，河合也買了車，以後去忘年會就方便多了。那時候，忘年會在蒲郡舉行。在蒲郡比賽划船，然後到附近的溫泉住一晚。我會先載同事到蒲郡賽船，再開回公司，把不賽船的同事載到溫泉去。其他兩部車也一樣。如果只有兩部車，就必須來回好幾次，但是三部車的話，就可以跑一程送賽車和去溫泉就行了。那時候充分感到有了車方便許多，趣味也增加了。」

河合光是有了自用車就受到大家的眷顧。

前述的池渕，則是在擁有私家車之前，加入公司裡的「綠俱樂部」，幾十個人合資買下幾輛二手車，每個人一年都可以使用個幾次。

遇到可以用車的日子，大家都會申請休假。主管會笑著說：「好小子，你抽中了？真好運。」於是，全家人開著車一起出外兜風。那時代，可以開車的日子竟然可以大搖大擺地向公司請假都不用擔心。

吃飯和宿舍

對在豐田現場工作的人來說，工作賺錢是喜事一樁，但是，工廠生活中最重要的是三餐。豐田工廠是開墾荒地、樹林闢建而成，所在的地方沒有城鎮，周圍也沒有商店和飯館，沒有用餐的地方，所以豐田的生協（豐田生活協助組織）推出的工廠餐食就成了最大的享受。

隨著廠房擴增，生協營運的食堂也增加了。一九六二年起的四年內，設置了十八個食堂，會員從一萬七二九人（一九六一年），在十年內增加到五萬五六四七人。生協為了現場員工吃得飽足而繼續奮鬥著。

一九六〇年代的工廠餐點，只有一種大麥飯附配菜的套餐。

當時在生協工作的萬壽幹雄說：「就只有大麥飯，麥飯鋪在稱為蒸飯器的飯盒裡，用水蒸氣加熱煮熟，味道比電鍋差一點。」

但是鮭魚、秋刀魚、鯡魚等烤魚卻比現在好吃很多，因為，當時是用炭火烤的。吃的時候雖然已經放涼了，但都是用炭火烤到焦黃的魚，應該比瓦斯烤爐或是燒烤架烤的更好吃。

進入一九七〇年代後，套餐的口味增加了，也出現麵類等單點的菜單。飯也從大麥飯換成了用電鍋煮的白米飯。份量增多，一人份的白飯量有兩碗半（超過三〇〇公克），所以可知工廠的員工食量大，而且可以無限續碗。

而配菜也從烤魚，換成炸豬排、薑燒豬肉等肉類。與現在不同的是餐桌上一定放著寫有「豐田」的菸灰缸，飯後當然一定要來一根菸吧。

萬壽說「炸豬排最受歡迎。菜單有炸豬排的時候，有人吃過一次又去隊伍的最後面排隊，再吃一次，而且還不只是一兩個人。」

在豐田食堂採訪完之後，又去參觀從一九七〇年保留至今的宿舍。房間的面積為四蓆半多（譯注：約兩坪多），玄關有一・五蓆。房間裡沒有浴室、廁所、瓦斯爐等。當時是鋪榻榻米，現在鋪地板。不含水電瓦斯費，房租為八九〇〇日圓（高中畢業的新人為六一〇〇日圓），差不多是附近民間公寓的八分之一。

當時因為租金低廉，離鄉來打工的人十分滿意。住民間公寓的話，心情上比較放鬆，但是戶數少，租金也不便宜。宿舍入住的年限規定只到三十歲為止，不過也有人長年住在裡面。

「現在聽起來可能匪夷所思，但是過去有人從短期作業員轉為正式職員，在這裡住到快退休。克勤克儉地過日子，用存下來的錢蓋了一間房子。」熟知過去的舍監苦笑著說。

宿舍的澡堂是大浴場，廁所在室外，長年生活雖然不方便，但是從高中畢業，住個幾年的話，倒還算不錯。

為什麼介紹豐田生產方式卻要提到供餐和宿舍生活呢？那是因為若是沒有提供勞工從容的生活條件，就沒有辦法深入、落實豐田生產方式。人一定要衣食住豐足，才有餘力動腦。常言道，肚子空空，無法戰鬥，如果沒有給生產線的人寬裕的生活環境，他們就沒法思考，或是提供好點子。

「我們要把環境整備好，讓作業員容易做事。」從廣泛的意義來說，食堂、居住的環境整理，也是落實豐田生產方式的條件。你讓他們不吃不喝地工作，要求「改善」，他們是不會聽你的。

參觀完之後，在正門前和幾個宿舍生擦身而過。他們是新人，所以都才十八歲，身上穿著愛迪達或耐吉的運動衫，腳上穿著同品牌的慢跑鞋。「你們去哪兒？」我問，他們回答：「去慢跑。」我和他們都笑了。

在我這個中年人看來，十八歲還是高中生，青春期即將結束，但尚未轉大人的時期。而且，不只是豐田，不論哪一家製造廠，工作的主力都是年輕人，從十七八歲到二十多歲的年輕人，在生產線旁工作。今日在生產線作業的人雖然都朝高齡化邁進，但是高度成長時代，大多是十幾二十歲的人，或者是臨時的雇工。總之，學習豐田生產方式的人都是剛從高中畢業的社會人，這套方式必須讓任何人都能快速理解。

當時，不可能去花一個月的時間，進行教育進修，所以如果生產方式太難懂，現場不可能運作。總之，原本的豐田生產方式，只是簡單的道理，並不是學者專家們論述的那種精緻的生產方式。

現場一再教導的本質是「Just In Time」，因此也一再反覆要求「動腦筋節省浪費」。必須不厭其詳地教授這兩個重點，還要帶著熱情叱罵，才能讓員工們了解。因為大野耐一和其屬下指導的對象，都是剛剛踏入社會的新鮮人。

敵人不只在國內

一九六八年，日本的GNP排在美國之後，居世界第二位，汽車的生產量在世界上也僅次於美國。

抱持戰敗國自覺的日本，經濟力已經超越了戰勝的蘇聯、英國和法國，到了這個地步，以往受到政府保護的汽車產業也被迫面臨與外國的競爭。因為國際上不接受汽車生產量高居世界第二的國家，還對外國進口車課以高關稅，設立非關稅壁壘。

在此之前的一九六二年，政府已放寬進口車的進口限制，六五年，更是全面開放完整車的進口。

七〇年，來日的外資企業設立合資公司時，允許占股比例達到五〇%。而到了七三年，更撤除五〇%的限制，達到資本完全自由化。七六年，外國製轎車的關稅從一〇%降到六．四%，到七八年，轎車關稅更降為零。

豐田變成與通用和福特、福斯、賓士等國外車廠，在同一個賽場上競爭。以前喜一郎、石田退三最害怕的「三巨頭進軍日本」終於成為現實。

日本的汽車業界觀望著資本自由化，伺機而動。一種是像豐田推動的增建工廠，以增加產能，此時，豐田是竭盡所能地擠出利潤，來增設工廠。而日產、五十鈴則是向歐美的金融機構貸款，把重心放在設備投資。

其次的策略是仰賴合併、合作來提升競爭力。六六年日產與王子汽車合併；一般人都把天際線（Skyline）當成日產的車，但其實它本來是普利斯通旗下的王子汽車開發的優秀車款。豐田也在同年與日野汽車結盟，第二年與大發工業簽訂業務合作的契約。

為了對抗豐田和日產兩強，五十鈴、富士重工、三菱汽車三家公司也共商合作可能，但是談判破局。不過五十鈴、三菱等中堅汽車生產商，若是單獨經營，前途並不看好，因而決定與外國資本合作。五十鈴與通用，三菱汽車與克萊斯勒，雙方都在七一年談成合作；而馬自達則是在七九年與福特合作。

一九六七年，當汽車業界面臨國外廠商的競爭時，筆者還是十歲的小學生，住在東京世田谷區。父親是職業軍人，戰後在富士重工工作，負責兔子速克達機車與速霸陸三六〇的開發。

但是，父親四十二歲便因病去世，母親取代他進入公司，成為月薪特約雇員。在小學班級四十名同學當中，只有三人的母親在工作。除了我之外，其他兩人的母親都是保險業務員。當時，喪夫女性可以找到的工作，只有保險業務員之類的差事。

我家雖然絕不到貧困的地步，但也並非富裕，因為支持一整個家的收入，就只有母親的薪水和父親的撫恤金。

東京奧運開幕，新幹線通車，首都高速公路的闢建，都在我身邊發生。但是，世田谷地區並沒有高層大樓，所以很難說是在都市化的過程當中。

而且，我試著回想當時的情景。喚起時代記憶的關鍵詞不是摩天大樓、生活汽車化等與高度成長相關的詞彙，令我至今無法忘懷的是：到處殘留的敗戰氣息。

從戰爭中回來的人，成為社會的核心。附近公園還留著防空洞，電視卡通、漫畫雜誌中充斥著描寫戰鬥機或戰艦的故事。

平日接觸的小學老師中，年長的老師會談起出征到新加坡或中國大陸的故事。商店街的阿伯和母親工作的富士重工裡，親歷戰場的人也不在少數。

若要說起他們跟我們這些小孩所說的內容，並不是戰爭本身，而是訓誡我們平日的生活態度，像是「跟戰時比起來，你們現在太享受了」。

長輩總是教我們，不可以抱怨物質不足，不論西裝、鞋子、文具都要好好愛惜使用。外食是奢侈，買外帶被當作是主婦的怠慢；並不是有錢就可以吃山珍海味。就算是洋裝，也沒有人穿了又換。就算身上有錢，也不會在別人面前擺出闊綽的樣子。

那個時代就是這樣，雖然正在發展「生活汽車化」，但是私家車還是屬於奢侈品的範圍。

小學時代，如果你問我們班上有多少家庭擁有私家車，大概只有幾個人。而且半數是蔬果店、肉店開的商用車。世田谷是中產階級家庭聚居之地，但是一九六〇年代私家車的擁有率，在一班四十人當中，只有區區幾人而已。

但是，隨著我上國中、高中，擁有私家車的家庭漸漸越來越多。到一九七五年我高中畢業時，半數以上的家庭都有私家車了。同年每戶汽車普及輛數為〇・四七五，也就是說，幾乎兩戶中就有一戶擁有汽車。

進大學之後，有人打工買了便宜的二手車。一輛車大約八十萬左右，兼兩個打工，再從父母那裡得到一點資助，這金額並不是買不起。不過在我大學一年級時，先父的朋友送了一輛車給我，他說「車子沒在開，送給你吧」，所以一毛錢也沒付。

深切感受到生活汽車化的發展，應該是在一九七〇年代後半，大學生打工就買得起車的時候吧。

東京的豐田

那麼，在那時候的東京，對豐田這家廠商的印象是怎樣的呢？我只能說絕不是國際企業的形象。雖然它已是日本的龍頭企業，但在東京，豐田的形象還不及日產突出。

民眾都知道卡羅拉和豐田二〇〇〇GT（一九六七年上市），但是和日產相比，感覺上還是個土里土氣的公司。在首都圈，「技術的日產」是頂級品牌，豐田、五十鈴、馬自達、三菱汽車、富士重工都只能居於次級。對東京人來說，豐田是名古屋的企業，沒有親切感，是「外地的公司」。

這裡我想說的是，豐田當時還在畏懼外國的廠商。一九七〇年代，不只是豐田，所有日本汽車公司的車都熱銷，儘管因為資本自由化，外國車進入了日本市場，但是暢銷的是日本車，日本車獲得了消費者的支持。儘管如此，日本的製造商還是對外國車廠抱持著危機感。

因為他們總是丟不開「打不贏外國車」的潛在意識，這與日本社會還殘留著戰敗的記憶有關。

「不可能贏過物資豐足的美國」，一直到泡沫經濟開始的一九八〇年代末期以前，日本一直明確地殘留著這種常識。

連我自己也抱著贏不過美國的「常識」。

一九六八年，小學五年級的某一天，母親表情黯然地回到家。平常的話，她會直接走到廚房做晚飯，但這時卻頹然坐在榻榻米上。姊姊和我看她不尋常的神色，都不敢作聲。

「公司可能要沒了。」

她低聲地說。

「通用汽車從美國進來日本了，到時候，我們沒有勝算，富士重工必須與五十鈴合併。五十鈴比較大，所以富士重工的員工就沒有立足之地了。」

然後，她看著我的眼睛。

「去念書。」

母親流下淚來。

「媽媽，我就算去做工，也要讀大學，因為我跟過世的爸爸約定好了。」

想到通用汽車一來日本，我們家將會前途艱難，身體不住地顫抖起來。

豐田的經營層和大野的危機感，不只是他們有感，那個時代的日本人，都認為美國是永遠難望其項背的巨大國家。

大野之所以竭盡所能推動豐田生產方式，不只是對工作的使命感，而是他真心恐懼美國進來的話，豐田會被打垮。

他一定是抱著犧牲的決心，和員工們硬碰硬吧。即使人家叫他惡鬼，他也不輕易退縮，無論如何都必須將豐田生產方式深植廠內。

「即使會輸給他們，也要在盡我們所能之後再說。如果這樣還不行，那只有死路一條了。」

大野鑽牛角尖了。那種心情也許現在的豐田員工無法了解，但是當時的員工們都看不起自己，所以資本自由化之後，甚至更加地鞭策自己。

小公司的武器

再回到主題。

一九六六年，豐田決定與中堅製造商日野汽車結盟，當時日野在法國雷諾集團的技術基礎下，推出小型轎車Contessa，不過整個設計屬於上一個世代，因而陷入銷量不振的窘境。

本來停止生產Contessa就行了，但是他們沒有準備後續車款，而且就算想準備，也因為資金不足，無力開發新車。

為了脫離困境，日野與豐田合作，停產Contessa，決定用空下來的生產線，代工生產豐田的小型卡車。

一方面因為結盟，同時又生產豐田的車，所以工廠的生產線也全面引進豐田生產方式。日野的經營層做下這個決策，請大野到該公司的羽村工廠。

羽村工廠的負責人深澤俊勇，畢業自名古屋高等工業學校，是大野的學弟。深澤親自出來迎接大野，承諾會學習豐田生產方式，「按照學長的吩咐行動」。大野也為了學弟進入現場，寸步不離地指導。

不只如此，日野的經營層還派遣一二〇〇名員工到豐田市，讓他們學習豐田生產方式。他們引進該方式希望作為重建公司的救命丹，不論是經營層或員工，都竭盡全力地希望早日掌握該方式的訣竅。

合作了十年後，荒川政司社長說起他們的成果：

「我們獲得寶貴的專業技術，快速地將日野進行體質改善，工廠的生產力加倍，在製品減少到三分之一。（略）

「剛剛結盟時，日野的卡車市占率只有一七％，但是逐年增加，到了昭和四八年（一九七三年），已經占有龍頭的地位。」

因為工廠生產力提高，削減成本成功，日野製的卡車成了物超所值的產品，因而最後，消費者願意去購買日野的卡車。

從日野的例子可知，引進豐田生產方式的最大優點，就是降低成本。引進該方式降低成本的話，就能賣得比其他車廠便宜。

大企業可以採用向外部訂製大量零件來降低成本，但是小公司不能用這個方法。然而，只要節省浪費，整頓生產流程的話，小公司並非不能降低製造成本。

日野汽車所做的整頓就是這樣，可以說豐田生產方式就是小蝦米對抗大鯨魚用的武器。日野的經營者藉著和豐田合作，取得了這項武器。

此外，日野汽車並不是把降低成本的所得轉為利潤，而是回饋給消費者。如此一來，製造出物超所值的車子，消費者就會來買。該社學習到，降低成本，不是為了維持眼前的利益，而是用低價賣好車。

除了日野汽車之外，大野也到其他協力企業指導改善，但並不是所有案例都能順利完成。而日野從社長到工廠廠長都十分仰慕大野，所以才能成功引進。

此後，大野下定決心，「一定要把豐田生產方式推廣到所有協力企業」。因為不只在豐田工廠內建立生產流程，連外部都能整頓成功的話，成本就能下降更多了。

歷經二十五年成立「生調」

一九七〇年，大野成立生產調查室，自己擔任部門主管。

同年七月，大野升為專任董事，成員有常務董事稻川達，而調查主任則由大野的大弟子鈴村喜久男擔任。張富士夫是係長，而後來擔任大發社長的箕浦輝幸，此時進公司第四年，在調查室當課員。

此時，與張同期的池渕浩介還是本社工廠的工程師，生調室成立時他並沒有分派進來，但後來他還是成為調查主任。

這個簡稱「生調」部門成立的目的，是在公司內外推廣豐田生產方式，他們派遣課員到現場，與實施部門的人一起解決問題。派遣的時間相當長，雖然不至於一去不回，但是偶爾會派遣長達三年之久。

大野的任務是派工作給各成員，並且放話：「自己想辦法解決，沒有成果之前可以不用回來。」鈴村也強調「那是你們的工作」。但是兩人還是常常出差到派遣地，支援張和箕浦的工作。

生調的成立，表示大野團隊的工作是受到認可的。對大野派而言，工作也好做多了。然而，從大野開始改革，到生產調查室成立為止，其實花了二十五年的歲月。

第11章　法規與衝擊

出口美國與廢氣排放管制

一九六六年，豐田將可樂娜（Corona）命名為**RT43-L**型送出國門，進軍美國市場。在索尼創業者盛田昭夫建議「美國一定要自動排檔車才行」的十年後，技術部門開發出這款符合要求的車。

出口用的該型可樂娜，第一次搭載了自動變速箱，排氣量為一九〇〇cc，即使長時間、高速奔馳在美國的高速公路，引擎的狀況依然良好，而且車體也不會振動。在性能上，比遭到嚴厲批評的皇冠高出一等，所以獲得美國消費者「小型而優質的第二部車」的評價。一輛的價格為一八六〇美元，在二〇〇〇美元以上的美國車，與一六〇〇美元的歐洲車之間，正好位於中段價格。

由於該型可樂娜口碑很好，豐田車的出口數量逐漸增加。

一九六四年，豐田車在美國市場的銷售量約為四〇〇〇輛，但是到了六六年，成長為二萬六〇〇〇輛。另外，從六八年開始，除可樂娜之外，卡羅拉也開始出口。六九年，兩車種和 **Land Cruiser** 賣出了一五萬五〇〇〇輛，成為進口轎車的第二名（第一名為福斯）。七一年賣出四〇萬四〇〇〇輛，七二年達成累計一〇〇萬輛，七五年時終於超越福斯，成為美國進口車的冠軍。

不過畢竟它仍屬於進口轎車的範疇，所以並未贏過美國本土汽車。但是，豐田至少證明了日本車的品質並不差。

這裡有個重點。日本車與德國、義大利、法國的車不一樣，在出口美國的時候，必須把方向盤、煞車、油門位置換到另一側。右方向盤換成左方向盤的話，各種零件的位置也必須變更，當然，生產製程也要改變。大野等人為了生產左方向盤的出口車，又從頭開始重新改善。

隨著出口增加，豐田被迫從本土企業蛻變成國際企業，成立思考全球觀點的部門，雇用相關的從業員。豐田對世界情勢有了敏銳眼光後，也注意到大氣污染和廢氣排放的問題。

一九七〇年，美國通過空氣清潔法（**Clean Air Act**，馬斯基法），馬斯基（**Edmund Sixtus Muskie**）是提出該法案的參議員，法案的主旨在於限制汽車排放廢氣。

具體來說，該法案規定汽車排放的 **HC**（碳氫化合物）、**CO**（一氧化碳）以及 **NOx**（氮氧化物），五年後必須減少到一九七〇年、七一年規定的十分之一。

汽車公司過去對於廢氣排放的規定並不算積極，但是，市民的心聲打動了馬斯基議員，推動成立廢氣管制法。

一九六〇年代，美國的經濟持續發展，雖然不如一九五〇年代的「黃金十年」，但是繁榮的景況並未中斷。

然而在另一方面，越戰陷入泥沼，改變了民眾的想法。富人階級、中產階級對於投入龐大國家經費，國民死傷的增加，發出了怒吼。此外，雖然同樣是美國國民，但是大學生與自由主義者都表明反對越戰，並且對越南國民表達聲援。

當時的大學生和自由主義者也對於廢氣排放管制等環境問題十分關注，他們成為推動馬斯基法案的核心。這些人讚揚自然能源，並支持以回歸自然與次文化為主題的《全球型錄》（*Whole Earth Catalog*）雜誌（一九六八年）。

該雜誌售出一五〇萬本，極為暢銷，連蘋果的創業者史蒂夫·賈伯斯都是其死忠讀者。他的座右銘「Stay Hungry, Stay Foolish」就是出自該雜誌封底的文字。

美國發起的嘗試很快影響到日本，廢氣排放的規定也是一樣，一九七一年，環境廳成立，七二年日本通過了廢氣排放管制標準。

豐田英二回憶為通過廢氣排放管制所做的努力時說：

「廢氣排放規定值是一個漸趨嚴格的架構。就像跳高比賽一樣，剛開始橫杆很低，但是漸漸加高，轎車的 NO_x 排放量，最早從每公里排放二·一八公克開始，最終目標值為〇·二五公克，這是最大的難題。雖然開始時的數值較容易達成，但是站在製造商的立場，必須一開始就預設好○．二五公克的高標才行。（而且）即使達成廢氣排放管制標準，如果性能退步的話，也沒有用。（略）

「既然是汽車，至少必須維持原有的性能，而且達到規定的數值才有意義。（略）

「但是環境廳強迫汽車業界率先實施管制，最初配合廢氣排放標準的車子性能差，速度上不去，而且十分耗油。」

正如前面提過，HC、CO、NOx當中，又以去除或降低NOx的難度最高。

人類如果吸入大量NOx，就會造成細胞損傷，據說這種物質也是形成支氣管炎、肺水腫的原因。

「如果問題這麼嚴重，不是應該一開始就管制嗎？」雖然大家都這麼想，但其實直到馬斯基法案成立之後，才真正開始管制。

汽車公司可說絞盡了腦汁。如今已開發出改善燃燒法的低NOx燃燒法，和從排出的廢氣中去除NOx的排煙脫硫法，成為主流。

但是，開發廢氣排放相關的技術需要時間，尤其日本的環境法規是按照世界最嚴格的標準，所以研究的時間與開發團隊的努力，都是不可欠缺的。

此外，由於它是量產的技術，所以大野及生產調查室的同僚也必須一起努力。決定了搭載可去除排放廢氣的零件之後，接下來必須思考生產工程的一切。

「豐田生產方式沒有完成的一天」是大野的口頭禪。從在現場工作的張和池渕來看，一旦附加新的價值，就表示工作要增加了。

廢氣排放管制改變了汽車開發的方向。

以往新車的開發，簡單說就是進化。提升速度、擴大搭載量、採用流行設計、追求乘坐的舒適性……不論哪一項，都是將一輛車變得比以前更進步的作業。

但是，管制廢氣的排放，並非提升車子本身擁有的能力。

而且，廢氣排放的管制，目的在於濾清排出車外的氣體，將空氣淨化。只靠汽車工學的權威或技術人員，找不出達成目的的路徑，必須讓熟悉地球環境的人也加入團隊才行。廢氣排放管制以後，可以說擴大了汽車開發工作的領域。

而且，後來發生的石油危機，使得高耗油車的價值低落，廢氣排放管制與石油危機引發的杜絕資源浪費風潮，讓汽車產業調整了方針，至今，終於從汽油引擎走上了電動車的潮流。

第四次中東戰爭與石油危機

一九七三年十月，埃及總統沙達特對以色列發動突擊行動，意圖奪回前一次戰爭（第三次中東戰爭）被以色列占領的土地，史稱第四次中東戰爭。

結果，以色列雖然受到突擊，但是很快地重新站起來，並且在有利的狀態下結束了戰爭。

不過，戰後阿拉伯各國雖然處於劣勢，卻取得更大的發言權。因為此時，他們發現，石油資源是一個十分有效的武器。

第四次中東戰爭開戰時，加入OPEC（石油輸出國家組織）的阿拉伯產油國，發表了石油禁運策略和漲價，被稱為石油戰略。他們對支持以色列的國家宣布禁運，對其他的消費國則將價格提高到公告價格的兩倍。

而且，從戰略上發起的石油價格調升，並不是上漲兩倍就結束了。一九七三年每桶二・五九美元的石油，第二年漲為一一・六五美元，實際上漲到了四倍。

日本汽油的零售價為每公升六六・二日圓（一九七三年），但是第二年，漲到了九七・六日圓，第三年達一一二・四日圓。石油自給率高的美國，雖然並未受到太大影響，可是，對依賴中東石油的日本和歐洲來說，經濟上受到嚴重的打擊。

油價上漲，各式各樣的製品也跟著上漲。在日本，「即將買不到」的謠言一傳開，洗衣粉和衛生紙立刻被搶購一空。隨著「節省石油」的標語流行，繁華街的霓虹燈也跟著熄燈，電視播出的時間縮短，消費意願也冷卻下來。

汽車賣不出去，尤其是燃油效率差的車，消費者更是敬而遠之。

不但業績難以成長，油價的上升，對日本汽車產業也造成巨大的影響。原油上漲的話，不只是汽油，鐵、玻璃、塑膠、橡膠製品的價格也跟著飛漲，製造成本自然增加。各車廠也出現庫存壓力。

以往汽車熱賣，每家公司都增加人力、擴充設備，在加足油門的狀況下，現在卻必須緊急煞車。

汽車公司不得不在減產和控制冗員上艱苦奮鬥，這些公司之中，唯獨豐田能夠應付得宜。第一，美國方面的出口訂單還是一路暢旺，因此業績並沒有下降。但最重要的還是引進豐田生產方式，發揮了最大效果，讓現場能夠快速因應減產的需求。

而減產之後，短期間內需求量又回升，於是又要應付增產。這時也不需要擴編人力也能夠增加生產。

不管怎麼說，豐田生產方式的特色就在於能夠靈活應對狀況的變化，而這點在發生石油危機時，發揮了效果。

英二對當時的狀況解釋道：

「豐田開始減產（一九七四年一月）時，有些公司還在發布大量增產的號令，如果說到減產，豐田也許是最早的一家。

「我們大約在三月時就完成了庫存調整，四月起情勢突變，進入增產狀態。由於我們提前減產，所以事態並沒有惡化到令我們擔心的地步。

「增產的舵手是卡羅拉。國內的業績在昭和四八年（一九七三年）達到高峰，四九年（一九七四年）開始走下坡，但是唯有卡羅拉還是賣得很好，因此我們也把著力點放在出口上。所以四九年到五〇年（一九七五）之間，出口量不斷上升。」

在石油自給率高的美國，汽油的價格並未上漲，但是心理上已有節約的意識，所以低油耗的車大受歡迎。

領頭的就是日本車，尤其是卡羅拉。

那麼，豐田生產方式在石油危機中發揮了什麼樣的效果呢？豐田面臨石油危機時，得以迅速地應付增產、減產。面臨減產時，大野修正生產線，或是將作業員調到其他生產線去。

由於豐田的作業員都是多能工，除了自己本來負責的任務之外，也可以接手鄰近位置的工作。即使把其他位置交給他，也都能彈性的應對。

如果生產線還有多餘的人員，便指示他們「在現場觀摩其他人的工作」。向作業者發出命令，要他們無所事事地觀看別人工作，簡直是前所未聞。但是多虧了這種應對方式，豐田不用採取無薪假的手段，也能夠因應減產的需求。

然後，突然改成增產的時候，就可以運用其他地區工廠支援的人員。再加上從一開始就沒有中間庫存，所以不會因為突然減產，而在工廠內出現堆積如山的零件。

多餘人員的處置，就是豐田與其他公司截然不同之處吧。

大野說：

「手上沒有工作的時候，看別人做是最有用的。」

在現場，他指示作業員，如果沒有工作的話，什麼事也別做，站在原地專心看別人做事。

不過，有些高階幹部聽到這項指示，也會不滿的說：「大野，這沒道理吧。」當然他說的並沒有錯，畢竟哪有付錢給人，叫人光站著不做事呢……。

這時候，在高階主管室中，大野和其他幹部有這樣的對話：

「大野兄，既然手上沒事，就叫他們去空地除除草，或是擦擦玻璃窗也好……」

「不行，不能這麼做。」

「為什麼？他們不是沒有事可做嗎？」

「你聽好了，如果他們自己想去除草，或是擦窗子的話，我就讓他們做。但是，只要是公司下的命令，那就是工作了，我們得另外付酬勞，還必須買些像樣的掃除用具。」

「那麼大野兄想怎麼做？」

「我覺得靜靜待著就行了。」

「你聽我說，是這樣的。」大野不厭其煩地開始解釋：

「這段期間，我們這些主管為了應付石油危機，一天到晚開會。還有兩成的人剩下來沒事做，所以有人提議提早下班進行教育，或是讓他們去運動。我反對這種意見。另外還有人說，這段時間在空地上種芋頭吧。」

「唔，的確是的。」

「可是，這些意見都行不通。你說教育的話，要教什麼呢？教他們辭職的方式倒是可以，儘管教啊。但是，沒有這種道理。

「那麼，讓他們打棒球吧，那我們就得買球棒、買手套了。買球棒、手套的錢，會灌進卡羅拉的成本中，於是，卡羅拉的價格就必須調高。

「怎麼可以這麼做呢。種芋頭沒問題，但是，那也是勞動，我們必須付給他們酬勞。」

「大野，你真的是胡說八道嘛。」

「哪裡胡說了。如果要減產兩成，就從現在的人數抽走兩成，少做兩成工。我們的體制已經整頓好了，隨時都能這麼做。而且，總有一天會再需要增產，到時候可沒有時間種芋頭、打棒球。

「工作早點結束的話，什麼事都別做，只要專注看著同事作業就行了，這樣才不會打擾到他們。專心觀摩的話，還能發現作業中的浪費。第二天，在自己的作業中省去浪費就行了。這是最不用花錢的方法。」

大野從戰後立即開始實施的改善，成功地應對石油危機時的減產和增產，因而為外界所知。部分同業知道「豐田開始運用看板，在做些奇怪的事」，但是，通過石油危機這一關後，經濟雜誌注意到這點，開始報導豐田的看板方式。

應對廢氣排放管制與石油危機，在汽車的歷史上是一個大分水嶺。日本、歐洲的車廠，最初雖然受到沉重的打擊，但是他們花費了很多心思，終於能平安過關。

英二說「就像冷不防被丟進海裡，被迫學會游泳一樣」，日本、歐洲的汽車公司在艱苦奮鬥中減少了廢氣的排放，提升了車子的節能性能。

另一方面，東歐各國的汽車公司都沒能解決這兩個問題。東歐各國在石油危機之後，還是能取得廉價的石油，因為蘇聯是產油國，看到西方各國慌了手腳的樣子，為了展現計畫經濟高效率的優越性，所以按照原來的低價，供應原油、天然氣給同盟國。

但是，原油價格上漲的期間，西歐企業採取了因應的對策，改善了體質。不只是汽車公司，民間百業都在追求節能技術，推動技術革新。正如英二所說，就像人被丟進了怒海，在掙扎中學會了熟練的泳技。

相對於此，東歐各國的企業，低價而寬裕地使用原油，所以怠於改善汽車的油耗，也不思努力奠定節能的技術。時間一天天過去，待回頭時，技術的差距已經無法轉寰了。因此，現在市面上幾乎已經看不到東德、捷克的汽車。

美國的汽車公司對改善體質也抱著消極的態度。美國是產油國，石油自給率也高，它可以使用比日本、歐洲更便宜的石油，企圖心自然與為了降低油耗而費盡心血的日本汽車公司大不相同。

但是，美國國內環保團體的呼聲日高，所以汽車公司不得不面對改善油耗和廢氣排放管制的問題。

廢氣排放規定與石油危機大幅改變了汽車的價值。只靠速度、設計、功能性的魅力，早已無法代表汽車的價值。

減少化石燃料的使用，進而守護地球環境，已經內含於汽車這種交通工具的價值中。這個時代，汽車公司的經營者比以往更被要求具有社會意識。

現代化的工廠，並不是擁有最新型的機器人或工具機。不使用以化石燃料運轉的電力、善加運用小而舊式的工具機的工廠，才具有未來的面貌。

戰爭剛結束時，大野就主張「引進高性能的大型機器是危險的」，因為他認為這種設備無法與現場的省力化結合。但是，現在看來，他的言論符合今後的節能時代，未來的生產現場只會朝著減少能源的方向前進。

大野的想法在石油危機中嶄露頭角，是因為豐田的利潤沒有降低，以及與單純大量生產不相容的豐田生產方式思想，與時代相吻合。

豐田就這樣通過了這兩個危機。

翻看該公司的歷史，可說是多災多難。創業時開發汽車的辛苦、戰時應付經濟管制、破產危機、勞動爭議等，總是處於走向絕路的狀況。但是每每度過危機，都能長出強健的肌肉，更加茁莊。

廢氣排放、石油危機之後，豐田還是繼續成長，可以說是危機鍛練了豐田的現場。甚至可以說，讓豐田成長的，不是四面八方湧來的讚美，而是巨大的危機。

第12章 誤解與評價

國會審議與責難

「度過石油危機讓人注意到豐田生產方式。」

這樣的論調很多，連豐田社內的資料都這麼寫。但是實際上，一九七三年石油危機之後，只有汽車業界和經濟媒體注意到豐田生產方式。

後來，一般的商業人士也都風聞看板方式這個名詞，但絕對不是來自正向的報導。一則「看板方式是欺負承包商的工具」的報導，讓這名詞廣為流傳。從看板方式的名稱，很難推測實際狀況，可以說充斥著誤解者的評論。

「看板方式（豐田生產方式）不留庫存，節省浪費。」

誤解者了解的程度只到這裡，接下去的論述方向就不同了。例如，他們會這麼說：

「看板方式容易變成兩面刃，全憑使用的方法而定。車的組裝廠商向承包商訂購零件，要求他們及時送來。承包商不知何時會有多大的訂單，只好經常準備著各種零件庫存。也就是說，看板方式是把庫存塞到承包商那裡的系統。」

「看板方式對承包商下小批量訂單，因此，承包商必須一再地派卡車送到豐田的工廠去。於是，工廠前面卡車排成長龍等著卸貨，豐田誤以為天下的馬路都是他家工廠的用地。」

連大報社的記者都說：「豐田的看板方式在某些運用方法下，會成為欺負承包商的工具。」

在大野看來，他只能認為「這些人完全不了解」。

事實上，豐田對協力廠商詳盡解說了運用的方法，所以這些公司也用及時化來生產零件。此外，零件的運輸也不是由各別的公司執行，物流系統都是由豐田的負責人與協力公司一起訂定計畫。送貨卡車更沒有在工廠門前排長龍，因為大野不可能允許這種浪費。

但是，誤解的人還是繼續增加。多位社會人士聯絡大野希望求見，為了解開誤會，大野不得不出馬，去向某些人士解釋。

伊藤洋華堂的創業者伊藤雅俊也跟他聯絡。

「大野先生，我想向你討教豐田生產方式的細節。」

伊藤親自上門，所以大野在豐田市的總社接見他。

伊藤單刀直入：

「如果照大野先生所說的，將庫存降為零的話，超市就會缺貨，這樣一來，客人會被其他店搶走。」

「不是的，伊藤先生。我沒有說過把庫存降為零。維持最少量必要的庫存是可以的。問題在於不能讓庫存數增加，也不能減少。庫存的增減保持在正負零的狀態，這才是重點。」

面對面詳細說明之後，伊藤終於搞懂了庫存，但是他的臉上還是露出似懂非懂的表情。

伊藤回去後，大野沉坐在沙發。

「政治家或評論家不懂，那倒無可厚非。但是，像伊藤這樣優秀的經營者也會誤解的話，那可不行。看來我的解說方式太差勁了，這該如何是好……」

後來，一些未向豐田請求協助，盲目地只以庫存零為目的而失敗的例子，不斷傳入大野的耳中。

有些公司以為「消除庫存，就有利潤」，消除庫存或倉庫是沒錯，但他們的庫存隱藏在工廠中，製品品質低落……

有些公司宣布「引進標準作業」，用碼錶測量從業員的工作，要求「縮短作業時間」，變成加重勞動……

有些公司藉「引進看板能產生利潤」之名，強迫協力廠商附上類似看板的表單……

因為這種事情層出不窮，民眾矚目的盡是誤解的事例，終於成為國會中爭議的問題。

民間企業沒有違法，卻因為工作方式而受到追究，算是極罕見的例子。

一九七七年十月七日，眾議院總會議上，愛知一區選出的田中美智子提出質詢，當時站在被質詢台的首相是福田赳夫。

田中美智子是社福、女性問題的專家，也是日本共產黨的黨員。選舉時她以無黨籍身分出馬，但是當選後加入日本共產黨革新共同派。

她向福田首相提問：

「豐田汽車的經常收益達到史上空前的二千一百億日圓，這麼龐大利益的背後，隱藏著多少承包業者的眼淚呢。」

在這句開場白之後，她引述媒體報導豐田的「苛刻要求」後，繼續說道：

「這種豐田方式現在在產業界廣為流傳，許多承包業者都成了犧牲品。」

「對於這樣利用優越地位的惡毒做法，政府要如何處置？」

福田答詢時說：「目前公平交易委員會已經對該公司進行指導。在政府的立場，我們希望在不損及承包業者利益的形式下，指導母企業不要有壓迫的情事發生。」

問答到此為止。兩方都沒有研究過豐田生產方式，就在豐田正在作惡的前提下，稍微交換意見的程度。

此外，田中雖然是共產黨員，說起「承包業者」這種字眼，卻一點也沒有抗拒感。

不只是豐田，製造廠的人不會對協力廠商用「因為你們是承包商」這種說法。製造廠的人非常清楚，如果沒有協力廠商，自己根本就沒辦法做下去，若是說出這種不經大腦的話，恐怕會讓協力廠商失去合作意願。人不會忘記被人輕視、侮辱，如果每天被人「承包商、承包商」

的叫，心裡肯定會想「以後還是別跟這家公司往來吧」。

但是，政治家、媒體、和不了解工作現場的大多數民眾，都把向大企業供應製品的公司叫作「承包商」。儘管在實際的現場，幾乎沒有人這麼稱呼……

國會審議之後，公平交易委員會開始行動，指導豐田「不可對承包商有嚴苛的要求」。但是，豐田本來就沒有提出嚴苛要求，所以無從答覆。然而，大野擔心誤解會繼續擴大，只好思索一些因應的辦法。

在被國會審議追究的第二年，一九七八年豐田的生產輛數已接近二九三萬輛。六〇年時，國內生產還不滿一五萬五〇〇〇輛，七〇年就超越一六〇萬輛，成長了十倍。到八〇年時，突破了三三九萬輛。

這二十年是豐田奔馳的時代，開發新車、進行改款、興建工廠。廠區很快變得狹窄，於是又另尋新土地，建設工廠。這段期間，聘用、教育了許多人。

工廠的生產線一搭好，大野率領的生產調查室就立刻出訪，節省浪費，讓生產步上軌道。零件負責人則尋找協力廠商，簽訂合約。接著，生產調查室便派人到協力廠商，將豐田生產方式帶入。對大野派的人來說，這二十年天天都在東奔西走，馬力全開的工作。

豐田生產方式雖然已經成為提高生產力的穩健系統，但是世人和媒體並不這麼認為。

一般的認知中，恐怕豐田還是「一家位於三河的封閉公司，使用『看板』的玩意兒，東摸西摸地在賺錢吧。」

暢銷書的誕生

但是在媒體之中，還是有一些編輯人員，想了解豐田生產方式的本質。

出版了彼得・杜拉克的《不連續的時代》等書而大賣的鑽石社的藤島秀記，就是其中一位。後來升為常務董事的藤島，想編一本有系統的日本管理學的書，來與杜拉克等的美國管理學對抗。因此，他在研究因石油危機而聞名的豐田管理學時，找到了大野耐一這個名字。

其他的部分就很快了。藤島決定了撰寫者，與大野溝通。他未經過宣傳部，直接與大野聯絡。

沒想到大野意願相當高，若是在以前，有人告訴他「想幫你出書」，他一定當下就拒絕。因為豐田生產方式是對付美國汽車公司進軍日本的祕密武器，大野的想法是，絕不能讓人看穿他們的用心。

但是，藤島來聯絡的時候，社會上充斥著對豐田生產方式的誤解，大野自己也在思考有沒有徹底根除這種誤解的方法。

當他向內部諮詢出書的意見時，某位幹部反對：「公開傳家的寶刀，不就等於是資助敵軍嗎？」

但是，社長英二表示同意，因為他認為「必須解開民眾對豐田生產方式的誤解」。

因此，大野以豐田汽車副社長的頭銜，出版了《豐田生產方式》。

「我想寫一些語言或文字無法表現，人類獨特創造的智慧。製造的方法和生產現場的試驗，因為天天都在進化，不可能保存下來。但是多少可以寫下事物的基本原則，傳授給大家。」大野對藤島這麼說道。

他將構想整理後，口述出來。實際負責與藤島聯絡、提供資料與思考呈現方式的人，是生產調查室的張。

著作花了半年多才完成並出版，比起豐田相關人士，它更受到一般商業人士的歡迎。該書現在還在銷售，累計一百一十四刷，賣出四十七萬冊，成為專業書當中空前的暢銷書。

發行時，鑽石社的社長、專務董事有機會與大野懇談。現場除了大野，他的大弟子鈴村也在座。鑽石社的社長抱怨說：「出版經營上因為有退書，不太容易賺到錢。」

鈴村立刻接話：

「貴社是出版豐田生產方式的官方版的公司，要不要趁此機會，鑽石社也引進看板方式看看？做了之後就沒有退書哦。如何？我會親自來督導。」

鑽石社的社長和專務沒答話，只是苦笑。鈴村見狀又接著說：

「我想也是。看起來我們老爹的書應該會賣光光吧，所以可能不需要看板了。」

聽說現場哄堂大笑，但是實際上，鑽石社的人心底應該笑不出來吧。許多出版社都因為退書造成庫存膨脹，陷入財務惡化的窘境。恐怕有些出版社的社長，連「退書」這兩個字都不想聽到吧。說句真心話，如果引進豐田生產方式，可以「只印賣得掉的冊數」的話，不論哪一家出版社都會爭相去向豐田生產調查室低頭求教吧。

該書的大賣也把大野耐一這個人推到世人面前，但是他自己對這件事並無喜悅。

「我只是想修正外界的誤解。但是，真是奇妙啊，書暢銷之後，批評聲浪卻完全沒有減少。」

他還苦笑著說了另一件事：

「一開始，出版社一直遊說他，把書名取為『豐田生產革命』。他們是這樣說的：『大野先生，生產方式這種書名，會被歸類為專業書而擺到書架上。但如果是生產革命，就會放在平台上，銷量會更好哦。』但是我拒絕了。」

對大野來說，再怎麼樣都是豐田生產方式。此外他也強調：「發想者是（豐田的創業者）喜一郎先生。」他想賣書不是為了自己，而是讓世人知道真相。

後來，他也針對記者誤解、曲解所提出的質疑，做了如下的回答：

「我們絕對不可能把壓力推給外部的協力單位。政府（公平交易委員會）認為豐田是一家黑心公司，所以要求我們只要下了訂單給別人，一定要完成交易。據說我們的協力廠商對他們旗下的公司施加了壓力。

「因此，我請該公司老闆來，問他：『政府那裡來調查，說豐田亂搞，你怎麼想呢？』結果他很爽快地回答：『沒有一家公司會為了豐田而讓自己倒閉啦。不論發生什麼事，我們都有賺到錢啊。』

「其實不用政府出面，大家都懂得怎麼保護自己。他們很擅長養成小量製造的習慣。沒有這種習慣的企業早就不行了。」

一九七九年《豐田生產方式》上市的第二年，發生了第二次石油危機。OPEC會員國中，號稱產油量第二高的伊朗，爆發了革命。

巴勒維王朝垮台，什葉派長老柯梅尼成為領導者。伊朗革命導致原油價格立即飆漲，歐洲、日本等石油進口國，經濟也再次陷入停頓。

經歷過兩次石油危機，各家汽車公司必須解決更高品質與更低油耗這個命題。

之後，買汽車時，比起最高速度、馬力、排氣量、零四直線加速（譯注：從零到四分之一英里〔約四〇〇公尺〕的直線加速）等指標，消費者更注重的是油耗這個項目。一輛好車，不但要有出色的速度、設計、乘坐性，油耗低也成為不可缺少的要素。

同年七月，東名高速公路的日本坂隧道發生火災事故，這起重大意外造成七人死亡、一七三輛車燒毀，東名高速公路因此封閉了一星期。

這時，第一次供應鏈中斷造成生產停工，引發了話題。

由於關東的六十五家協力廠商，無法及時將零件送到豐田的組裝工廠，廠內停工兩天。

這段期間，某位幹部不滿地表示：「都是因為全都聽大野的，所以生產才會中止。」

大野對此回答說：「並不是中止，而是在我們的判斷下，將生產線叫停。」零件未送到雖然是原因之一，但更重要的是，為了確認所有車種是否能在萬全的體制下生產，依自己的判斷主動暫停。

之後，遇到協力廠商事故、阪神大地震、日本東北大地震等災難時，也出現過生產線停工的狀況，但是，每一次都不是生產線「中止」，而是「叫停」。

判斷哪個協力廠商可以製作替代零件，又或者若要變更物流路線，需要走哪條高速公路，都需要花時間。與其魯莽地啟動生產線，若有出現瑕疵品之虞，還不如先停下生產線，這與作業者拉安燈繩叫停生產線是同樣的道理。

從外部的眼光應該關注的是，當災難、意外發生時，豐田是否有叫停生產線。如果發生大型災難，豐田還在繼續作業，那才應該質疑經營者的判斷。

日本坂隧道事故時，大野也以這種思維將生產線叫停。即使大眾媒體譁然報導「生產停工」，他也只是苦笑。

林南八的派任

生產調查室成立之後，除了公司內部之外，也開始將豐田生產方式移植到相關企業，也包括由夫婦兩人辛苦經營的那種小協力廠商。他們派遣過很多執行組員到協力公司，這裡讓我們先看看林南八的例子。

一九六六年，十八歲的河合被分派到鍛造部門的那一年，後來成為生產調查室調查主任、技監、董事的林南八（現為顧問）也進入豐田工作。雖然同年加入，但林是武藏工業大學（現在的東京都市大學）畢業，當年二十二歲，比從豐田技術員培養所進公司的河合大四歲。

林被分派到元町工廠機械部技術員室，在生產調查室成立前，這個部門叫做「大野學校」，任務是解決現場的問題，提高生產力。

林剛進公司時，做的是跑腿的雜役。一進公司沒多久，林就一再聽到「大野是個多麼可怕的人」的傳聞。前輩們壓低了聲音，訴說被大野、鈴村叱罵的經驗。

林心裡想「我的運氣真好」，如釋重負。

「那個叫大野的人在本社工廠，鈴村在上鄉的引擎工廠。我運氣好，在元町工廠，不會見到那兩個人。」

被分派到元町工廠那天晚上，技術員室的前輩們準備了羊肉火鍋，為他開了歡迎會。但是話題還是圍繞著大野和鈴村。

林聽著他們說話，一邊用筷子使勁壓住鍋裡的羊肉。他的家裡有四兄弟，看到鍋裡有肉，本能反應就是先用筷子壓住。

組長指著他的筷子，對他說：

「喂，小林，今天是你的歡迎會，沒有人會搶你的肉，愛吃多少就吃多少。」

他想，這些人真好啊。這個職場真是和樂融融啊。照這樣子看，大野先生、鈴村先生也沒那麼可怕吧……林感到微微高興，自己「被派到一個好單位」。

但是，第二天，林一到公司，就被那個叫他「儘管吃肉」的慈祥組長大聲臭罵。他才剛在辦公桌前坐下，罵聲便向他沖來：「笨蛋，你在幹什麼！」

「那個，我要工作……」

組長冷冷地說：

「小林，我們的工作是現場的改善。你給我到現場去，想坐辦公桌，十年以後再說啦。」

戰戰兢兢地站起來，「組長，那我要去哪個現場才對？」才這麼一問，「混帳，你不會自己找啊」……

但是，現場很忙碌，沒有人理會林，願意回答「小鬼，走開」還算好的，有的人甚至對他「噓、噓」像趕野狗一樣把他趕走。

「若無其事地在現場走了很多天之後，終於有人願意跟我說說話。我的工作從那個時候，才真正開始。不依賴別人，用自己的眼睛去確認，自己的腦袋去思考。

「大野先生也曾經叫我站在同一個地方觀察將近八個小時，如果是現在，恐怕會被當成職務騷擾，會出問題的。

「但是，有個很大的不同點是，上司不是一味地命令部下，在指示的同時，他也會一起思考。

「豐田生產方式的指導是從觀察現場開始。為了找出答案，首先要很有毅力地觀察，然後腦中好不容易產生出改善的提案。

「但是，再怎麼好的想法，如果現場的人不能理解，就無法實踐。沒有人會幫我，所以只能自己和現場打成一片，得到盟友。年輕的時候，在大野先生麾下，學習到打動現場的技巧，所以即使被派到協力工廠，也都能想辦法完成使命。多虧大野先生放生自救的指導方式，學會了不論被丟到什麼環境，都能打動現場的技巧，對此我十分感謝。」

林在生產調查室成立之後，並沒有被調派進來，但是他們經常保持聯絡，接受大野、鈴村薰陶的張和池渕，也不時會丟給他一些必須思考的課題。

在公司裡不斷地修習改善，林終於在進公司八年後，被派遣到協力工廠。

指導改善並不是一天就能結束的工作，也不是一星期或兩星期，有時候是以年為單位。只要接到一句去某地的指示，就立刻回自己家裡，做好準備，換好衣服，帶了睡衣等隨身物品，坐公司的車出發。

到了目的地，也不可能住在飯店裡，不可能住在那麼高級的地方。即使是大野或鈴村也是一樣。他們會住進協力工廠的單身宿舍或是進修所，從那裡到現場上班，也見不到家人。以林的例子來說，短則半年，長到一年半時間不能回到豐田。

雖然也有回公司報告的機會，但是既然出外指導，他的上班地點就是協力工廠。

不過，到了現場也沒有部下，而且一時還沒有事可幹，只能先和現場的師傅、作業員混熟。

林的生產調查室職員的工作，是到職後第二天就開始做的事。

總之，就是到現場走動，找出問題點，聽現場的人說話，然後，進行改善。

指導改善並不是當「老師」，這份工作是從被人當空氣、叱喝之後才開始的。被長官放生，感受孤獨之後，工作才起步。大野和鈴村是用這種方法培植年輕世代。

林在豐田的現場，習慣了沒人理他，所以被派到協力工廠也沒有動搖。他敞開心胸找作業員談話，即使被嫌棄，也對現場的生產線提出各式各樣的問題。

最後，漸漸地連老師傅也開口回答林的提問，如果沒有像搜查案件的刑警、或是纏人業務員那樣的韌性，做不來現場指導的工作。

而當自己終於覺得融入現場的時候，下一個試煉又來了。

「是和工會的對抗。」

林說。

「我去過軸承的大廠光洋精工（現為捷太格特）。當時光洋精工年年赤字，豐田認為，軸承產業絕不能垮，所以出資將它納入旗下。

「雖說帳面赤字，但畢竟還是個大企業，所以由鈴村帶頭指揮，除我之外，大野學校的成員全部到齊，在大阪國分工廠（柏原市）集合，大家住在進修所，展開改善活動。」

到了當地，立刻就了解了他們的問題所在。光洋精工採大批量生產，因此庫存不斷增加。這樣的話，只要建立小批量生產的體制就行了。

但是，並不是今天要他們怎麼做，明天他們就願意完全照著指示進行。

不只是光洋精工，長年採大批量生產的公司，不論是經營者或是現場，都深信大批量生產是生產力高、成本低的做法。

事實上，學習過福特系統的現場工作者，看到當時的豐田生產方式，都認為「那是豐田獨有的特殊方式」。不管鈴村如何號令、林如何低頭請求，還是很多人心裡罵著「混帳」而不願遵從。因此，豐田生產方式的移植當然很花時間。

而且，為了讓對方產生意願，他們必須採取某些可以立竿見影的方法。如果在豐田內部的話，就算會花時間，但是只要詳細解釋的話還是能得到諒解。然而協力工廠畢竟是別人的公司，只能盡快展現成果。

鈴村和林所做的，是從全國光洋精工營業所租用的倉庫中，將庫存集合起來，暫時退回工廠。

他們建立物流網絡，將退回的庫存可以從工廠少量地配送出去。從光洋精工員工的角度來看，等於是把好不容易送出去的零件，又退回工廠，再送出去一次。豐田的員工口口聲聲要「杜絕浪費」，但看起來卻是製造出更大的浪費。

但是，效果立刻出來了。營業所租用的倉儲費減少，開銷節省下來了。

一開始重新集中庫存的搬運費只是九牛一毛，而且後來建立小批量生產、小批量配送的體制，物流效率變好。最後，經歷半年的改善也有了苗頭。

太好了，這樣看來我們可以回家了。才這麼想時，林被鈴村叫去。

「小林，我記得你是東京人吧。好，這裡已經差不多了，明天你一個人出發，這次是位於羽村的東京工廠。」

本以為好不容易可以從大阪回到名古屋的家，沒想到到了名古屋卻路過不停，前往東京郊區的羽村工廠，從事改善指導。

而且，鈴村並沒有一起去，只有他一個人孤伶伶地到羽村工廠報到。

光洋精工羽村工廠的主管，熱烈地歡迎這位「從豐田過來的改善指導員」。

但是，一到現場，受到的待遇卻完全相反。林皮膚白嫩，長得一幅都市臉，看起來聰明又年輕。現場的人看來，就是個自高自大的小鬼頭。

他們憤恨地想：「豐田看不起我們！」

腳才一踏進工廠，就聽到四處傳來的嘲諷聲。

「喲，小兄弟來幹什麼啊？」

「小子，你是做汽車的吧，想來教我們怎麼做軸承嗎？」

但是林不為所動，若是為這點小事發脾氣，工作就做不下去了。他在豐田的現場，也遇過同樣的咒罵。

一個人如果抱著赴死的決心，就沒有什麼好怕了。他咧開嘴，笑嘻嘻地問好，自我介紹之後，到處走逛一面問：「有沒有什麼問題？」直到有人理他為止。要不然他就站在現場旁，盯著生產線看個不停。

他這種作風讓現場的人漸漸感覺心裡發毛，每天一早他就來上工，盯著生產線直看。慢慢的，現場的人和他開始有了對話，消除了彼此間的隔閡。到了這個地步，心裡也快慰很多。對方願意面對他，和他對話，是改善的第一步。

雖然改善的工作可以展開，但是工會的反應卻超出預期的嚴峻。

「光洋精工有兩個工會，第二工會的成員一到下午五點，就會召喚加班的人回家。這一點很令人頭痛。

「此外，晚上回到宿舍，幾個工會成員連著幾天到門前示威，大叫：『老闆的走狗，滾回去！』這也讓人頭痛，以前從來沒有這種經驗。

「我實在很火大。因為我每天卯足精神打拚，都是為了光洋精工啊。

「這種一觸即發的緊繃關係持續到某一天，我打開窗子，生氣地大罵：「幹什麼！別看我這樣，我回到豐田也是工會的一員欸。大家希望你們重新站起來，所以我才來的。如果你們希望公司倒，我三天內就回家。要不要試試！

「其實不應該這麼做的。我們必須笑嘻嘻地道謝才對。

「但是，實在是忍不住了。我們到協力廠商幫忙改善的成員，大多都會受到這種待遇。「張笑著跟我說，你不過是老闆的走狗而已。我還被追趕，大叫『斬了這個豐田帝國主義的前鋒』哩！」

不只是林，到協力公司指導時最難疏通的就是和工會的關係。

經過了一年半，林靠著笑臉人戰略漸漸增加了同伴，和工會成員之間的關係，也進步到勉強可以說話的程度。

從名古屋到大阪，然後一個人到羽村，兢兢業業地為光洋精工而努力，周圍的人不知不覺開始信賴林。

離開羽村工廠回豐田的那一天，第二工會的成員們忸忸怩怩地過來致意。

「林先生，謝謝你。」

他們第一次向林致謝。

「這個。」

工會領袖給了林一個小盒子，打開一看，裡面是一只手錶。

這完全在林的意料之外。

喊著「滾回去！」與他激烈對立的工會成員，握住林的手，久久不肯放開。一看他們的臉上，竟然浮著淚光。林忍不住也哽咽了。

他們說：

「林先生，這是我們工會小小的心意。」

林在現場的期間，因為不想知道下班時間，所以總是把手錶脫下來。

「所以，工會成員們會不會以為我沒有手錶呢……」

回憶當時的情景，林說：

「還好沒有放棄，一直努力下來。我們終於心意相通了。」

友山受到的磨練

生產調查室的人是推廣豐田生產方式到協力工廠的核心成員，林就是其中一位專家。但是，還有些年輕世代也被派遣到各個協力工廠，其中一位就是現在升任副社長的友山茂樹。

友山是在一九八一年進入豐田，正是豐田工販合併（編按：豐田自工與豐田自販合併）的前一年。他出身群馬大學機械工程系，被發派到生產技術部門。最初的工作是建立組裝部門的生產指示系統，並且將它引進卡羅拉專用的高岡工廠。他進公司即接受豐田生產方式的進修課程，對它也有獨到的理解。

友山在高岡工廠引進的是，用電波將車的規格寫進設在搬運機內的記憶裝置，讓各工程自動讀取，對作業員下達組裝指示，同時查對作業是否完全結束，這叫做「防呆裝置」。

舉例來說，必須旋上四顆螺絲的作業，如果只旋緊三顆，輸送帶卻已經來到作業結束的定位點的話，這個機制就會停止輸送帶，拉下安燈警告，等四顆螺絲都旋緊後，安燈才會消失，啟動輸送帶。它是依循著自働化的觀念，建立有異常即停止、發現異常的機制。而友山將這種防呆裝置導入整個組裝生產線的工程。

但是，因為友山引進的防呆裝置，會一齊檢測忘了旋緊的部位，而停下輸送帶，結果出現生產線到處亮起安燈，無法運行的情況。

當時，林南八在高岡工廠的組裝生產線擔任管理部長，他已是有名的改善專家，就如林自己被大野、鈴村磨練，在豐田的年輕一代改善員之間，也傳說「南八先生十分嚴厲」。

林看到友山的工作，大喝一聲：

「混帳，是哪個傢伙引進這種玩意！」

友山還沒有體會過林的嚴厲，乖乖地舉起手說「是我」，然後開始解釋：

「林部長，這東西是這樣的，是為了在豐田生產方式定位點停止而設計的……」

話才一出口，林就以更高分貝怒吼道：

「笨蛋，什麼都不懂，就別做這種奇怪的東西。聽好了，定位點不是只有一處，作業的起點和終點位置，依各作業員的工程而有所不同。你的裝置把全工程都在同一個位置檢測忘拴螺絲，所以即使沒有異常，輸送帶也會停止。你在設置定位停止的時候必須想到這一點才行，小子你根本不懂現場嘛。」

但是，友山也很頑固。

「不是，部長，這個呢……」

「不用再說了，你給我安靜的看。」

林不管友山，自己接過來，把友山設置的大量防呆裝置改過來。

因為發生過這種事，友山以為林大概會放棄自己了，但是不知什麼緣故，第二年，他從生產技術部異動到生產調查室。

而且，過了一段時間後，林回到調查室擔任調查主任，在鈴村退休之後，擔起統攬豐田生產方式的職務。坐上這個位子的人，無一不被稱為「魔鬼」。

友山嘆了口氣說：「那時候真是慘。」

「林先生已經夠可怕了，可是他底下的人更可怕。我害怕到想叫出他們的名字，嘴巴卻不聽使喚。我在生產調查室裡，就在他們的圍繞下工作。」

林有一次下令，要友山陪同到協力工廠引進豐田生產方式。兩人出差到歧阜的某協力工廠，第一天，由協力工廠的製造課長簡報。

林當場指出在現場注意到的問題，友山想記成筆記，但是林卻責備他「記筆記沒有意義」。

林又訓誡道，大野和鈴村到現場也不記筆記。全都把影像記在腦子裡，與改善後的現場對照，再指出更多改善點。千萬別記了筆記感到滿意，就忘了把它全盤思考一遍。

第一天工作結束後，林把任務交給友山：

「友山，明天你一個人去吧。這座工廠的生產線必須導入AB控制，只要說明一下就行了。沒問題吧。」

林說完「交給你嘍」就回總公司去了，留下友山一個人。

AB控制是實踐豐田生產方式時，控制輸送帶和自動長條生產線的機制。

第一步是決定工程的A地點和B地點。根據兩點之間製品的有無，判斷是否啟動生產線。只有在A地點（前製程）有製品，而B地點（後製程）沒有製品的時候，才可以啟動生產線，讓製品流動。

A地點沒有製品，生產線卻流動的話，我們會到生產線空下來後才知道異常狀況，不只如此，後製程也會停擺，直到空的生產線補滿為止。但如果當下停機的話，馬上發現A地點沒有製品的原因，採取對策，就可以再次流暢的生產。總之，它是一種提早發現異常的機制。

第二天早上，友山一到協力工廠，「友山先生，這邊請」，嚮導員領著他，來到一間大會議室，協力公司從社長到幹部、現場主管等近六十人全員到齊。

「呃——，接下來，從豐田汽車生產調查室專程前來的友山指導員，要為我們講解生產方式的課程。那麼，友山指導員，請您指教。」

友山接過了麥克風，但因為心情極度緊張，而且也只看過一天工廠，只好支支吾吾地開始說明。但是社長以及幹部在他演講中間，不時用力點頭，並且為友山的講述鼓掌。

友山心裡氣急敗壞地想：

「南八部長，你太過分了，這麼大陣仗的狀況也不先跟我說一聲。」

他臉色發青、又惱又羞地坐了下來，旁邊的人悄聲跟他說「接下來還有工作」。司儀接著說：

「呃——，那麼，接下來就到現場去，請友山先生更進一步具體指導吧。」

友山搖搖晃晃地站起來，走到工廠的生產線前面，這次他解說了一個小時，但還是「連自己都難為情」的感覺。

理解豐田生產方式，和向別人說明該方式，完全是兩回事。待在生產調查室的人，不只要「了解」，還必須具備「明白解說指導」的能力。因此，第一步自己先試做看看，然後示範給對方看，最後再請對方做一遍，這樣的過程是有必要的。

林知道友山還沒有到達這個水準，因此，把他一個人留在工廠裡。這是自大野傳承下來的教育方式，「把他推進海裡，自己學會游泳方法」的做法。他必須自己學會如何指導他人。

友山現在仍會說「想起當天的情景依然會臉紅」。

「在現場說明完之後，社長等人雖然點頭稱是，但是現場的人只是冷眼旁觀：『這傢伙哪根蔥啊，根本什麼都不懂嘛。』甚至還有作業員直接嘖了一聲。回想起來，真正的工作，是從那時候才開始的。」

隔天，友山一個人到工廠，開始進行引進ＡＢ控制需要的分析。這種生產線分析的工作，稱作「站衛兵」。站在生產線旁，專注凝視作業，尋找問題點，思考改善方案……

「豐田來了個怪胎」的消息立刻傳開了。但是，從開始之後的三天，沒有一個人向友山打招呼。中午吃飯也是一個人到工廠的食堂，默默的吞飯。下午繼續站衛兵，作業員拿了零件的空箱子走到友山面前，啪的丟在地上。

意思是：「快點滾！」

但是，他不能回去，繼續盯著生產線看了一個星期。友山向工廠的主管告知：「請讓我測試AB控制」，於是他加入其他作業員，只就單一循環的生產線，自己進行測試。

其他作業員也停下手邊工作，過來看著他做。友山專注地指導，幾乎到了忘我的地步，機油噴到白襯衫上，手腕部分一片烏黑，他心裡雖然著急：「啊，沒有換洗的衣服，怎麼辦」，但還是不管它，繼續工作。

這時，上次把箱子丟在他面前的作業員，拿出抹布，用眼神示意他「用這個把油污擦一擦吧」。

直到那一刻，友山覺得他與現場的作業員終於心意相通。

豐田生產方式的指導，並不是用高高在上的眼光對大家授課，而是在人與人之間形成信任感，必須在彼此認同、心意相通的狀況下才能成功。就算對方是派工作給自己的單位，但是突然派個人過來，用傲慢的態度頤指氣使，現場的人也不會聽他的。林在潛移默化當中，將實際指導時的行為舉止教給友山。因此，才會把工廠丟給他，自己離去。

最後，友山在那個工廠出勤了四個月，完成了改善工作。

「我在生產調查室做了五年，那段時間，真的是忍人所不能忍，耐人所不能受的生活。林部長和他下面可怕的課長，偶爾會在我工作期間，過來檢查進步的狀況。如果他們找到沒完成的部分，就會大聲怒吼道：『友山！笨蛋！』把我頭上的帽子拍掉，拍掉帽子再打頭……不過現在已經不會有這種事了。

「他們對我雖然怒吼臭罵，但是從來不對協力工廠的人發脾氣。協力工廠的人只能眼睜睜地看著我被罵。於是，等林部長回去後，他們會來問我：『友山兄，你還好吧？』

「被罵了之後，我的工作就變容易了。那時候，辦公室的前輩豐田（章男）社長也受到完全一樣的待遇，同樣被獨自丟下，同樣被臭罵。但是，因為有了這種經驗才能獨當一面。他們讓我一個人去，一個人思考。

「在生產調查室的日子，幾乎每天晚上都在宿舍房間裡，分析從協力工廠生產線拍下的影片直到深夜。睡前一定會翻翻求職雜誌，腦袋裡想的盡是『這種公司，我絕對要離開。再繼續待下去，不知何時會被人殺了』。

「但是，一旦將架構引進協力工廠，生產力提高後，現場的人都欣喜若狂。那些笑臉真是無法形容。經過幾次這種經驗後，不知不覺工作開始有趣了，也不再買求職雜誌了。」

正如友山所言，傳播豐田生產方式，有了成果，是生產調查室的人最開心的事。他們既不會因此加薪，就算做得好，也沒有人會褒獎你。這也是從大野開始立下的傳統，回公司報告「我回來了」，主管只會告訴你「下一個任務是哪裡」。

所以，若要說生產調查室的人的動機，當然，目的是為了降低成本，但是更多的是想看到對方笑臉的心意。說單純其實很單純，但是單純的喜悅就是促動他們的原動力。

因為和作業員們待在一起，弄髒了白襯衫、擦著汗水進行指導，所以現場的人會覺得「照這傢伙說的做做看好了」。現場的作業員只會聽帶有現場氣息、現場氛圍的指導員說話。

友山娓娓道來：「所有一切都是在現場學會的。」

「南八先生和可怕的課長絕對不會教我們啦。他們會說『友山，用自己的腦袋思考』。但是，我是在進入生調（生產調查室）三年之後，才真正明瞭它的意思。

「比方說，我們進行動作改善這個任務，也就是說，要找出作業員動作的問題點。剛開始，不論怎麼瞪大了眼睛看，也看不出哪裡有浪費的動作。但是，看了一段時間後，就明白動作的浪費是由三個要素形成的。

「第一是工作時動作的『大小』，其次是停下手的時候，又叫做『空檔』，然後是轉向下一個動作的猶豫，又叫做『離手時間』。我花了三年時間，才學會怎麼樣一眼抓到問題。但是等你學會區分這三項時，接下來就輕鬆了。不過箇中祕訣是教不來的，非得靠自己思考、操勞之後才能學會。

「另外，到了現場，也得到不少感觸。例如，經常有人搞不清楚一點，豐田生產方式需要的是多能工，而不是萬能工。多能工指的是能夠兼做隔壁工程作業的人，萬能工則必須事事都能做，但我們並不需要這種工。

「像這種事，從理論中學了也不會了解，需要實際的體驗。但是，在美國指導的時候，需要有理論性的說明。那邊有工會，所以，要作業員互相做隔壁工程的作業，首先必須用理論包裝，然後做簡報，讓他們理解這對作業員有什麼好處。反覆解說幾次後，自己也漸漸能理解了。」

豐田生產方式有幾個比較細節的理論，容易混淆的是帶有「time」的用語。前置時間（lead time）是指從零件入庫到新車完成的時間。前置時間越短，就能越快交貨拿到貨款。對新興企業、中小企業來說，縮短製品的前置時間，是生存的條件。

另外還有週期時間（cycle time）和拍子時間（takt time）等用語。週期時間是指各單元作業標準時間的總和。而拍子時間是指從訂單量反推每一輛車要花幾分鐘製造。

問題在於週期時間比拍子時間短的案例，這麼一來，作業就會出現空檔。如果置之不理，作業員就會開始做些可有可無的東西，造成庫存，現場的體質因而衰弱。豐田生產方式不喜歡這種情況，指導員必須挑出這個問題。

相反的，若是週期時間比拍子時間長，就會發生安燈亮起，生產線停止的狀況。停機次數太頻繁的話，製品做不出來就得要加班。但是，即使如此，比起空檔出現，豐田生產方式寧可採取安燈不時點亮的狀態。

總之，什麼都沒發生，生產線不停止地持續流動，就叫做沒有改善。控制生產線並不是要形成一個不停流動的狀態，而是要成為安燈不時亮起，管理部長必須跑到生產線旁，一再詢問「為什麼」，並進行改善的生產線。等到不用加班也能順利作業時，就將十人的生產線改成九人。這樣一來，生產線又要不時停機，開始加班了，因此再次改善，周而復始地這麼做。

再怎麼說，豐田生產方式的目標是提高生產力，而且生產力有三項：設備生產力、材料生產力和勞動生產力。

其中，材料和設備方面，只要有好機材，花錢買就行了，不論哪一家公司，都能馬上提高生產力。但是，勞動生產力卻不是一朝一夕做得到的。

喜一郎用及時化這個詞，指示工廠提高勞動的生產力，很多報導都會寫「豐田生產方式的目的是提高生產力」，但是真正的意義，是建立一個提高勞動生產力的系統。

著手的勇氣

友山待在生產調查室的期間，最難忘懷的是到小規模協力企業進行改善的時候。

協力公司當中，稱為一級供應商的是電裝（Denso）、愛信精機等大型協力廠，零件直接交給豐田。二級以下的供應商，是將製品交給電裝等一級供應商的公司，或是許多只做特殊工件的小規模公司。

生產調查室引進豐田生產方式到協力公司時，並不只限於一級供應商，因為改善若不追溯到上游，整體零件準備的前置時間就不能縮短，體質也就不太能抵抗變化。因此，他們也對只有老夫婦兩人經營的小工廠，無償的進行指導。

他出差的地點是製造儀表板成形品的公司，作業員只有兩人，就是老伯和伯母，偶爾，當上班族的兒子會來工廠幫忙。

第一天去拜訪時，門一打開，他看到兩夫婦一臉憂鬱地站在門口。他們聽到「豐田的指導員要來」，嚇得手足無措，不知道他是不是要來罵人。

環顧了一下廠內陳設，塑膠零件的成形機放在正中央，半製品、完成品分置於幾個位置，可能以前整理得很整齊吧，但是，每次訂單有改動，就把完成的工件塞到不同的地方，所以現在擠得連站的地方都沒有。

他們並不是聽不懂「消除庫存」「小批量生產」的道理，但是，客戶訂單的變更把他們搞得團團轉，光是眼前的工作都快要應付不來了。

但是，世上不論哪裡的小規模工廠，不都是這種感覺嗎？

友山既不大聲叱罵，也不說「請這麼做」，而是一聲不吭地著手4S。

「4S就是整理、整頓、清潔、清掃（譯注，這四個詞在日文中都是以S發音起頭）。生產力低落的工廠因為沒有整理，所以東西放在什麼地方都不清楚。第一步，一起將物品的模子整齊擺好，加上標記。

「然後在地板上用油漆漆上顏色，標出走道。雖然工廠裡只有兩個人，但是人很奇怪，只要標出走道，就會乖乖地依循那條走道線行走。

「當我默默整理時，漸漸地開始有了交談。伯母招呼我『要不要去喝茶吧』，午飯也和他們一起在客廳吃了。我們的工作就是從這裡開始的。我用心地打掃，因而得到他們的信賴。當我意識到關係建立起來，只用了一天的時間。」

他所做的事情依序是：

一、縮短前置時間

客戶在訂單上做細微變更，經常讓老伯老媽苦不堪言。兩個人用盡心力在工作，但是電話一來，不是「要增加數量」就是「減少數量」。面對交貨前的變更，是中小企業的宿命。由於變更次數太多，所以老伯老媽只好總是準備十二個或十五個，來應付十個的訂單，結果原料增加，又浪費人工。

因此，他對兩人說「我們來縮短前置時間吧」，如果客戶最晚在交貨前一星期會變更訂單的話，那就在交貨的一星期前再開始做就行了。也就是說將前置時間縮短到訂單確定後，到來得及交貨前的時間。同時，與客戶負責人員的聯絡要更密切。再三與對方確認，實際需要幾個、最晚什麼時間要，以此提高接單的精確度，減少浪費的工作。

二、減少庫存

縮短前置時間，減少不需要的庫存。為了將兩星期以上的前置時間，縮短到五天以內，需減少模具更換時間，和機器的週期時間，建立小批量生產的機制。規劃按種類分類的倉庫，貫徹先入先出的原則，庫存一減少，不知為何連品質都改善了。

三、每一個托盤都加裝看板

藉由加裝看板，只生產摘掉看板的部分，作為後補充生產。大量品按一天的批量每天準備，少量品按五天的批量生產，每星期準備。

四、引進模式生產

模式（pattern）生產就是決定一個模式，例如將A做到這裡後，製作B，然後接下來做C。用一台樹脂成形機，生產成形溫度各不相同的多種製品時，若是能按溫度上升的順序製作，效率會提高。因此，將摘掉的看板也按著這個順序排列，進行模式生產。

簡言之，就是將大野初期在豐田工廠執行過的精華，套用到小工廠中。只靠整理整頓，工作就有了進展，並且有了成果。這麼一來，老伯和伯母工作也來勁兒，他們甚至還說：「請再多教我們一點。」

後來，友山也在稻作上引進豐田生產方式，當時我也去參觀過，愛知縣的農業法人「鍋八農產」社長八木輝治感嘆地說：

「我們從事的是農業，所以都是遵循著祖先留傳下來的做法。但是，在友山先生指導下，我了解了一件事：

「自古傳下來的方法並不一定最好。先思考後再做的話，工作會變得輕鬆，休息時間也能增加。」

奇妙的是，八木說的話，與大野留下的名言如出一轍。

「拋開舊有方法一定是最好的想法吧。」

友山為了傳授豐田生產方式，會先在指導之前幫忙打掃、支援。將該方式移植到小型企業時，與其教導理論，不如整理整頓，聆聽老伯老媽的苦衷也十分重要。

指導員到小企業去，大抵上都會遇到這樣的反彈：

「豐田公司大能成功，我們小公司不可能啦。」

「豐田的員工都很優秀，所以才能辦到吧，我們這些人做不到。」

每個人都這麼訴苦，所以，大罵「怎麼會做不到！」是最差勁的指導員。對這些「自己做不到」的人，應該笑笑地安慰說：「沒有這種事。」然後，將心比心體會他們的立場，分擔同樣的痛苦。

「我也是一樣啊，以前我也同樣一再的撞牆。因為自己做不到，整天都在考慮辭掉豐田的工作呢……」

友山一這麼說，對方就會靜下來傾聽。

友山重新想到：

「引進豐田生產方式經常會有牆壁擋在面前。心裡咒罵著『真可惡！』試圖繞過牆壁，卻發現牆壁有幾丈高。或是站在牆壁前停下來，在牆壁前之字型的來回走，苦惱不已……

「即使如此，還是無法順利。百思千想地煩惱了很久後，去找主管商量，便得到了大線索，依據它重新做過之後，這次順利成功了。那並不是主管給的線索好，而是經過苦思之後，自己的改善力提高了。重點在於苦思。豐田生產方式需要的，既不是從書本中學到的知識，也不是突出的能力，而是苦惱力，簡稱惱力。經由苦惱，將心靈的肌肉鍛練起來。於是，到了某天，原本做不到的事突然能做到了。」

友山因為滿腦子想著改善，是個連自家冰箱保存的食品都加上看板的男人。買了牛奶或奶油之後，就附上看板，吃完喝完之後再買。還會若無其事地說，回轉快的生鮮食品則不會附。他的腦中恐怕全塞滿了改善的點子吧。

在一般人的眼中，大都認為大野、他的大弟子鈴村、受其薰陶的張、池渕，後續世代的林、友山、二之夕等傳揚豐田生產方式的人，都對工作非常嚴格。但是，除了大野、鈴村之外，我見過的每個人都很溫和，姿態擺得很低，沉默寡言。較不屬於開朗活潑，而是性格內斂的人。而且，不論是誰，絕對不會從他們嘴裡聽到「工人」、「勞工」、「承包工」等字眼。

有一次，我去採訪池渕，用了「承包工」這個字，他面紅耳赤地發了脾氣。

「只有媒體會說那種話，我們是絕對不說的。你替那些被叫、被寫成承包工的人想想，那是什麼滋味！」

正確傳授豐田生產方式的人，不論是誰都有著為對方設想的心意。

「這個人說的話，可以聽聽看」，如果不能讓對方由衷產生這種想法，就無法傳授豐田生產方式。指導員的人性引導出成果。做不出成績的指導員，不是因為對方太差勁，而是指導員本身有問題。

林這麼說：

「如果不一起經歷、一起想出方法、心意交流的話，這份工作是無法成功的。要緊的時刻說『不來』，出狀況的時候『溜了』，拿走『一大筆』錢……那種顧問絕對沒有成果。」

豐田生產方式只有抱著這種熱情、關懷的人才能指導得了，不過，也許這也是它的弱點。也就是說，它的達成度會視教授者而有變化。說得更清楚點，指導者的人品和能力左右了現場改善的程度。現下林和友山，應該是最具有指導力的搭檔吧，但是友山覺得上司討厭他，說「如果在南八先生手下工作，我可能會被宰了」。

回到主題，豐田生產方式也要在小規模的協力企業扎根，如此一來，教授者與學習者都會產生真正的自信。

真正的自信，並不是沒來由地自大自滿，而是遇到「也許辦不到」的事，相信自己「等一下，總有一天能做到吧」，然後著手去做的勇氣。真正的自信是透過教授或學習豐田生產方式，雙方獲得的最大財產。

不只是林和友山，生產調查室的人現在也在世界各地奔波，傳播豐田生產方式。協力廠商以外的協助並不是免費，會收取形式上的報酬，因為如果不收錢，就成了利益輸送了。

第13章 進軍美國

工販合併

戰後開始的豐田生產方式，到了一九八〇年時，已經看得出體系化以及內部各工廠、協力廠的實踐正步上軌道。只不過，改善沒有終點。每當新車種一開發出來，所有工廠便刷新一次該方式，這已經成為豐田的特色，而在現場固定下來。

一九八二年，豐田原本為了重建而分家的兩家公司，時隔三十二年合併為一。豐田自工（汽車工業公司）與豐田自販（汽車銷售公司）對等合併，成為新生的豐田汽車。新生的豐田汽車第一任社長，由喜一郎的長子章一郎走馬上任。

此時，不久前還擔任自販會長的長老加藤誠之，充滿懷念地說：「分割公司猶如將活樹劈成兩半的感覺」，其他同業不論哪一家，製造與販賣都是同一組織，只有豐田分家太不正常。

工販合併是個大變化，為了合併，耗費了大量的事務作業和能量，但是完成之後，兩個組織可以交融，重複的部門可以裁減人員。以往畢竟是兩個公司，雖然不至於水火不容，但是兄弟鬩牆總是有的，不過磨擦總是比和其他公司合併少一點。而合併最大的好處，應該是大幅進行世代交替吧。

隨著世代交替，大野耐一辭去顧問職退休，年屆七十。同年，徒弟張富士夫四十五歲升為生產管理部的次長，與張同期的池渕浩介，調任田原工廠工務部次長。林南八三十九歲，任元町工廠機械部副課長，河合滿三十四歲，任本社工廠鍛造部班長。友山茂樹還是二十四歲的一般職員，在第三生產技術部技術員室服務。

大野不只辭去豐田本社的顧問職，同年也辭去豐田合成的會長，以及豐田紡織的會長，之後接下異業種學習豐田生產方式的「NPS研究會」最高顧問。

他經常對徒弟們說：

「管理官必須時常讓部下思考，讓部下有工作價值，同時要尊重他的個性。」

大野手下擔任總管的鈴村喜久男已經退休，他也加入NPS研究會，成為實踐委員長，盡心協助許多公司提高生產力。鈴村一如在豐田的時候，罵聲不斷，但同時也繼續指導對方思考。

大野退休後，生產調查部（前身為生產調查室）成為推廣豐田生產方式的實戰部隊，在調查主任好川純一主導下，傳承給下一世代。現在，生產調查部的指導對象，不只是豐田本身的工廠，也包括協力工廠、其他廠商，以及農業法人，進而連海外的工廠、海外的協力工廠也在他們的守備範圍內。喜一郎提倡的「及時化」也經由他們，推廣實踐到世界各地。

不過，仔細的驗證下，大野最大的目的是透過工作，培育下一世代的領袖。因為沒有了解現場的領袖，就不能將豐田生產方式的本質傳下去。

為了推廣該方式，必須親至現場，了解現場作業員的想法，也必須懂得老伯老媽那種小型二人公司的立場。豐田的成功，歸功於現場，也多虧了小企業的協助，如果沒有將這一點銘記在心的人，就有可能誤解該方式的運用。

大野希望培養出懂得感謝現場、關愛作業員、融入現場，與大家一起思考的領袖。

貿易摩擦與自主管制

合併後的豐田，在一九八〇年代全力推動美國本土的在地生產。不只是建工廠而已，發展的重點在於將豐田生產方式帶到當地去，這也是豐田經營高層的夙願。

美國本土是福特式大量生產方式（福特主義，Fordism）的根據地，真的能將豐田生產方式帶進去嗎？美國的作業員能夠接受這種方式嗎？

如果，他們說「No」的話，豐田的當地工廠將無立足之地。即使有廠房，卻不能生產汽車。當時，大野才剛離開，次世代的人真的很擔心國外的情況。因為再怎麼說，豐田生產方式是只在日本實行過的生產方式。

為什麼必須在美國建廠呢？要了解原因，我們必須將時針稍微往前調一點。

一九七九年，第二次石油危機，汽油價格高漲，因此在非產油國的日本，汽車公司只能隱忍苦撐，確立了節省昂貴汽油的技術。相反的，美國因為是產油國，汽油價格不像日本漲那麼多，可以繼續生產以往那種耗油的車子，但是實際上並不盡然。

在美國，年輕消費者對時代的氛圍十分敏銳，他們體認到排氣量大、耗油量多的「油老虎車」已經過時了，也抗議它對環境的污染。於是，小而廉價、耗油量少的日本車，比美國車更受到歡迎。

美國的汽車公司並非不懂這個道理。三巨頭也著手開發節能車，但是，要將方向從大型車變成小型車，沒有那麼簡單。

三巨頭擁有製造大型車的獨門技術，但是，並不是將它縮小就好了。設計必須從根本上全面改變，設備也必須從頭做起。最根本的考慮是，即使製造了小型車，它的利潤還是比大型車少，轉換成小型車的話，辛苦付出了成本卻只換來微薄的利潤。

不只如此，對於美國財政界與汽車業擁有巨大影響力的石油資本，還是寄望於大量消費汽油的大型車。在這樣的背景下，即使決定了方向，但是三巨頭還是花了很多時間才完成小型車的開發。

但是，時代是不等人的。一九七九年，克萊斯勒的營運赤字高達十一億美元，美國政府制定了克萊斯勒救濟法案，給予擔保貸款。第二年，通用汽車自創業以來，首度出現七億美元的赤字，福特也有十五億的赤字結算，三巨頭不得不走上裁員與暫時解雇之路。

代表美國的汽車業巨頭全部出現赤字，結果竟然是要勞工走路。

美國輿論因而沸騰，出現「日本汽車讓美國產業崩潰，應禁止日本車進口！」的主張，甚至有「戰敗國日本的汽車，堂而皇之開在戰勝國美國的馬路上，這樣對嗎？」的反日言論。八二年在底特律，因而發生三名白人錯將華裔的技術員當成日本人，用棒球棒將他打死的悲慘事件。

但是，並非沒有冷靜的看法。在美國產業界中，也有少數人提出「向日本學習」的看法。

當日本汽車產業在美國成了惡人的期間，張富士夫接到安盛諮詢公司（Andersen Consulting）的演講邀約，希望他「談談豐田生產方式」。演講會場在底特律福特總公司的講堂。張雖然也想過：「這樣對美國人會不會刺激太大？」但由於已先答應了，所以張非常用心地講述了從喜一郎和大野繼承下來的豐田生產方式。

第二天，當地報紙登出「曾為學生 今為師尊」的斗大標題，詳述了演說的內容。張十分驚慌，心想：「這下不妙，變成大新聞了。」

但是，一讀之下，發現並不是批判的文章。內容描述豐田在戰後如何著力於生產力的提升，因而帶動飛躍性的成長，報導得相當客觀。美國人當中，也有不少汽車相關業者，很想認真地分析日本的成長。

不過，美國最大的工會——全美汽車工人聯合會（UAW）並沒有簡單放過。會長道格拉斯・佛雷瑟（Douglas Fraser）主張，日本應自主管制對美輸出，並且發表半威脅的聲明：「日本汽車公司要盡快在美國建廠」以確保就業。由於三巨頭的裁員，UAW的成員有三〇萬人失業，站在佛雷瑟的立場，只好對日本的汽車公司採取強硬的態度。

當時，豐田的總生產輛數為二九九萬六〇〇〇輛（七九年），其中五分之一出口美國。出口數量到達這個程度，僅僅是抑制對美出口，恐怕也無法讓情勢降溫。

看看日本其他同業，八〇年一月，本田技研工業發表在俄亥俄州設立汽車工廠的消息，四月，日產決定在田納西州設立卡車工廠，豐田也不得不採取行動。

八一年一月，美國雷根政府上台，春天時，貿易代表署代表威廉・布羅克（William Emerson Brock）訪日。布羅克正式要求日本製汽車「自主管制」。不管是UAW或是貿易代表，為什麼美國方面不敢直接「禁止日本汽車進口」呢？

這件事另有內情。美國車雖然敵不過日本車或是福斯車，但是在歐洲市場依然相當強勢，出口相當多。如果美國政府宣布「進口管制」的話，美國車在歐洲市場也會被管制進口。因此，雷根政權以高壓的態度，要求日本政府「以貴國主動提出的形式自主管制」，做法很蠻橫。遭到美國政府高壓式的要求，日本政府儘管心裡嘀咕，不得已也只好接受。因此，從八一年開始的三年，發表對美出口汽車降至一六八萬台以下的自主管制。

不過，當時，自主管制的品項並不是只有汽車，鋼鐵、重電機、家電產品也包含在內。

只是，仔細想想，美國雖然強迫日本自主規範，但是其國內相關產業都沒能東山再起。不論是汽車、鋼鐵、家電……不管政府怎麼協助，這些產業在市場上還是難以抗衡，每況愈下。最好有個人能把這個案例告訴川普總統吧。

在美國的催促下，其他同業也表明跟進，而即使決定自主管制，豐田還是沒有行動。進軍美國，肯定是喜一郎創業以來的夢想，也是充滿冒險精神的豐田，最想挑戰的任務。但是，即使如此，按豐田的作風，沒有勝算的事，絕不輕易邁出步伐。雖然抱著矛盾的心情決定進軍美國，但是何時執行，卻是躊躇不前。

另一方面，美方雖然強迫日本到美國設廠，但是他們也對日本各公司動作緩慢，做了詳細的分析。一九八〇年六月，美國眾議院的國際貿易委員會，發表了有關美日貿易摩擦的報告書。其中對於日本大型車廠不想進軍美國，提出了幾大原因：

一、美國工人薪水高。
二、薪水雖然高，但勞動力品質低。
三、常有罷工。
四、製造廠與零件業者的合作稀少。
五、匯率不穩定。
六、初期投資金額龐大，但沒有獲利的保證。

七、若三巨頭正式加入小型車領域，會出現供給過剩。

美國的國際貿易委員會直言自家勞工的「品質低落」，即便連美國國會都做出了進入美國對日本汽車公司不利的分析，各家公司還是必須這麼做。

最後，豐田抵抗不了美國政府和UAW的壓力，而進軍美國。但是，豐田並沒有像本田或日產那樣獨自進軍，而是選擇與通用汽車一起建設工廠，邁出第一步。

豐田的高層針對在美國生產汽車一事，曾發信給當地的經銷商（TMS，美國在地）：

「不管理由為何，目前現實的情形是自由貿易產生了問題，為了維持美國市場成為自由競爭體制運作的市場，美國汽車公司需要有正常的活動。通用汽車的提案，是由兩家公司共同探尋保護自由貿易之路。」

豐田進軍北美的第一砲，決定利用通用汽車打算關閉的加州費利蒙（Fremont）工廠，生產通用的雪佛蘭諾瓦（Chevrolet Nova）。在美國的工廠，用美國的勞工製造美國的車，但是，生產方式是用豐田生產方式。

關於該方式的採用，豐田本身並沒有高調宣揚，汽車評論家、專家對豐田在美國開工廠的真正意義，也沒有任何評論。

但是這個決定正是喜一郎夢想的實現。因為來自日本的製造革命，此時此刻登上了世界的舞台。

從明治維新以來，日本有許多製品銷往世界各地，但是生產系統方面，卻唯獨只有豐田生產系統傳至美國，之後成為世界標準。既空前也是絕後。雖然它應該受到更高的評價，但有趣的是，時至今日，大家都不認為這有什麼偉大。並不是豐田謙虛，連他們自己都覺得不可思議：「咦，我們完成了那麼偉大的成就嗎？」

兩家公司從八二年開始談判，八四年四月正式發表。兩家公司高層出席的記者會會場不是在底特律，而是名古屋。可能是因為這件合資案由通用主動向豐田發出邀請的意涵比較強吧。

合資公司的名稱叫做新聯合汽車製造公司（New United Motor Manufacturing, Inc.，NUMMI），源自於通用汽車的執行長羅傑．史密斯（Roger Smith）堅持「希望能使用聯合汽車這個名稱」。

聯合汽車（United Motor）是一九一七年通用所收購的一家零件公司，其社長亞佛列德．史隆（Alfred P. Sloan）後來成為通用汽車的中興之祖。第二次大戰後，他幫助經營不振的通用重新站起，在任期間壓制福特，領導通用成為美國第一大汽車公司，是個毅力超強的鬥士。史密斯也許是想效法昔日的榮光，才會在與豐田合資的公司使用這個珍藏的名稱吧。

第14章　現地生產

駛入

生產調查部成立，豐田生產方式普及到公司內部的生產現場以及協力工廠，在決定進軍美國之時，不只是生產現場，公司各個部門也活用該方式的概念，進行消除浪費的措施。它不但用在事務的合理化上，連如何控制員工餐廳午餐排隊人龍的問題上，也自然產生要求效率化的態度。

有人說：「豐田生產方式是豐田的DNA。」但是，自然地節省浪費，控制工作，也是喜一郎的思想隨著時間漸漸落實的證明吧。

一九八四年，豐田設立與通用汽車的合資公司NUMMI，將豐田生產方式應用在北美成立的工廠，但是工廠成立前的階段，就已經在發揮DNA的力量了。

我指的是物流，也就是在汽車出口運往美國的階段，已在推動生產力的提升。汽車輸出到美國，必須用船載運橫渡太平洋。剛開始，車輛裝船的作業，是用起重機將車子一台一台地吊起，裝載到一般貨船上，但是這樣太花時間了，因此，由物流管理部主導，著手改善車輛運送的過程。

第一步是放棄用一般貨船載送，而是籌措汽車專用船。使用專用船的話，就不需用起重機，可以用駛入（roll on）的方式將車輛移入。

但是，專用船的籌措並不是出錢就可以解決。當時國內船隻過多，因而有總量管制——「超過這個量，就不得再造船」，所以處於想造船也沒辦法的情況。豐田與負責運送的日本郵船、川崎汽船協議，將老舊的貨船報廢，訂購新專用船來取代，因而達成了船隻的籌措。

接下來是裝船方法的改善。

首先，他們以多種模式計算專用船可裝載的車輛數，最後發現「以可樂娜來計算，一艘船裝載五〇〇〇輛」最有效率。此外，即使裝載進去，也必須擴充卸貨地的車輛保管空間，完成車的庫存規模大為增加，也完成了裝載數量的標準化。

第三步是現場作業要領的改善。駛入專用船時，自走隊的司機駕駛卡羅拉或可樂娜，進入船中並列，速度要保持一定，車與車排列的縫隙要縮到最小。

初期，司機將車停好之後，要從船上步行走回港口的停車碼頭。但是那樣也很花時間。因此，將車輛排列好之後，由廂型車將司機接起，送回港口的車輛放置場，把司機當作生產線上的零件，建立流水線。

另外又決定將駛入的車輛調頭。如果像以往那樣，車頭向內停車的話，到達美國時，當地駕駛就必須倒車才能將車子駛出船。但是，當地的駕駛熟練度低，倒車駛出的話，少不了車輛的損傷。下船時如果有擦傷，保險費就會提高。

因此，日本方的駕駛，以倒車方式駛入裝運船，而且讓車子整齊排好，這樣當地駕駛就可以前進駛出，車子也不會受傷。

這段過程寫成文字，看起來好像很簡單，但是要把所有五〇〇〇輛車，以倒車方式就定位，可不是兩三下就能學會的駕駛技術。日本的司機經過一再訓練，才能輕而易舉地將車子並排停好。現在擁有這種技術的，只有在日本港灣活動的司機。

建設與通用汽車合資的工廠時，大多直接使用費利蒙工廠的既有設備，只有沖壓工廠重新設置。過去，通用是用火車跨越四〇〇〇公里，將底特律其他公司製造的沖壓零件運送過來。四〇〇〇公里相當於北海道最北端到香港的距離，如果維持這個體制繼續運送，前置時間（從工程著手到完成的時間）將會無限延長，完全違背豐田生產方式的精神。

況且，沖壓零件送到後製程的車體線時，假設品質出了問題，那麼又必須運送四〇〇〇公里，回到原廠修正。他們立刻重新檢討，決定建造沖壓工廠。

新設沖壓工廠需要花錢，可是少了它，NUMMI就營運不下去吧。因為多虧有了沖壓工廠，才能讓美國勞工進一步了解豐田生產方式。他們在新設的沖壓工廠裡，看到沖床模具更換過程，都對豐田生產方式的威力瞠目結舌。

如同鍛造技工河合滿說的，縮短鑄造、鍛造、沖壓工程的模具更換時間，有助於生產力的提升。

當時，美國的汽車公司與UAW設定，沖壓模具的更換標準時間為兩小時。但是，豐田在大野的領導下，模具更換竟然改善到十分鐘以內。

這種方法稱為「快速換模法」（single-minute exchange of die）。藉由徹底觀察作業，重新評估工程，改變機器的使用方式，從而縮短換模時間。另外還有一種「線外作業換模」，靠著整理準備作業來達成換模的改善。

決定合併之後，通用汽車的幹部就到日本高岡工廠，去參觀沖壓工程中的快速換模法。幹部們各自看著手錶，一副興趣十足的神情，想看看「真的能在十分鐘內完成嗎」，現場作業員非常簡單地達成快速換模時，他們鼓掌叫好，還有人吹起了口哨。當時，在汽車生產現場，十分鐘以內完成沖壓模具的更換，簡直像是一種魔術，真的是打破常理的事情。

NUMMI設立的沖壓工廠，使用的機具與高岡工廠一樣。他們把認為「十分鐘絕對辦不到」的現場小組長、作業員叫到日本，參觀高岡工廠的作業，他們都啞口無言。回到美國之後，他們在NUMMI也達成了快速換模法。

小批量生產、後製程領取、看板的引進等，都是豐田生產方式的特色，但是美國人最先了解的，是沖壓工程中的快速換模法。

池渕的現場主義

接任NUMMI副社長一職的是大野的嫡傳弟子池渕浩介，他也擔當起廠長的責任。

池渕想到「利用實地實物來示範教導豐田生產方式吧」，如同前述，他讓美國的幹部、小組長（相當於日本的作業長）、作業員親身來日本，進入生產線接受教育。

池渕回想道：

「我帶了好幾十個人過來。不只是作業員，連人事部長、UAW的委員長，都讓他們實際進入高岡工廠的生產線，親自加入作業。

「在美國的企業，如果讓主管下來勞動，光這一點就會引發大問題。但是，他們並不排斥，他們確實是認真的吧。」

美國的小組長、作業員體驗過福特式大量生產方式與豐田生產方式的不同之處，回國之後，傳授給加州的生產現場。他們相信自己親眼看到的做法，試做的結果，生產力上升的話，就不再執著於福特方式了。

「最重要的是讓他們體驗豐田生產方式。」

在日本帶人進修的池渕，在這裡沒有受到現場的反彈，反而覺得有點掃興。

據說池渕那時嘀咕道：

「在日本剛開始走遍社內和協力工廠傳道時，反倒吃了很多苦。」

有了這樣的經驗，池渕強調讓美國幹部親睹現場，有其重要性。

「到工廠去時，大野先生總是指著一個地方說：『站在這裡看清楚』。剛開始時，我盯著看了很久，什麼都沒看出來。

「但是，看著作業員反覆的動作中，明白了為什麼會出現不良品，為什麼機器會壞掉。若不是實地實物的看到那一刻，就無法改善。所以，我也對美國的管理人員說，總之先到現場去看看。」

當時豐田的副社長，統領美國設廠的楠兼敬說：「池渕廠長指示通用出身的經理，要把現場看個仔細。尤其是各工程銜接的部分，更要看清楚。」

其中，發生過這樣的狀況。池渕視察的時候，發現通用出身的經理，坐著小車從工廠辦公室移動到他所主管的生產線去。

這麼做就很難檢查與其他生產線銜接的部分。所以，池渕通令下去：「今後禁止乘坐小車移動」。以後，各區經理都是徒步行動，連其他的生產線都順便檢查到。

林南八也記得池渕在NUMMI傳授豐田生產方式的身影。

那時候，林在生產調查部，成為舊日「魔鬼主任」鈴村的繼任者，督導新手改善員，但是，心中總感覺到寂寞。

他尊敬的大野、鈴村都已退休，前輩張、池渕不是遠調美國，就是駐外，不在本部，身邊沒有可商量的對象，不覺萌生惶恐困惑。

就在這時，楠命令他：「到NUMMI的現場去視察，找出有問題的地方。」雖然自知英語不強，但能見到久違的池渕，還是很開心。

抵達NUMMI之後，直接就去找池渕，沒想到池渕正笑著和美籍組長在談話。林簡直不敢相信自己的眼睛。

「池渕的綽號叫瞬間煮沸器，說到第二句話就罵道：『小子，你還想不想幹啊！』一向以可怕聞名。

「這種人到了NUMMI，竟然會笑咪咪地向美國人解說。原來人會變的啊。後來向池渕說到感想，對方這麼說：『南八，美國人如果不了解，就不會行動呀。你不能發脾氣。做就對了這種話也沒有用，只能把現場給他們看。』

「池渕在日本的時候，會大吼說『反正做就對了！』或許，在美國的經驗改變了他傳道的方式吧。」

NUMMI雖然是合資工廠，但也是豐田第一次在美國正式生產的工廠。

一九八四年十二月十日，組裝完成，淡黃色的雪佛蘭Nova從生產線亮相。原本預定第一號車是外表亮麗的金屬藍Nova，但是噴塗工程出了麻煩，所以換成朦朧的淡黃色。

無論如何，最重要的是習慣了大量生產方式、生產線作業分工細碎的美國勞工，已能接受從前不曾見聞過的生產方式，並且加入生產線作業。

生產順利地進行，之後，不只是雪佛蘭Nova，卡羅拉的Coupe也成為NUMMI的生產品項之一。

此外，在NUMMI，他們與工會也能夠合作愉快。豐田與UAW簽訂勞動協議時，加入了罷工、關廠的禁止條款。一向激進的工會組織UAW之所以通過禁止條款，完全是因為透過實際的工作，了解豐田生產方式並沒有加重勞動，也認同除非有特別的情形，否則豐田不會裁員或解雇。

以往國外或日本的專家當中，也提過「豐田生產方式是日本獨特的文化方式，無法輕易仿效」的意見，不過，不只是美國，豐田在歐洲、亞洲、俄羅斯、非洲都有設廠，而且也把豐田生產方式移植到所有工廠裡。如同福特的大量生產方式成為全球標準，豐田生產方式也是任何人都能應用的系統。

NUMMI就是一個明證，而另一個證據，是接下來要談的肯塔基TMMK事例。

第15章　務實主義者

肯塔基一九八六

一九八五年六月，NUMMI開幕典禮的兩個月後，豐田全體董事集合在蓼科的迎賓館，召開研修會。

三天日程結束後，社長豐田章一郎傳訊給楠等十名參與北美事業的董事，「你們留下來」。這幾名董事參加的會議，討論的是豐田在美國單獨設廠的計畫。

相關同僚之間早已備好了腹案，因此會談一小時就結束了，不過，發表的內容還包含了細項的討論。

「在美國、加拿大建設出資百分之百的製造公司。」

「在美國生產二〇〇〇cc級，年產二〇萬輛；加拿大生產一六〇〇cc級，年產五萬量。」

他們的想法是，在美國生產凱美瑞（Camry），加拿大生產卡羅拉。

於是，「一九八八年初，開始生產」。

NUMMI是與通用汽車合資的公司，所以使用了既有的工廠和設備，一開始時生產的車種也不是豐田車，而是通用的雪佛蘭Nova。

相比之下，單獨進軍的話，得從工廠用地的選擇開始，必須建設廠房，從業員也要從零開始招募。需要做的準備比NUMMI的案子多很多。

工作雖然多，但如果成功的話，它就能成為未來豐田到海外各地設立工廠的樣板。最重要的是，這才是豐田生產方式在國外真正的初登場。在NUMMI經營時，雖然受到先進研究家的矚目，但是，當時美國同業的相關人員並不認為它有革新性，大概只是「豐田生產方式？那是什麼？」的程度。

幸好在NUMMI，美國勞工都習慣了新方式，但是再怎麼說都是調整通用汽車的工廠，所以，很難說有全面性的引進。

「豐田生產方式真的能應用在美國的土地上嗎？」

這個疑惑一直在決定進軍美國的英二、章一郎，以及銜命前往現場的楠、張的腦中揮之不去。

他們所有人的心情，表現在張的一句話中：

「去肯塔基之前，日本的新聞記者問過我，去了美國，能夠實行豐田生產方式嗎？美國人接受得了嗎？我只能這麼回答：『我不知道其他的生產方式，所以，只能移植豐田的做法。』」

他說的的確沒錯。在豐田，沒有人經歷過福特式的大量生產方式。只能用自己用過的手法，自己相信的做法闖進去，一決勝負。

但是，決心雖然悲壯，卻不感傷。因為他們都是抱持合理性的精神，考慮現實的人。用的是豐田生產方式，但是目的並不是為了讓美國人認同它。

目的是發展現地工廠，在美國的市場賣豐田的車；是讓美國勞工愉快地工作。他們明白使用該方式只是為了這兩個目的，並沒有更多想要傳揚該方式的想法。

如果楠和張是浪花曲故事中的人物，也許他們會在額頭綁上白布條，將喜一郎的牌位抱在胸前，登上往美國的班機。

但是，他們是務實主義者，認為只有在美國市場上得到消費者的支持，才是喜一郎的本意。統領整個計畫的楠，沒有多餘的傷感情懷。

楠的挑戰

出身東北大學的楠兼敬，是在戰敗的第二年進入豐田，同期新人當中，光是技術部門就有二十四人，絕對不算是少數。對貧困的新興企業來說，是咬牙召募的人數。入社之後，楠有機會見過喜一郎幾次，但只和他說過一次話。

即使如此，楠還是對喜一郎非常崇拜，感覺他是「拉著我們前進的人」。

後來，豐田陷入經營危機，薪水遲發、停發，楠到了休假日，還去接日薪的零工，到近郊的荒地開墾，積攢生活費。

激烈的勞工抗爭之後，喜一郎辭職。對楠來說，那是「難以置信的巨大衝擊」。雖然他是雲端上的人，但是楠在喜一郎身上看到了明治人的風骨。

抗爭之後，隨著韓戰爆發而出現的特需，讓公司起死回生。薪水發下來，可以不用去打零工了。

一九六〇年，公司還沒有到寬裕的地步，楠在長官寄予期望的心情下，被派到美國和西德。他一馬當先，直闖美國，雖然向通用汽車申請觀摩被拒，但是福特同意讓他去參觀工廠。

參觀之後，和美籍廠管交換意見，對方突然問：「豐田的生產量有多少？」當時豐田剛剛達成月產一萬輛的目標，所以，楠驕傲地回答：「Ten thousand.」美國人露出「真的嗎？能力不錯嘛」的表情說：「你是說日產吧？」楠回答：「沒有，是月產。」美國人廠管神情陡然變得狐疑。

當時，三大巨頭合計一年生產八〇〇萬輛車，而豐田年產量只有一二萬輛，那個廠管可能無法理解，這種公司還能算是汽車公司嗎。

福特觀摩結束後，楠飛往西德，去參觀福斯的工廠。福斯的接待員對楠說：「想拍照的話，隨時隨地都可以拍。」福斯並不是特別友善，而是沒把豐田當成對手。

第二次大戰期間，德國將工廠設備藏在森林深處，所以空襲時並沒有造成太大損害。戰後立刻將工廠設備整頓好，開始正式生產。戰後，日本的高度成長被喻為奇蹟，其實西德的恢復遠比日本快得多。

赴美前，一九六〇年時美國、西德都沒把豐田看在眼裡，「要在美國蓋工廠」這件事，一直在楠腦中盤旋不去。

一九六〇年代左右，從汽車先進國的角度來看，日本的公司想製造汽車，簡直是痴人說夢的嘗試。鐵材不夠好，玻璃品質不及格，橡膠也不行，工具機全仰賴進口，日本車是二流貨。

但是，從那樣的困境大家一路努力過來，推出卡羅拉，提升了可樂娜的品質，楠那一代的人從心底牢記著日本車破爛不堪的事實。

「去美國真的贏得了嗎？」雖然，他有品質提升的自負，也有在NUMMI經營成功的自信，但是不安的感覺還是縈繞不去。

柯林斯女士的功績

一九八五年，從數個候選地點中，選定了肯塔基州的喬治城作為美國工廠的地點。加拿大工廠則選定安大略省的劍橋。

當時的肯塔基州州長是瑪莎・雷恩・柯林斯（Martha Layne Collins）女士。她比其他州的州長更加熱中招商，親自帶頭招攬企業到肯塔基設廠。

她回想起當時說：

「我不能讓豐田到其他州去設廠，為了增加就業機會，這個案子絕對不能讓別人搶走。」我們見面時，柯林斯女士用強烈的口氣，話匣子一開就停不下來。

「那時候，想要招攬豐田設廠的州，報上名字的就有內布拉斯加、北卡羅來納等二十九個。我們絕不能輸給其他州。汽車工廠能開出大量的職缺，肯塔基州非贏不可。

「我親自到愛知縣的豐田總公司去，見到章一郎社長和他的家人，試圖說服他。

「豐田視察團從日本來的時候，我們放煙火歡迎，而且我和孩子們一起高唱佛斯特作曲的〈My Old Kentucky Home〉（肯塔基我的老家），這首歌日本人也熟知。經過多方的努力，所以豐田才會選擇肯塔基。

「我想，豐田是看到了肯塔基的南方式親切（美國南部的款待）、未來性，還有優質的勞動力吧。

「肯塔基人十分勤勞，而且自尊心很高。豐田的車不會故障，都是因為肯塔基的勞工教育程度非常高的關係。」

一九八六年一月，豐田美國汽車製造廠（TMM，現在為TMMK）成為當地法人，在肯塔基開幕。

肯塔基工廠的占地面積有五三〇萬平方公尺，是豐田創業以來最大規模，比國內最大的田原工廠（四〇三萬平方公尺）還要大。雇用的員工約三〇〇〇人，在人口兩萬的喬治城來說，是地方上最大的公司。柯林斯女士之所以強調「是我將豐田招攬進來」，是因為那是州長的一大功績。

雇用三〇〇〇名當地從業員，也是戰後日本企業興建現地工廠當中，空前的數字。在美國能有這麼大的雇用人數，也只有豐田和松下電器而已。對日本企業而言也是非常大的手筆。

進軍美國設立獨資工廠，自肯塔基之後，現在已有一〇座工廠，包含事務方面的事業所，豐田直接雇用的人數有三萬五〇〇〇人。如果加入經銷店、供應商的間接雇用，約有二四萬四〇〇〇人，再加上相關經濟活動而衍生的雇用，合計約四七萬人。這個數字在美國外資汽車公司當中也是獨占鰲頭。

進軍之際，工廠用地、基礎建設的整備與廠房建設齊頭並進，楠經手的事務則是美籍幹部的徵用及教育。因此，他從日本叫來六十名駐外人員，其中也包括了張富士夫（統轄整體的副社長）。

此時，楠特別關注日本職員的居住環境。派駐國外的日本人大多都在同一個地區找房子。日本人之間凝聚力強，不容易打入當地社會。既然特地派駐到國外，有些駐員沒有學會當地語言就回國了。

楠為了不讓這種事發生，全面指示「日本職員們的住所必須打散，不准住在一起，鄰居一定要有美國家庭」。

這項方針在三十年後，我到肯塔基拜訪時依然適用，當地的人在說到「豐田不是日本的公司，是肯塔基的公司」時，一定會舉這個例子作為證明。相反的，其他日本企業的駐員不論去到哪裡，都會聚居生活。

DNA的移植

錄用的二十餘名美籍幹部，前一份工作都是在通用、福特、福斯等公司，只有一人與汽車公司沒有關係。楠要求錄取的幹部了解豐田製車的精神，同時也像池渕在NUMMI實踐的方式，派他們到日本進行教育和進修。

在日本進修的時候，其中一人舉手，提出了這樣的問題：

「豐田的製車精神，不等於豐田生產方式嗎？」

楠不厭其煩地解釋說：

「豐田的製車精神並不等於豐田生產方式，製造的基本是客戶至上主義。

「第一，開發性能、品質、價格都能讓客戶喜歡的製品，接著是靠著最新生產技術和積極投資，建立強大的生產設備、生產系統。最後，以豐田生產方式在現場運行。」

對聽講的美國人來說，「客戶至上」的精神十分淺顯易懂，美籍幹部本來就重視市場學，「為客戶而製造」的解釋，很容易就接受了。

但是，對於豐田生產方式方面，幾乎所有人都誤解了。

有人提出這樣的疑問：

「TPS（豐田生產方式），就是在生產現場使用『看板』嗎？」

參加進修的美籍幹部都是汽車業界的人，來應徵的時候，都有讀過英文版有關TPS的書吧。但是，看來寫這些書的人並沒有正確理解豐田生產方式。

楠回答：

「豐田生產方式並不是看板。看板終究只是工具。豐田生產方式是只在需要時做需要的量。目標是只生產賣得出去的數量。

「雖然要盡可能建立精細的生產流程，但是不能切斷，必須靠著緊密的團隊合作，才能完成。

「還有，看板只不過是生產的信號。是作業員為了形成生產流程而發出的信號。」

楠詳細的解說，讓學員不致誤解。

「我希望你們了解看板的精神。假設我們要生產一〇〇輛車，某個零件，一輛車只需要一個。假設一個箱子可以裝一〇個零件，那就需要一〇個搬運箱。一個箱子掛上一張看板，所以，需要一〇張。但是，只有在最開始的時候需要一〇張，如果現場多努力一點的話，加快回轉，用九張就可以巡迴了。

「如果維持一〇張的話，只不過是單純的訂貨單。看板與訂貨單的意義不同，它是一種提升生產力，讓今天的生產比昨天更快的手段。」

楠和其他講師，不斷反覆地解說，但是坐在課堂裡的人，全都聽得一頭霧水。即使是汽車業界的人，光是聽講還是無法理解豐田生產方式。

但是，走進日本的母廠——堤工廠的生產線後，他們馬上懂了。

從創廠之初就進入肯塔基工廠的保羅．布里吉，就是進修學員之一，他也告訴我「不去現場看，就無法理解」。

「在我們的觀念中，生產系統就是福特主義（福特系統）。光是聆聽豐田生產方式的理論，不太能了解它有什麼革命性，但是一到現場，才發現那真的是革命。」

肯塔基一九八七

一九八七年，進行肯塔基廠房建設工程的期間，開始召募一般作業員。

他們公開「召募三〇〇〇人」，但來應徵的人竟然高達一〇萬人。不只是肯塔基州民，也有鄰近州的居民來應徵。他們有些是無業之人，也有人想從別處跳槽過來。錄取的人員中有速食店店員、教員、推銷員、農牧場工作者……，較奇特的還有棺材師傅。從日本的常識來說，學校老師跳槽來汽車工廠生產線，有點難以想像，但是他們自稱「希望能過著用自己的手製造物品的人生」。

與通用合資設立NUMMI的時候，百分之九十的作業員都是UAW（美國汽車工人聯合會）的會員，所以所有人都熟知基本的製造作業。

但是，肯塔基工廠錄用的員工，只有少數人隸屬於UAW。員工大多不是激進的UAW勞團成員，乍看之下好像是好事，但相反的，也要面對有造車經驗者不多的事實。

對作業員的教育也與NUMMI不同，必須從「汽車是什麼，引擎有什麼功能」開始教起，而且有些人連工廠都沒進去過，完全是外行人。為了讓他們體驗工廠的環境，又因為廠房還沒建好，無法進行實地進修，所以楠將總計三三〇名新進員工送到日本，讓他們在堤工廠進修四個星期。

三三〇人光是旅費和在日本的生活，就是一筆龐大的費用。而且為了教育普通作業員，讓他們坐飛機到國外去出差，也是無例可循的事。

而他們對於這趟日本行感到開心嗎？倒也未必。對不少在肯塔基土生土長的人來說，坐二十個小時的飛機，到名古屋去，是很大的精神負擔，感到膽怯的人也不在少數。

此外，在美國，丈夫出門一個月不在家的話，光是這一點就能成為充分的離婚理由，所以也必須取得妻子們的理解。

從喬治城驅車三十分鐘左右的雷辛頓國際機場裡，到處是對旅行不安和與家人分別不捨而大哭的員工。而在豐田來說，第一次國外設廠更是耗費許多心力和金錢的大計畫。

來到堤工廠的作業員們在聽取講學之後，就到生產線上實習作業。但是，再怎麼說，畢竟是外行人，因為學不會施力的大小，而把車體弄凹、劃傷的失誤頻頻發生。外行人就是外行人，雖然個個都有心想學，但還是常常事倍功半。

即使發生了許多失誤，肯塔基來的作業員們還是順利完成了四星期的進修體驗。但是楠和張得知他們的反應後，感到些許不安。工人們雖然了解了豐田生產方式的梗概，但還是不太會「拉安燈線」。

「只要有什麼不對勁，立刻拉線停下生產線。」

主管們近乎囉嗦地下達這個指示，但是沒有一個人敢拉安燈線。即使用強制的口氣指示，他們也總是低頭不語。

他們對標準作業的設定、看板的使用方式、消除中間庫存等要求，都能一學就通，滿口「OK」。為了設定標準作業，管理部長站在後面用碼錶測量時間，他們也毫不放在心上。這是美國工廠裡常見的景象，任何人對此都不會感到壓力。

然而，他們不拉安燈線。楠和張對這一點早有心理準備。因為退休的大野曾提醒過張「他們不知道會不會拉安燈線呢。」

張前往肯塔基上任前，去見了大野一面。

「把豐田生產方式根植在美國的時候，最需要注意的地方是哪裡呢？」

大野凝視著張的臉說：

「我想是那個吧。美國人是否敢拉下安燈線，只有這一點而已。」

楠和承接實習的堤工廠人員都曾經一再教導過，可是，他們實際進入生產線後，卻不太願意拉安燈線，而且他們還提問：

「我們真的可以拉線嗎？這不是管理部長的工作嗎？」

NUMMI建廠的時候，這一點也是一大瓶頸。

在NUMMI，有九成員工是從通用工廠直接轉移到合資工廠的人，在通用時代學到的指示是：「管理者才有停止生產線的權力」，所以他們相信，如果依自己的判斷停下生產線，會遭到解雇。事實上，在通用時代，確實有工人因為停下生產線翹班，而被立即解雇的情事。

「隨便停止生產線的話，被解雇也是活該。」

在全美的汽車工廠中，這可以說已經是一種常識。

進修結束，廠房完工，作業員們到新設的工廠開始上工，但是工廠開始運轉之後，他們還是不拉安燈線。

如果，不拉安燈而讓生產線流下去的話，瑕疵品就會流到下一個工程去。楠和其他人在廠區貼了告示，再三教導作業員「一發現不對勁，就拉線」。即使如此，作業員還是不敢實行。

最後，只好讓他們體驗出現瑕疵品，停下生產線數小時到十幾小時，徹底找出原因的過程。美籍幹部擔心地來問：「快點啟動吧」，但是在完全修復之前，楠絕對不讓它啟動。他也不叱責，只是讓他們看看停下生產線是怎麼一回事。

「為了讓瑕疵品不再出現，就算是停機一天都沒關係。這就是豐田生產方式。」

不用言語，只讓他們自己體會。若不這麼做，就無法讓他們了解自働化真正的意義。楠和其他幹部下定決心停下生產線，徹底地找出原因。

停下生產線十五個小時之後，作業員的觀念改變了。汽車製造工廠裡，從來沒見過在沒有事故的狀況下，停下生產線那麼久時間。工廠中，沒有進行任何作業，大家默默地打掃，整理整頓。美籍作業員們坐立難安，但是，生產線依然文風不動。

「真希望它快點啟動。」當時擔任組裝經理的戴夫．考克斯回想說：「停下生產線的期間，大家自然而然地開始思考。生產線為什麼停下來？停機的原因是什麼？作業員切實感受到『這裡和其他工廠不同。』只是，生產線停那麼久的時間，精神上真是折磨。」

那是絕無僅有的十五小時停機。後來，只要一有狀況，立刻停止。漸漸的，作業員學會了拉安燈線。然後，張會飛奔到作業員身邊，拍拍他的肩膀說：「Thank you」，瞇起眼睛笑了。

最後，一而再再而三的執行。為了不再出現瑕疵品，當場查明原因，一次又一次的這麼做。同樣的作業方式一再地重複，指導他們「思考」，直到生產步上軌道為止。

教育安燈線的同時，也對所有從業員進行內部教育。不只是現場的作業員，辦公室的職員、從事輔助性工作的人，公司也出錢讓他們進修，從進入作業之前的安全講習開始，在上班時間內施行教育。

張曾經聽到這樣的感想：

「豐田是我工作過的第四家工廠，以前我去進修都是自己掏腰包，這是我第一次體驗到公司幫我出錢。」

現場的人如果沒有感覺「賺到」，就不會產生「拿出幹勁拚一下」的念頭。上層只是強迫他們「快點做」，不能傳遞出新的觀念。

經過一段時間，自働化精神落實之後，接下來，越來越多作業員帶著自己想到的「小點子」到廠裡來。

有的作業員看到每天到現場視察的張，就會直接把點子告訴他。

「密斯特張。」

「怎麼樣？」

「我在我家車庫做了這個東西。」

張仔細一看，是讓鎖螺絲更輕鬆的機具。

「我以前從來沒見過這種東西，真有意思。」

張道出自己的感想後，對方說：「好玩吧。如何？把它拿來用吧。」其實，他們想出的點子有的有用，有的也沒有用。但是，帶點子來的次數，比日本人更多。張深深記得這份感動，美國果然是DIY（Do It Yourself）的國家。

「在肯塔基工廠建設之前，認為『何必一定要在美國建工廠？』的，其實是美國的經銷商。『在美國暢銷的凱美瑞，是日本堤工廠生產的。如果，肯塔基的凱美瑞成為品質較差的產品，客戶一定會指定要日本製的凱美瑞。』

「為了除去經銷商的不安，我們一再保證，只要出現瑕疵品就停下生產線，絕對不讓瑕疵品流到後端，並且付諸實行。」

說這句話的是從現場一步步升到肯塔基廠長的威爾．詹姆斯。他的口頭禪是：「我像大野、張先生一樣，總是待在現場。」待在工廠的時間比在辦公室更長。

他說：

「日本製的凱美瑞故障少，所以賣得好，比三大巨頭的車更堅固。只是，剛開始的時候，大家對肯塔基工廠的凱美瑞都感到憂慮。不過，嘗試之後，我們生產出和日本製同等級以上的車。對作業員來說，最開心的事莫過於得到『好車』的稱讚。」

肯塔基工廠就這樣開始正式運轉了。一九八八年產量一萬八五五六輛，一九八九年增加到一五萬一四九一輛。第一年度的生產量少，是因為對員工們的徹底教育，比生產更重要。

正確傳達新生產方式的教育，花了大量的時間與成本。只做簡單的進修，豐田生產方式無法發揮功能，若沒有源源不絕的教育和現場的實踐，也不能達成期望的成果。像豐田這樣，從一開始就將現場教育編入成本的公司雖然好，但是原本並不重視現場教育的公司，若想引進該方式，難道不會猶豫教育成本的負擔嗎？

問題還沒完。教授者的資質，也會影響該方式達成的結果。指導員最需要的特質，是觀察力。

觀察現場，察覺問題，與作業員討論，問出他苦惱的地方，分析從現場和作業員手上得到的情報，思考出解決方案。但是，這裡並沒有模式化的公式，有多少現場就有多少種解決方案。同樣的答案可以成為解決的線索，但是想要完全複製、援用在其他案例的態度是不對的。指導員需要不斷吸收新情報，適當地引進ＩＴ化，但隨時加入新點子。

而最重要的是，「不要直接教授」解決方案，指導員要引導現場的人自己想出答案，而不是直接傳授給他。也許他的答案和指導者提出的答案不同，但只要現場的人認為容易執行，那他的想法就是正確答案。

大野的副講師鈴村退休之後，成為整理該方式組織的指導負責人，不過他去指導的時候也絕對不講答案。他會睜著大眼盯著你，兩手交叉的說：「如何？」從他口中吐出的話只有：「要不停的改良哦。不要說做不到，先試試看再說。」

輕易把答案說出來，對方就學不會。了解這一點的人才是優秀的指導員。

另外，思考太過一板一眼、沒有彈性的人，可能不適合當指導員吧。就像鍛造技工河合滿說過的，「滑頭的人才會想出新點子」，發現作業上不易執行的地方，思考好做的方法，或是熟讀手冊，只抽出其中精髓部分——當一個人在生產線作業中，不想做出浪費的動作，就會產生出這種態度。

這樣的人會燃起改善現場的企圖心，而指導員也必須要有度量，接受從「想偷懶」產生的改善提案，並且讚美他「做得好」。只會把舊有的手法、書上寫的做法照本宣科傳授給別人的人，不能成為豐田生產方式的指導員，而且再怎麼說也不適合實踐性的指導。如果不能配合各現場，有彈性地給予指導，作業員就無法服氣。

實際上，大野也是個極有彈性的人，楠回憶說：

「第一次石油危機的時候，車子的生產量要仰賴電力、燃料等能源，以及材料的獲得上。尤其是塗裝工程運轉所需要的燃料不足。

「那時，大野副社長指示我：『楠，盡可能在車體工廠的最後區域貯存一些車體，燃料一燒起來，就把漆一次噴出來，能做多少就做多少。如果貯存車體的場所不夠的話，把車體工廠最後那道牆打掉也可以。』

「大野先生是個堅決不准保留中間庫存的人，但是為了有效運用短缺的燃料，他竟然會指示累積車體庫存。

「大野先生偉大的地方在於，他平時對原理原則堅絕不退讓，貫徹追求很精實的生產線，甚至到達所謂『零庫存』的地步。但是，在實際的營運上，他卻極為柔軟，但是外界大多不知道他的這一面。」

與張、池渕、林、友山、二之夕……，以及在現場的河合等大野門下理解豐田生產方式、擅長傳授的人談過之後，我發現他們都相當幽默、柔軟，而且有時候還滿厚臉皮的。將教科書內容奉為聖旨、填鴨式傳授的人，因為不質疑傳統的方法，所以在職場中無法推進改善，而且也會給現場的人壓力。

北美事業的意義

於加州費利蒙設立的豐田通用合資公司NUMMI、豐田獨資設立的TMM（現在稱為TMMK）肯塔基工廠、在加拿大設立的TMMC安大略工廠，這三廠是豐田的早期北美事業。

從一九八四年開始，到一九九〇年三廠正式運轉為止，稱得上是計畫的草創期。之後，豐田在北美設立了十二個據點工廠。看看在美國的十家工廠的數據。一九九〇年雇用一萬三〇〇〇人，到二〇一五年雇用三萬五〇〇〇人。而且自一九六〇年起至今，累計投資達二二〇億美元（二兆四〇〇〇億日圓）。

豐田進軍北美是日本企業在海外的投資計畫中，規模最大，也是最具革命性的嘗試。

當時，豐田投資北美、設廠，也都上過媒體的版面。但是，包含豐田的員工在內，只有少數人能掌握它真正的意義。它不只是單純地在北美洲設立工廠而已，而是將日本創造的製造系統——豐田生產系統帶入美國，使之落實。但是媒體卻很少對這項事實與意義，有過正確的報導。

當時，日本正要走向泡沫的時期，裝飾版面的文章越來越多關於錢潮的題材，日本開創的製造革命很難成為話題。人們關心的焦點全是與金錢有關的新聞。

回顧歷史，泡沫的潮流是從一九八五年發表廣場協議（Plaza Accord）的時候開始的。廣場協議是指包含日本在內的五個先進國家，協調默許美元貶值的政策，以幫助美國經濟重新站起。結果，美元兌日圓匯率從一美元二三五日圓，急升到一五〇日圓。

當時，豐田在肯塔基、安大略的投資額為二一六〇億日圓，日圓走強的話，正適合投資。即使如此依然是一筆巨款。當時，媒體對於買土地、靠理財周轉資金的公司，興趣比在海外設廠的公司更大。比起放眼製造業未來的投資，人們對預估眼前利益的投資，更趨之若鶩。廣場協議之後，開啟了理財的時代。

日本企業擁有的土地價格上升，地價的上升反映在股價上，出現股票獲利。企業利用股票獲利買土地，投資金融商品，形成只有理財才是王道的風潮。

一九八七年，日經平均指數突破二萬點，NTT股票上市，股票熱潮來臨。八八年肯塔基工廠的凱美瑞上市時，野村證券以經常利益達五〇〇〇億日圓，成為日本最賺錢的公司。那一年年底，日經平均指數突破三萬點。

八九年，泡沫繼續膨脹，到達頂點。索尼買下哥倫比亞電影公司，三菱地所買下洛克斐勒中心，成為自家的物件。「東京二十三區的地價，比美國全國土地的市價總額還高」的新聞傳遍街頭巷尾，但是豐田肯塔基工廠中，美籍作業員如何接觸豐田生產方式，揮汗如雨地製造汽車等過程，不在新聞報導的範疇中。

豐田也在這個時期，被一個不合理的棘手事件所波及。豐田的零件供應商小糸製作所，其股票遭到綠色勒索者（greenmailer）布恩・皮肯斯（Boone Pickens）把持，對豐田施壓，要求他們「高價交易」。

在皮肯斯後面牽線的，是泡沫時期外稱AIDS（譯注：泡沫時期新興的不動產公司，以它們第一個字母組合的簡稱，分別是A麻布土地、I的EIE國際、D第一不動產和S秀和）的四家公司之一——麻布汽車。麻布汽車持有小糸製作所的股份，但是他們並沒有放上證券市場賣出，而是企圖要求小糸製作所的大股東豐田收購。

麻布汽車的老闆渡邊喜太郎認為，只要大眾媒體把消息流出去，引起軒然大波的話，豐田就會買下股票吧。而且用外國人的名義，比用麻布汽車更好。

雖然皮肯斯宣稱「股票是向麻布汽車買來的」，但是仔細一查就發現，他所說的並不是事實，但是，媒體還是用豐田對壘皮肯斯的圖表，大幅的報導。

會長豐田英二斷然拒絕買下。雖然也有政治人物向他施壓，但是，他一向拒絕在市場外替別人的股票抬轎、這種不合情理的決策（這部分的來龍去脈，詳見《泡沫——日本迷航的原點》永野健二著）。

最後，泡沫破裂，股價下跌，皮肯斯出場，麻布汽車損失慘重。

後來，英二回想皮肯斯事件時這麼說：

「在泡沫那個時代，人們說製造業的人是笨蛋，因為這麼說比較威風。」

「結果，在小糸事件上也是這樣，泡沫時代真是個怪異的年代。」

豐田的進軍北美，是怪異年代所進行的正當投資，肯塔基的人至今都很歡迎豐田的進駐，後來豐田章男在召回事件中飽受攻擊時，他們也挺身為他說話。可以說美國人對豐田生產方式的評價，反而比一般日本人高，他們深切感受到它優於福特式的生產方式。

世界各國在生產現場採用豐田生產方式，並不是因為它在日本普及，而是該方式在美國也能正常發揮功能。有了國外的成功案例，所以不只是汽車業界，其他產業也決心將它引進。

池渕，是將豐田生產方式帶進美國的人物之一。「我們信任美國的作業員。」他說：

「那時候，在三巨頭的數千人規模的工廠裡，大概有二〇〇名管理層級的工程師。這些人拿著碼錶，監視作業員，計算作業時間。然後決定標準時間，向工會說明之後，再開始工作。工廠裡，工程師的存在就是為了向工會說明。

「如果這種事讓大野先生看到了，他一定會說：『標準時間或作業流程，讓作業員自己決定就好了。』

「只要給人們自由度，他們就會想工作。豐田生產方式不是強制工作，而是給予自由，所以生產力才會提高。

「我們每星期都會改變生產線的配置，讓它能夠順暢地流動（flow）。但是，三巨頭不會做這種事。他們拉出一條生產線後，就固定下來了。這可以算是豐田生產方式的特徵之一，可是很少有媒體提及這一點。製造業圈內的人了解這個意義，但是從那個時候到現在，一般人大多還是一直抱著誤解。」

大野耐一去世

一九九〇年五月中旬，肯塔基工廠進入正式生產時，在當地統攬現場事務的張，臨時趕回國內。一方面是工作的關係，另一方面是為了探望住在豐田紀念醫院的大野。這所醫院最早是戰前舉母工廠開設時所設的診療所，現在已有超過五〇〇張病床的規模。

大野病倒後，這是第三次住院。張來探望時，妻子良久正在病房看護。

大野認出了張，試圖想坐起身來。

「不用不用，老爹，您躺著就好。」

張坐到床邊，對他說：

「老爹，肯塔基工廠總算開始順暢了。等您病好了，一定要來看看。」

「嗯，好啊。」

大野微微一笑，再次想把身體俯向張。

同月二十八日，大野沒來得及出院，就在醫院裡與世長辭，得年七十八歲。五十年的上班族生涯，有十一年在豐田紡織工作，剩下的日子全都在豐田汽車，為提高生產力而奉獻。

大野一生堅持「創造豐田生產方式的人是喜一郎社長」的說法，這並不是對創業社長的客氣，而是他很清楚，自己做的事畢竟只是遵從喜一郎的指示，將及時化的概念具體化。大野對遣詞用字相當挑剔，他最討厭別人叫他「豐田生產方式的發明者」。

如果重新思考大野留下的遺產，那就是人才。從鈴村開始，擔任豐田生產方式傳播者的員工們，就是大野的遺產，而且人才現在還在活躍中。

常務董事二之夕說：「我在大學的同學會上，見過大野學長。」

「我當時還是新人，心裡很惶恐，不太敢接近他。但是，看到大野學長，我很受激勵。」

之後，二之夕進入生產調查部，歷經主任一職，現在成為元町工廠廠長。大野也在該工廠擔任過廠長，現在二之夕每天早上出勤時，一定向大野的肖像鞠躬致意。

大野說到豐田生產方式，總是會說「沒有完成的一天」，而且他也總是強調，不要把他說的話當成金科玉律。他既不想成為教祖，也希望指導的部下獨立成材。

大野還在豐田上班的時候，有一次去韓國出差，在釜山的生產力總部，演講豐田生產方式。

在那裡，他說「最重要的是對所有事物都要抱著疑問」。

「為什麼夕陽是紅色的？為什麼蒲公英的花是黃色？抱著疑問就會帶動學習，培養所謂思考的人。」

他們追求的並非所謂的知識，而是從煩惱、痛苦中思索出來的智慧，而它就會帶動改善。

豐田就是靠著「智慧與改善」這句話，傳承到今日。

肯塔基工廠的保羅．布里吉堅定地說，豐田生產方式「對會思考的組員而言，是完美的生產方式」。

如果大野聽到保羅的話，他肯定會說：「這是我最高興聽到的話」，可惜這個願望無法實現了。

泡沫破滅

大野去世的一九九〇年，泡沫破滅了。前一年，日經平均指數衝上歷史新高，但是在九〇年開始暴跌，狂瀉不止。但是，當時土地的價格並未即時反應，跟著下跌。在九一年土地價格崩跌之前，周遭並沒有不景氣的感覺。

但是，自九二年起，情況就大不相同了。三月，三大都會區的公告地價下跌了一一．六％，年底股價跌至一萬六九二四點。與八九年的三萬八九一五點相比，等於腰斬到一半不到。土地價格和股價直墜谷底，可以說從這一年的年初開始，日本的經濟就有問題了。九五年發生阪神大地震、地鐵沙林毒氣事件，九七年消費稅從三％調升到五％。人們不再熱中消費，面對即將到來的不安未來，開始學會節儉。

不只是汽車，其他商品也賣不出去了，日本走入通貨緊縮的時代。如果要說這時候有什麼車暢銷，那就是實用的輕型車，以及對環境友善的油電混合車。

泡沫破滅之後的狀況一直延續至今，豐田也受到消費不振所拖累。國內市場雖然說不上苦戰，但是也不算有成長。在北美建設工廠之後，又擴展到歐洲、亞洲、中國、南美、非洲等全球各地，所以生產量還是在增加。

而且，從數字來看，營運順利、還能貢獻利潤的是北美市場。決定進軍北美、大量雇用美籍員工，到底成為豐田多大的強項呢……興建肯塔基工廠，為豐田帶來難以估計的好處。

泡沫破滅後，如果說國內狀況有什麼變化，那就是豐田成為日本頂尖的公司。業績、毛利自是不在話下，同時，會長豐田章一郎更就任第八屆的經團連會長（一九九四年）。

在喜一郎判斷「紡織機事業已經日落西山」而投入汽車事業後六十年，他的兒子坐上了財經界大本營的領袖之位。

即使被揶揄「織機廠的少爺開始不務正業」而仍然堅持經營的事業，不知不覺間豐田成了培養出財經界領袖的公司。

不過，章一郎本人倒是沒有這份感傷，他在戰後遵循父親的指示，到魚板工廠工作，也體驗過建材的工作，因為經歷過艱難的時代，所以並不會升到人人稱羨的地位，就自鳴得意。

章一郎就任經團連會長的同時，豐田生產方式的發展也進入新的局面。

以往，豐田生產方式都運用在生產現場和物流上，但有一個人認為它「也可以運用在銷售上」。

於是，他開始實踐。

第16章 爬上卡車的男人

批判

一九九一年，當豐田的北美事業步上軌道時，《朝日新聞》登出了標題為〈效率經營的弊害〉的報導。

「在規定的時間裡，要求業者繳出需要數量的需要製品，豐田汽車發想出的這種方式，已為其他汽車製造商和流通業界所沿用。（略）

「但是，這個方式引起了交通阻塞、交通事故、大氣污染等問題，因為規定時間的配送和小量高頻率配送的普及，使交通量大增。

「承包的零件製造商為了應付母公司指示的交貨日或時間，而忙得團團轉，衍生出無法休假的問題。（略）

「『及時化』現在被譽為效率經營的極致，但卻給社會帶來無效率，這不啻成為一種諷

刺。」（引自三月七日晚報〈效率經營的弊害〉，窗・論說委員室）

讀一下內容即會發現，這是一篇並沒有到現場確實查證的報導。進行規定時間配送、高頻率小量配送，並不等於交通事故增加。此外，當時已經在進行物流的改善，有公共配送車到協力企業載送各家的零件。各家公司零散的配送方式，是不符合豐田生產方式的浪費行為。

不過，如果把所有向豐田交貨的協力企業加起來，有數萬家公司。為了及時送達，的確有車子開到豐田工廠附近等待入倉，這些車輛也引起了交通阻塞。畢竟還沒有那麼徹底地讓數萬家公司，全部都採用有效率的物流方式。

報導引發了巨大的迴響。

「豐田錯把公路當成自家的道路。」

「豐田又在逼迫承包商，為所欲為。」

抱怨聲湧入，世人也以為報導的都是事實。後續還出現〈對「看板方式」重新評估的看法高漲〉的報導。豐田的立場漸趨不利。

公司本身的宣傳技巧不高明也是原因之一，但這項報導成了「豐田黑心」的決定關鍵。

在這種氛圍中，有個人展開了行動。

起因是他去高岡工廠的時候，注意到將零件送進工廠的卡車出入不太規則。

如果是一般的公司，通常會向交貨的廠商進行意見調查或問卷調查，掌握狀況。但是在豐田，「實地實物」為基本原則，他們認為應該「去現場直接問問看」。

這個人——豐田章男，朝著和他一起跑遍現場、生產調查部的後輩友山茂樹招呼。

「喂，出門嘍。」

章男從家裡駛出Soarer去接了友山，催了油門駛出廠區。

「就是它。」聽起來像是自言自語，他讓Soarer加速，緊跟在一輛十一噸卡車的後面。卡車的車斗寫著刈谷通運四個字。

「這個人到底想幹什麼？」

友山覺得不可思議。

章男尾隨著卡車。不管怎麼看，這個人都很可疑。來到國道時紅燈亮起，前面的卡車停了下來。

章男拉起手煞車。

「後面就拜託你了。」

「嗄？拜託我什麼？你到底想幹嘛？」

友山瞪著眼睛，大為吃驚。章男離開駕駛座，走到車外。

「我要去問那司機幾句話。不好意思，能不能請你開車跟在後面。」

章男丟下這句話，便在公路上跑起來，繞到卡車的副駕駛座，用幾乎把車門敲壞的力道，砰砰的敲著。

「這位大哥做出這種事，沒問題嗎……」

友山雖然擔心，但是，章男已經打開車門，直接坐進副駕駛座了。

友山連忙跟在卡車後面。大學時代，他在群馬縣是出了名的「快車手」，對開車頗有自信。他一路緊跟著卡車，不敢稍離。

不久後，卡車載著貨物，駛進元町工廠。友山也跟在後面，但是廠區幅員廣大，道路交錯。而且卡車、搬運車、轎車混雜，他追丟了。

終於在雜貨店前發現了蹤跡。「這裡！」章男笑咪咪地揮著手，然後遞給友山一盒咖啡牛奶，「來，給你。」

「不只是你有，我也給了司機一盒。」

章男繼續說道：

「果然還是得問問現場的人才行。」

友山回憶當時的情景：

「章男說，零件的配送路線和時間，車上載了多少貨等，都刨根問底的問個清楚，連有沒有好好休假，也再三確認。

「這就是豐田的實地實物。並不是在會議上等人報告後決定，而是實際詢問配送零件的人。」

從此時與司機的對話就可以看出，章男已經認為豐田生產方式可以套用於更廣泛的領域。

一九九二年，章男從生產調查部轉調到國內營業部，成為管轄卡羅拉經銷店的地區經理。剛開始他負責的地區是北陸三縣和長野，後來是岐阜、靜岡、三重。

在這個職位上，有關新車物流方面，他也察覺到「怪異點」。剛剛組裝好的車，送出工廠後的配送時間好像太長了。

「豐田的車在工廠內逐漸蛻變成及時化。但是，只要走出工廠一步，後面的狀況就不清楚了，必須再一次從現場好好的調查清楚。」

身為地區經理，巡迴各銷售店時，他注意到車輛留在放置場的在庫時間。調查之後發現，出廠後的新車會在銷售店長期放置。

章男心想：

「我們縮短了前置時間在生產車子，但是，卻花了太長時間銷售。從接到訂單到交車為止，長達三十天以上。雖然客人願意耐心等待，但不管怎樣，這也太……」

當時，不論哪一家汽車公司，銷售的時間都和豐田差不多，交車後才能收到車款，所以就更久了。

要怎麼做才能把交車、收款的時間再縮短一點呢？豐田與經銷商之間，也進行多方面的討論，但是銷售店在可以掌控的工作領域上，也拿不出有效的方案。即使銷售店的放置場裡已經停滿了車，他們也沒有指示說要「快點賣掉」、「送到客戶那邊去」。

章男覺得「這樣不行」，他的疑問越來越大。

「銷售店的店長可以掌握賣車的數量，但是，也能確實掌握賣一輛車花了多少的成本嗎？」

「銷售店旁的板金工廠裡停滿了待修的車。用豐田生產方式來說，根本是庫存山，那些部分難道不該想點辦法嗎？」

他想得越多，腦中就浮出越多可疑之處。

其中，最覺得奇怪的地方是「沒有從使用者的角度來看」。

「客人訂了車，當然想早點開回家。此外驗車的時候，很難忍受將近一星期沒有車可以開。

「對這種狀況，豐田可以不用管嗎？可以交給銷售店負責嗎？這樣還能說是顧客至上嗎？」

章男雖然只是一介地區經理，但是他決定先前往岐阜的銷售店，進行物流改善。

當時，「豐田」這個姓氏幫了大忙。若是一般職員上門，表示「想要改善」，銷售店的人一定不會馬上回應。對銷售店的人來說，章男是「創業者家族的人，不能不稍微應付一下」，這層顧慮可以說發揮了功用。

而且，章男還叫來了林南八出任顧問。林因為指導豐田生產方式，在業界名聲響亮，有他出馬，岐阜銷售店的物流改善推動得十分順利。

之後，其他銷售店也全力投入改善，但是，對象只限於章男負責地區的店鋪，所以整體並沒有獲得太大的成果。

創業者的接班人要承受上一代的果報，不論他怎麼努力，軟弱的形象總是揮之不去。但是章男在生產調查部磨練過，他依據從那裡學到的智慧和體驗，投入銷售的改善。

這是一份非他不可的工作，也是貢獻給豐田的工作。只是世人完全不知道，他從事的工作種類，和外界流傳的「少爺」形象並不一樣。

豐田是從一九九六年起，正式開始銷售和物流的改善。國內企畫部成立「業務改善支援室」，除了章男之外，召集了六十名成員。他們飛到全國各地的銷售店，積極從事物流與整理作業的調查，進行改善作業。

當時，友山隸屬於生產調查部，已經是成果斐然的王牌指導員，但是章男的一句「你也一起來」，他便調到業務改善支援室。

一九九七年，豐田章男成為業務改善支援室的室長，同年啟動「Gazzo」計畫，以中古車物流改善時建立的圖片搜尋系統UVIS（Used car Visual Information System）為基礎，進展到可從畫面操作，搜尋新車資訊、驗車預估、入庫預約等服務，但那是較後來的事。

在推動當時的課題——銷售店改善中，章男、友山在一九九八年投入的是名古屋的銷售店，名古屋豐寶的工作。

名古屋豐寶為全國二八〇個豐田體系經銷商（銷售店）之一，豐寶的五十二家店當中，名古屋的銷售量排行第二。冠軍是東京豐寶，不過它是百分之百豐田的子公司，所以名古屋是獨立企業中的冠軍。

店長是小栗一朗，小栗從大學畢業後就進入豐田，工作了五年後，在一九九〇年回到祖父開設的名古屋豐寶。

小栗後來回顧那個時期，為什麼銷售店的改善能夠有成果。

「九〇年我離開豐田時，泡沫正在破滅，但是車子還賣得出去。有時候銷售店還會缺貨。「業績開始減少，或說出現異狀，是在九一年。隔年，我去美國留學，九三年回來的時候，名古屋豐寶的放置場，滿坑滿谷都是車，成了棘手的問題。正在思考該怎麼做時，我聽到新聞說當時的豐田室長要開始改善。

「所以，我心想，只能和他合作了……其實，從發想到真正開始改善，又經過了不少時間。」

豐田在國內是銷售冠軍，從工廠出廠的車必然比其他公司多。銷售速度飛快的期間無可厚非，但是一旦賣況停滯，停車場滯留車的增加，也是其他公司很難相比的。

車子曝露在室外，一旦下雨，水滴會附著在車體上，經過透鏡效果，陽光會讓烤漆變色。變色嚴重的話，就得重新烤漆。此外，工廠到放置場的配送期間也有風險。輪胎彈飛碎石，打到堆在車輛運輸車上的車體，剛從工廠出貨的車就成了瑕疵品了。

為了減少風險，只能盡快將完成車送到客戶家中。這個速度越快，客人越開心，對賣方也有好處。但是以前誰也沒提過，要縮短「銷售的前置時間」。

也可以說他們做不到。並不是沒有人想到這件事，據說大野耐一也考慮過進行改善。只是他在豐田的時代，豐田的製造和銷售分屬不同的公司，這樣的提案相當於干涉內政，不可能實現。

那麼，為什麼只有豐田章男能夠提案、實行呢？只是因為他是創業家族的一員嗎？

小栗這樣推測：

「一方面他是創業者的孫子，但是，比這因素更重要的是，豐田社長是在八四年進公司的，那時工販已經合併了，他既不屬於豐田自工也不屬於自販，加入的是新生的豐田汽車。加入新生的豐田汽車之中，第一個成為課長的人也是豐田先生那一世代的人。這一點很有幫助。

「工販合併後經過了十年以上，才開始銷售店的改革。我想是新生的豐田汽車，出現了解決問題的機運。

「還有，在銷售改善時，邀請林南八先生出馬擔任顧問，也適得其所。挑剔型的林先生到來，大家也有了幹勁。」

在銷售上引進豐田生產方式，是豐田歷史上最困難、也是最容易失敗的挑戰。不論哪一家公司，都有生產和銷售對立的問題，豐田也不例外。

自工與自販都知道彼此不能再繼續維持現狀，時常在互相對罵之下進行討論。但是總是拿不出有效的辦法。

也許就是因為這樣，關於銷售的改善，在社史上只用一句話帶過：「一九九四年，第三車輛部獲得生產調查部的協助，開始將豐田生產方式（TPS）用於銷售店的業務改善活動。」

在推廣到協力工廠或海外工廠上都遇過反彈或障礙，但是生產現場的同仁們都有共識。相對的，生產和銷售是兩個不同的領域。生產方對銷售方下達的指示感到不快；銷售方遇到業績不佳，覺得「把不好賣的商品塞給我們」而累積不滿。現場中，不論哪家公司，兩者都不是能合為一體的關係，宛如油水並不相容，所以即使一味地說「在銷售上採用豐田生產方式」，銷售店也很難說：「謝謝，真是個好辦法。」不只如此，不少人看到生產部的人插手銷售現場，就感到十分不悅。

參與這份工作的友山，日後曾進行演講，談及在銷售上引進豐田生產方式的經驗。當時，坐在最前座聆聽的池渕浩介對他這麼說：

「哦，幹得好。這份任務連大野先生都沒能做到。像我們也只是想過而已，絕對不可能做到。」

銷售的改善

打從工販合併以前開始，豐田自工與自販都標榜著「以客為尊」，曾經有過富建設性的討論。

但是，生產和銷售各有各的理論。一般來說，生產方認為如果製造大量同款式商品的話，就可以減化零件和作業，所以生產力會提高。相對的，銷售方想要的是好賣的商品。如果送來的貨全部是同款、同色的商品，他們也會感到頭痛。

以豐田來說，客人買了同款的卡羅拉，也希望自己的車和別人的車有些不同。就像是在路上遇到跟自己穿同款的優衣庫刷毛衫，也會驀的感到不舒服，車主也不想在購物中心的停車場，停在同車種同顏色的車子旁。

一手打造自販的神谷正太郎曾經一再訓示：「使用者第一，經銷商第二，製造廠第三」，但是，泡沫破滅後，豐田章男在各現場奔波時覺得，現在的豐田好像不再遵守神谷的訓示了。他指的是在名古屋豐寶正式著手銷售改善之前，在卡羅拉岐阜的經驗。

他出差到岐阜，到銷售店的新車放置場一看，停滿了綠色的卡羅拉II。當時，豐田決定綠色作為卡羅拉II的主推色，積極的促銷。對有意買新車的潛在客人，也都推薦綠色卡羅拉II。結果，綠色卡羅拉II的訂單大增，所以，工廠的生產線一再生產綠色卡羅拉II，銷售店停滿了綠色卡羅拉II並不奇怪。

但是，章男揮不去腦海中浮現的疑問，他問自己：

「我們提供的真的是車主想要的車嗎？」

第二次出差到岐阜時，他去名古屋車站的小店買便當。他想吃的是雞碎肉便當，但是，可能那種口味太受歡迎，店裡只剩下什錦便當了。他只好將就去拿什錦便當，這時候靈光一閃，他明白了：「啊，和我們一樣。」

後來，他很喜歡講述雞碎肉便當帶給他的衝擊。

「我想吃雞碎肉便當，但是沒有賣，所以只好將就，買了什錦便當。可是，便當店的老闆不會這樣想。他看到銷售的數字，心想『哦，在名古屋，什錦便當賣得特別好，喜歡什錦便當的人一定很多。』……

「事實剛好相反。客人——就是我，我想吃雞碎肉便當，但是，只看數字的話，絕對看不出來。

「聽懂了沒？我不是因為吃不到雞碎肉便當，所以很生氣，我是在說，製造客人想要的商品，是廠商的責任。」

對食物的怨念真可怕。章男因為吃不到雞碎肉便當，更加燃起了改善銷售的企圖心。

一九九八年，名古屋豐寶的改善正式開始，章男是負責人，但是實際在現場指導的是友山。而且如同前面提到，與友山搭檔、接受改善的負責人是剛剛留學歸國的小栗。

小栗遲疑了片刻，才開始說明當時的事：

「豐田本體與經銷商的關係，唔，我想想看，它讓我想起德川幕藩體制……」

聽不太懂耶，我插嘴道。小栗說，真的，我有這種感覺哦。

「東京豐寶、東京卡羅拉等經銷商是直營店，也就是旗本（譯注：武士的一種身分，屬於將軍的直屬家臣團）。其他的經銷商，請把它想像成各地的譜代大名（譯注：指父祖輩數代侍奉德川家的元老家族）。大名有自治的權力，只是有武家諸法度等的不成文法律，也有相當於參勤交代（譯注：幕府為了統一治理全國，壓制大名的實力，開創了一種參勤交代的制度，大名每隔一年或半年，就要來往於江戶和領地一次，並且讓眷屬住在江戶）的全國銷售店代表會議。像是讓兒子待在東京當研修生之類的，其實有些經銷商太太希望公司讓她們去東京，但是公司不答應。

「因為我們是德川幕府和大名的關係，幕府不能干涉大名的經營方針。像銷售改善這方面，並不是非做不可的義務，所以，有的大名想試試看，有的大名還在觀望，並不是所有的銷售店都著手進行改善。」

小栗的公司——名古屋豐寶報名，主動希望改善。但是認為「工廠的生產方式對銷售起不了作用」的經銷商，並沒有參加改善。

小栗說：

「以我們公司來說，一開始效果就很好，所以員工們也很有幹勁。不管怎麼說，它可是節省了十五億日圓呢。」

是哪方面的節省呢？

「在進入改善之前，我們新車放置場隨時都停了幾十台車，駛進駛出很不方便。我也想過把放置場整頓一下，管理銷售店庫存的豐田車輛物流部提議，『要不然花個十五億，建一座停車塔怎麼樣？』什麼？要花十五億？簡直嚇呆了。

「可是友山先生說，『不需要那麼做』……他說，依照豐田生產方式的概念，改變放置場的擺放方式，平面空間就十分足夠了。」

友山和小栗走到平面放置場，在並排車輛的行列旁，設置進出用的通行標示線。友山看看空間規劃圖，指出浪費的地方，另外，又建立有效率的進出車輛停車的系統，因為每天記錄、管理停車地點的話，就可以節省空間。

這種概念與整理生產現場、設立通行標示線、規劃生產線擺設是同樣的道理。車輛進出是沿襲生產線零件流動方式的概念。

將豐田生產方式的做法，原樣照搬的套用就可以了。最後，營業員也不得不認同新車放置場的改善。

「不用興建停車塔就能改善，所以，我們公司的員工對其他的改善項目，也沒有太大的反彈。」

雖然小栗這麼說，但是友山的記憶卻不太一樣：

「除了放置場的整備之外，其他都遭到強烈的反抗。」

友山與小栗下一步做的，是交車前的查點、整理，以及驗車時間的縮短。交車前整理指的是在交車給顧客之前檢查車體，如果有髒污就要洗車，或是安裝選購配備的作業。

銷售店的整理員站在車子前面，打算開始工作時，友山說：「等一下，」然後拿出碼錶來，站在整理員的後面。

整理員不解，不想開始作業。於是他的主管跑過來抱怨：「喂喂，你別拿那種玩意兒出來啦。」

友山平心靜氣地回答：

「不行，這是豐田生產方式中，決定標準作業的必要程序。請不要在意我，開始作業吧。」

主管十分不滿地說：「我是說啊，你拿著碼錶站在後面，他很難做事。就算他不介意，我們也看不下去。你要測量也可以，站遠一點去。這是要交給客人的車，萬一整理員手滑弄壞了車，誰負責啊。」

拿碼錶的人不論去哪個現場，都會被人討厭。友山就被人說過「擺出一副高高在上的態度」、「不過是個小伙子，拽什麼拽」。

但是，待過生產調查部的友山對這種態度早就老神在在，並不會惱火。他很擅長把它當耳邊風，只是笑容滿面地監看著作業。

一面測量標準作業，一面挑出浪費的作業，或是抓出重點，改變整理用的機器、零件的擺放位置。

幾天下來，經過修正之後，花在整理、驗車的時間就大幅減少了。以前需要花一天到兩天的驗車，不用半天就驗完了，現在更加進化，客人在經銷商的店裡喝杯咖啡的時間，就能完成驗車。

只是，有些銷售上特有的問題，需要時間才能解決，例如，突然變更新車交車的時日。若是工廠的話，開賣的日期可以由生產方設定，但是在銷售部門，有時顧客打個電話來說：「本來說明天去牽車，但是我得去購物，希望能改到後天。」或是「我想在吉日的上午交車」等，必須依照顧客的要求而變更時間。在這種狀況下，就必須重新整理，或是調整在放置場的停車位置。當時他們是怎麼應付這種狀況呢？

小栗解釋：

「不管怎麼說，賣車時就要明確地確定日期。如果這位顧客看起來喜歡在好日子交車，就跟他確認。確認之後，請工廠在交車的前兩天把車送到。到時，放置場也整理好了，改變放置位置或是出車，都會輕鬆很多。

「我們公司現在有六十七家店鋪，一年銷售四萬輛豐田車。其中，在放置場停留四天以上的車，只有二〇〇輛左右，其他全部都在三天內交車。這全歸功於銷售TPS的引進，因為，以前放置一星期以上的車，有好幾十輛呢。」

對小栗的說詞，友山很有自信地說：「縮短銷售店的放置時間，並沒有那麼困難。」

「整理、驗車、物流雖然是銷售店才有的工作，但是和生產現場的工作並無不同，找出作業的浪費也不困難。相比起來，改善面對顧客的業務現場，其實更辛苦。」

業務員的一天

接下來是銷售最前線，業務現場的改善。

改善之前必須先分析作業，了解一個業務員一天中有哪些工作，分別用幾分鐘做完。友山手上拿著碼錶，一整天跟在業務員身邊。「後場整理二十分鐘」、「記載業務日誌，三十分鐘。出發跑業務的準備，五分鐘。」他嘴裡念念有詞地緊跟在後面。

「友山先生，接下來要去拜訪顧客，你在辦公室等我吧。」

銷售店的業務員如此告訴他，一面傳送著「拜託你快點消失」的念力。但是，友山泰然自若地打開車門，坐進副駕駛座說：「我會小心不打擾到你。」

在車裡，他還是緊握著碼錶。只有在業務員向客人推銷產品的時候，他把碼錶藏起來，但還是把手背在身後測量。面談之後寫下「會客時間，兩分鐘」等。他對多名業務員測量了時間，但結果所有的業務員一齊砲轟：「只要你在旁邊，車都賣不掉，拜託你別跟了。」

但是，如果不進行時間分析，就不能進行業務改善，友山回顧時說：「被罵得滿頭包。」

「實際檢視業務員的工作，發現與顧客接觸的時間意外的短。可能每個職種都一樣吧，可能自己覺得過了很久，但是，推銷遊說的時間，一眨眼工夫就結束了。

「這是有原因的。一是因為行政工作與車輛查核的時間拉長了，所以自然而然縮短了會客的時間。

「那時候，我們做的事是支援他們，好讓會客時間增加到最大限度。削減會客之外工作上的浪費，讓他們能有充裕的時間會客。現在則更進一步，提高成交率，把時間用在潛在顧客的開拓上。

「另一個原因是遊說的話題本身太空洞。事前沒有準備好的話，對話就難以為繼。

「業務員他們雖然討厭測碼錶，但是一測量時間，人人都很努力。雖然我告訴他們『請照平常的方式做』，但他們四天就做完一星期份量的客源開拓。」

小栗也認同友山的話：「銷售上有充裕的時間，成果也會跟著改變。」

「那時候的銷售改善，既不是推銷話術的指導，也不是推銷技巧的進修。但是，整理整頓店面和新車放置場，縮短辦公室工作和磋商時間的話，他們就能有充裕的時間去準備推銷工作，也能在事前思考話題。」

「人做到該做的事，自然就會露出笑容。拜引進TPS（豐田生產方式）之賜，敝公司長年獲得綜合表揚，這是經銷商在收益、CS（顧客滿意度）等各方面，都獲得好成績所得到的表揚。經過TPS之後，我們變得更好了。

「而我覺得最好的一點是，加班減少了。工作定時完畢，就可以和家人一起吃晚飯，或是和同事一起去吃烤雞，增進溝通。

「我認為，TPS不只能用在生產上，不管是銷售、行政，什麼職務都能引進，這是因為它去除了過去工作上的浪費。只是，人很難靠著自己去發現浪費的源頭，如果沒有友山先生這樣，幫我們嚴格把關的人，改善也很難成功。」

友山接過小栗的話，抓出重點。

「有個說法，豐田生產方式是『加了人字旁的自働化』，消除瑕疵品的系統。它意味著異常的突顯化。不管是誰，都討厭把工作遲到、浪費突顯出來，總是想辦法往遮掩的方向移動。但是，我們刻意把它曝露出來，所以受到反彈是人之常情。

「以及時化進行工作，是一種把弦繃緊的狀態。在緊張的狀態下找出異常，處理問題。在豐田生產方式下，問題會跑出來也是合乎常理的事。

「所以，用這兩個原則讓問題浮現出來，然後將它修正，形成了我們的企業文化。我們從事的是把糟糕的地方突顯出來，而不是掩蓋它。這種企業才會健全。」

我個人並不認為豐田生產方式是無所不能的神，因為這個方式套用在各個不同職場時，也發生過難以跨越的障礙，這部分後面會再提到。

不過，審視在銷售業務改善上的行動，可以應用在各式各樣的工作上，不只是業務部門，開發、企畫、宣傳、財務，甚至公務員或是自由工作者，都可以分割自己的工作，排除浪費。

豐田生產方式也是意識的改革：

「重新思考一向以來的做事方式。」

「請別人來指出自己作業上的浪費之處。」

「整理整頓像是精算開銷、桌面整理、事務聯絡等正職以外的工作，讓它IT化，拉長從事創意工作的時間。」

「削減浪費，定時結束工作。拉長與家人共處的時間」……。

若是擅長運用時間的人，不需要學習豐田生產方式，也能自然而然地做到這些點。思考時間的運用，就能提高工作的生產力。

但是，豐田生產方式的目的，並不是短暫的業務改善，而是藉著建構「緊繃的生產線」，永遠追求生產力的提升。

如果有人想在行政工作上，援用豐田生產方式，絕對不能一看到成果就滿足。每天都必須檢查自己的工作方式，不斷思考今天要比昨天更好，明天要比今天更好才行。對平凡的人來說，持續的改善並非易事。

「讓我嚇一跳吧」

說個題外話。從進行銷售改善開始，銷售店的人把友山稱為「魔鬼」。

站在指導豐田生產方式的立場，誰都會被稱為魔鬼。魔鬼這個綽號，對他們來說，已經是固定的稱呼了。

只是，魔鬼也有等級。友山曾經受林南八的薰陶，現在光是聽到他的名字，精神都會為之一緊。可能是反射性地認為「該不會又要被他罵了吧。」

不過，林在眾魔鬼當中，還是屬於溫和派。林年輕的時候也被池渕罵過無數次。走在公司走廊上，都會盡量避免遇到「瞬間煮沸器池渕」，感覺他就是那麼嚴格。

但是，池渕卻說「大野先生一走進辦公室，我的腳就縮起來，兩條腿在發抖。」據說大野只是走進房間，有位同事就臉色發白，差點昏厥。

如果，友山有機會見到大野，會有什麼樣的感想呢？會覺得他是多麼嚴格的人呢？但是，張、池渕、林幾位和大野共事過的人都尊敬大野，說他「雖然嚴格但卻是個教育家，是人生的導師」。

進入社會後，都會遇到值得尊敬的人，對偉大的人、指導過自己的人，也會懷抱尊敬之心，但是我們很難有機會遇到能稱為「人生導師」的人。

受教的他們異口同聲地說：

「大野先生會輔導我，關注我。」

教師不都是這樣嗎？既不是傳授學問，也不是引導問題的解答。給予部下課題，自己也解答同一個課題。站在身旁關注、一起吃苦，會站在部下的立場來想。

大野會默默聆聽部下的回答。如果部下的答案跟自己一樣，就會宛如烈火一般大發雷霆。他不滿足於部下與自己相同層次，如果部下不找出更好的解答，他絕不罷休。他從來不會說：「我是教導的人，照我的話去做！」這也就是大野偉大之處，張、池渕、林、友山都繼承了這樣的偉大。

「讓我嚇一跳吧。」

大野只會對部下說這樣的話。讓我嚇一跳，超越我吧。

若是部下對自己言聽計從，大野會問：「為什麼照著我的話做？」如果不照他的話做，他也會問：「為什麼不照我的話去做？」總是要求部下思考，絕對不讚賞部下。

「讚賞的行為是看不起對方。」大野說。他認為，讚賞的意思是「我能做到的事，你也做得很好」。

那麼，如果對方做了我做不到的事呢？「那個時候，我會嚇一跳，而不是讚賞。」大野的「讓我嚇一跳吧」蘊含著這種思維。

友山再次告訴我：

「並不是把答案告訴對方，而是等待答案出現。這就是我們的工作。」

第17章 二十一世紀的豐田生產方式

恐怖攻擊、戰爭、金融風暴

跨入二〇〇〇年代，世界從外稱九一一的同時多起恐怖攻擊開始，二〇〇三年伊拉克戰爭，海珊政權垮台，美國與阿富汗的塔利班政權對抗；塔利班政權雖然遠離了政權，但是現在仍在同一地點活動。阿富汗的政情依然動盪。

再加上伊拉克、敘利亞出現了ＩＳ，ＩＳ持續發動恐怖攻擊，因而難民逃離中東，形成流向歐洲的難民潮。中東和歐洲受到恐攻的危險不斷擴大。

二〇一一年，日本發生東北大地震，並衍生出福島的核能事故。

二〇〇〇年代的世界局勢，就是從恐怖攻擊、戰爭、自然界大災難而揭開序幕。

豐田的新世紀，則是從一九九七年普銳斯（Prius）的發表展開。油電混合車的普銳斯，由於初期價格高昂，一直未能普及，但現在成為豐田的招牌車種，在世界一二〇個國家或地區銷售。也就是說重視環境的車，成了汽車公司的旗艦車種，普銳斯的暢銷，也證明了消費者追求汽車的價值已經改變了。

二〇〇八年，雷曼風暴的金融危機波及全世界，先進國家的汽車銷售陷入停滯。這時，中國、南美洲等國也因為金融風暴的影響，而出現消費不景氣，然而汽車的銷售量並沒有下滑。車子賣不出去的不是全球市場，而是汽車的先進國。

金融風暴導致豐田二〇〇九年三月期的結算，陷入四六一〇億日圓的赤字（營業損益），距離上次赤字相隔了五十八年。

在銷售量不斷攀高的時代，豐田在國外開設一家又一家工廠，在生產線投入高性能的大型工具機械，以提高生產能力。但是，一旦銷售量減少，設備厚重的工廠，生產線不利於變通，配合暢銷量的製造、搬運方法都無法適應。儘管豐田是豐田生產方式的正宗源頭，但它卻偏離了根本，自然就無法保障利潤了。

不過，第二年他們徹底實行改善指導，盡力削減成本，終於轉為一四七五億日圓的盈餘。即使如此，大野在世的話一定會叱責吧。

「你們這些人，既然成本能夠減少，為什麼不早一點開始呢？」

部下們肯定又會全身發抖。

豐田赤字結算那一年，通用汽車的全球銷售數字跌入谷底，所以豐田汽車公司寫下世界銷售量第一的紀錄。喜一郎從零開始製造汽車，沒想到竟然會成為世界上生產量最高的汽車公司。

戰前，三井、三菱等大財閥堅決不願涉足汽車製造，其中某財閥明文指出「不做汽車」。當名古屋鄉下從事紡織機製造的喜一郎表示「要製造汽車」時，根本沒有人把他放在眼裡。而這家公司現在成了世界第一。不過由於結算出現赤字，也不敢大聲歡呼。經營層聽到這個消息，恐怕也是苦水往肚裡吞吧。

召回、地震、洪水

二〇〇九年，金融風暴的第二年，是汽車業界嚴峻的一年。克萊斯勒、通用汽車聲請破產，克萊斯勒被飛雅特公司併購。

豐田決定中止與通用合資設立的NUMMI的生產，外界認為他們是「無情的公司」，但是從經營上來說，這是理所當然的判斷。如今，NUMMI的費利蒙工廠，被電動車的領航者特斯拉（Tesla）買下。

同年，豐田經營層面對的困境是美國發生的召回問題。加州聖地牙哥發生凌志車交通事故，導致美國民眾對豐田的車子產生了疑慮。

這起交通事故，是經銷商提供的凌志代用車所引起的。由於車內使用了尺寸不合的他牌腳踏墊，卡住了油門踏板，使得油門全開，造成駕駛的交通警官一家四口喪生。悲慘的結果令民眾觀感惡劣。繼而，豐田車又發生電子煞車裝置失誤，引起暴衝，問題越演越烈。

美國眾議院的監督暨政府改革委員會甚至召開公聽會，要求豐田章男列席作證。然而雖然問題嚴重，但是最終還是未能找到電子煞車裝置有缺陷的證據。豐田章男在眾議院的作證態度，給人「開誠布公」的印象，所以召回問題風波漸漸平息。

然而，二〇一一年，發生日本東北大地震。豐田的供應鏈花了半年時間才恢復正常。當時，林南八等豐田生產方式的專業指導，被派到受災的關係企業、協力廠商支援復舊，進行現場指導，以幫助重啟生產。在依據豐田生產方式的復舊作業中，林全力投入的是作業順序的決定，以及在雜牌軍當中建立團隊合作。

東北大地震造成的生產延遲好不容易回歸正常時，接著泰國又發生洪災。現地生產出現障礙，而且供應鏈再次被切斷。洪水退去後，工廠才從淹水中復原，公司又要面對日圓創歷史新高的經濟狀況。這段期間，豐田也是靠著降低成本與提高生產力，勉強度過危機。

回顧這段歲月，豐田自二〇〇九年以後可以說苦難頻仍，但是豐田有哪段時期不艱苦呢？「生活汽車化」開始之後，汽車雖然暢銷，但經營層一直抱著如履薄冰的心態，帶領公司前進。

現在，由於川普總統的上任，豐田不得不發表增加美國雇用人數的聲明。汽車產業雇用人員眾多，是國家的代表產業，不論在哪個國家，都會受到政治意見的左右。豐田經營層為了保護日本國內的雇員，也不得不進行美國的投資吧。

現在，豐田在國內仍然維持年產三〇〇萬輛的體制，與其他同業相比，國內產量多出許多。其中國內的銷售約為半數一五〇萬輛，如果大幅減少國內產量，而轉到國外生產的話，美國政府大概十分歡迎吧，但是這對日本經濟會造成很大的影響。

豐田的直屬從業員有三三萬人，如果再加上多達數萬家協力公司，在國內約有近一〇〇萬的從業員和其家庭。如果國內產能減半的話，將有半數員工失業，這麼一來，日本恐怕不是不景氣三個字可以形容了。

豐田支撐著日本的製造業，豐田的股東也默默支持著。因為如果只追求利益的話，他們已經縮小國內產量了吧。

之所以沒這麼做，是因為那是喜一郎的夢想——用日本人製造的車，豐富民眾的生活。

第18章　未來

年輕人不買車

不只是豐田，有個問題連先進國家的汽車公司都感到焦慮。從某種層面來說，這個問題比金融風暴更嚴重。金融風暴是暫時性的消費不景氣，但是，這個問題則是長期性的課題。

那就是年輕人不再買車了。進入二〇〇〇年之後，這個問題有明顯化的傾向。說得更精確點，在先進國家都市生活的年輕男性，對車子的興趣不再像以往那麼強烈。

各界對於這個問題，做過多種面向的分析，不論是國家機關、廣告代理商、汽車業界團體……豐田內部的涉外部也匯整了分析報告，標題是《關於年輕人的汽車疏離》（二〇一〇年）。

在「疏離汽車有幾個主要原因」中，它指出：

一、年輕世代有汽車駕照的人口減少。

二、單身、頂客族夫妻等不需要汽車的家庭增多。

三、人口結構移動到公共交通設施充實的都市地區。也就是說，都市人口增加，因為都市的公共交通設施完善，所以不需要有車。

四、越來越多人認為車子只是代步用，對新車的興趣轉淡。

五、泡沫破滅之後，薪水沒有增加，消費意願降低，民眾對商品也產生消費疏離，不只是車子而已。

這份分析之後，也記述了年輕人「口述的心聲」。

「不喜歡開車載朋友的責任感」、「看到交通事故的新聞，會害怕開車」、「無法想像買車到底要花多少錢」、「在駕訓班做性格診斷，說我不適合開車，所以不想開車」。

不只是日本的年輕人不再開車，在汽車社會美國，年輕人也出現同樣的傾向。

「開車的話，很浪費時間，不開車一年可以節省四二六小時。自己開車的話，會減少玩手機的時間」、「除了公共交通設施之外，現在還有優步等共乘工具出現，交通的選項增加」

（〈年輕人擁車意識的變化〉布蘭頓．K．希爾）

用了各種方式搜尋，有關年輕世代不想買車的原因推測，大致都和這些報告相符。簡言之，日本和美國都認為買車所花的錢，並沒有得到對等的樂趣，也可以說，開車還不如在手機上和朋友交際，更能享受時光。

但是，前述的理由真的可以視為主因嗎？這種意識變化，真的是直接造成年輕人疏離汽車的主因嗎？

有句話叫做蝴蝶效應。

這個詞源自於氣象學家愛德華・羅倫茲（Edward Norton Lorenz）的論文所述：「巴西蝴蝶的振翅，會在德州引起龍捲風嗎？」現在經常用於比喻預測的困難性。也就是說，即使沒有直接的因果關係，社會上些許的氛圍、動靜，都會改變未來。

關於年輕人不想買車的理由，真的有人敢打包票提出「就是這樣」的預測嗎？正因為無法預測，現在當形形色色的人提出「用這種方式賣車給年輕人吧」的嘗試，也沒有人可以做出判斷。

預測未來、調查他廠的動向，或是調查年輕人購買的商品，這些努力有做總比不做好。但是，即使做了這些調查，還是沒有暢銷車出現。現在唯一能做的，就是打造可以適應環境的體質。

達爾文的進化論，概略的說意思是這樣的：「存活下來的並不是聰明、強壯的生物，而是懂得應付、適應變化的生物。」

如今，我們無法預見十年後的事，與其花時間和心思在預測上，不如在生產上縮短前置時間，適應每次的變化，這才是豐田生產方式的精神，不是嗎？

明日勝過今日

掌握不到汽車未來前景的今日，該如何開展豐田生產方式呢？

該方式的基本思考方式並不難，用一張A4紙就可以說明，因為若非如此，剛從高中畢業進入現場的人無法理解。困難的部分只有詳盡寫成的展開事例，但是那既不是思想，也不是本質。該方式的目的，是縮短原料送抵工廠到變成製品的前置時間。為了達到這個目的，就要消除作業的浪費，每天不斷的提高生產力。

暫時性的提高是沒有用的，今日要勝過昨日，明日要勝過今日，連綿不斷的提高。這就是豐田生產方式達成的成果。看我這麼寫，也許會覺得這種生產方式非常殘酷。但是它指的是，不論什麼樣的工作，都要「思考後再工作」。每天，一大早，到現場來，思考。

「每天做和昨天一樣的事，這樣好嗎？」

如此捫心自問，用自己的方式節省浪費。只有這種態度才能讓人進化、成長。但是，如果號令大家「每天對自己嚴格一點！」，人就會失去鬥志。因為誰也不會想把自己積極地放在嚴苛的立場上。

因此，豐田生產方式追求的是現場作業員肉體上的輕鬆操作。如果在意識改革這一點上，要求嚴酷的挑戰，但是肉體上不能輕鬆一點，那就太不正常了。生產力提高，卻加重作業員的肉體勞動，就不是改善。

為什麼要施行作業員容易操作的改善呢？因為若想提高生產力，工作愉快、輕鬆是最重要的因素。本來，高生產力的作業，就是身體強健、心情愉快、享受作業本身的狀態。真正的改善就是讓員工處在這種狀態。

這也是大野他們追求的目標。

提到輸送帶，人們總是會引用卓別林《摩登時代》電影中的一幕。卓別林扮演的工人，趕不上生產線的速度，最後作業因而崩潰。

我認為這一幕景象真實上演過，但是，地點是在福特式大量生產方式的工廠。而且，應該是同一車款賣翻天的時代吧。購入大量的原料，將作業作細碎的分割，採用人海戰術製造同一種製品。在那種現場，只要加快生產線的速度，生產量就會增加。

可是，豐田生產方式絕不胡亂加快輸送帶的速度，作業員只需要製造賣出的數量，提高速度並無意義，可以說，它是用設定作業員容易操作的速度，來提升他們的幹勁。

那麼，什麼叫做作業員容易操作呢？林南八告訴我一個例子。

「我去BMW的新工廠參觀，發現生產線上流動的車體是上下顛倒的，心想『真有一套』。

「車體內需要安裝電子配線束，作業員鑽進車體內，必須仰著頭安裝配線。不論怎麼看，都不是個舒服愉快的作業。

林繼續說：

「但如果能夠俯身從上方安裝配線，光是這樣作業就能輕鬆很多。我們也必須這麼施行。」

「但是，縱使BMW建立了這麼進步的生產線，作業員卻不能依自己的判斷停下生產線。這一點還是我們高明。」

工廠的生產線必須改變得容易操作，同時，也必須讓每個作業員可以判斷何時停下生產線。

有共鳴嗎？

豐田生產方式始於豐田內部的生產現場，慢慢移植到協力企業、海外工廠，進而發展到銷售店。對該方式有興趣的其他產業的經營者，也有不少將豐田生產方式的精髓引進自己組織的案例。

像醫院便是其中之一。林南八到實地視察，他們將候診的人流當作生產線，進行改善，最後消除了滯留，以減少候診等待的時間。

健檢就是個很好的例子吧。健康檢查通常是從身高、體重的測量開始，接受各式各樣的檢查。受檢的民眾在做胃部鋇劑X光檢查時，一定會出現滯留，那所醫院改善了檢查的步驟，調整了胃部X光檢查排進診療隊伍的順序，讓等待時間大幅縮短。

由此可知，豐田生產方式不只可用於汽車的組裝工程，也能套用在服務業的現場。

那麼，前面也提到過，豐田生產方式可以稱之為萬能嗎？

我只能說，答案得看負責指導的人而定。融入現場一起思考的指導員，如果能與對方的企業主一起在現場動手改善的話，就可以成功。但是，指導者本身對該方式的理解不正確，那他指導的現場會很悽慘吧。

我也去參觀過豐田之外的工廠。雖然他們聲稱採用豐田生產方式，但實際上完全不是那麼回事，只模仿了皮毛而已。我很想指出「這裡不對喔」，但最後還是沒開口，默默地離開了。

想要達成改善，需要指導者，但並不是誰都能擔任。我想就算是豐田的生產調查部，也不是所有的人都能做到。

指導員需要三種資質，一要理解該方式，二要與現場的作業員和想要引進的企業主產生共鳴，最後，要充滿危機感。只有滿足這三個條件的人才能擔任指導者。

理解該方式是指導的前提，但即使是寫書的諮詢顧問，出乎意料地也有人並不理解該方式。

林公開說：「一味挑毛病、指導的顧問，絕對教不來。」

我不會說這些顧問絕對教不來，但是，顧問這個職業與豐田生產方式的指導，有不相容的地方。

首先是共鳴吧。不少顧問到現場去，也只是從上方俯視現場的作業員，把他們當成指導的對象而已。

編劇家倉本聰曾經說過：「以前我用高高在上的眼光看待庶民」，而顧問這種職業，也是抱持著類似的心態。

倉本聰寫的NHK大河劇劇本遭到撤換，因而遷居北海道，為了討生活，他當起了歌手北島三郎的跟班。當了跟班之後，他才羞愧地發現自己看待庶民帶著優越意識。

「三郎哥與觀眾對話時沒有藩籬，沒有年齡、性別、職業、身分等一切差別，人與人是在同一個水平上接觸。我慚愧地想：『以前我都在幹些什麼呢』，自己心裡在無意識間有著菁英的意識，用『俯視的視線』在工作，一味的在意劇評家和業界人士的眼光在寫劇本。電視劇是屬於大眾的，所以我下定決心，要用『地面的視線』來寫電視劇。」

從一流大學畢業的專業顧問，全都和倉本一樣，在無意識間抱著菁英意識，懷著這種意識，就不會把作業員當作自己的夥伴吧。

話雖如此，過於貼近現場的作業員，太過討好他們也不好。現場的作業員都是平凡的人，不是奉承的對象。因為是平凡人，所以既會喝酒、抽菸，也會打柏青哥、賭單車賽、賭馬，也會去酒店、唱卡拉OK。會買名牌貨，或去國外旅行。

重要的是保持距離的共鳴，不需要感受愛或友情。

第二點是，能不能抱持危機感。即使是現在豐田生產調查部的成員，我都不認為他們能夠像大野、張、池渕等前輩，懷有同樣的危機感。

經歷過戰敗、破產危機的人，與成長為大企業後召募進來的人，在立場上完全不同。但是，如果想要成為豐田生產方式的指導員，至少有必要了解大野所感受到的——「如果照這樣下去，我們公司會完蛋」的迫切心情。

因為，若不能感同身受，就無法在小型的家庭工廠，做好改善指導。家庭工廠既沒有技術也沒有錢，隨時面臨破產的危機，和漁夫一樣，每天都過著如臨深淵的日子。

小公司破產的案例中，最常見的就是擔任別家公司的保證人吧。一般的人也許會想「不要當保證人就好了嘛」。但是，小工廠既沒有資金來源，也沒有利潤，想要買大型機具的話，只能請其他企業主當連帶保證人，向金融機構借錢。就像幾艘小船互相用繩子綁在一起出海一樣，只要一艘翻覆，其他也會跟著翻船。小公司的老闆經常都活在危機感、焦慮感當中。

大野把自己看好的大專畢業菁英叫去生產線站衛兵，或是派遣到小工廠，也都隱含著要他們與現場的人有共鳴、體會小工廠危機感的意義吧。

享受工作

豐田生產方式包含著改變參與者的意識、讓人員成長的要素。例如，林、友山都是這樣。他們從學習該方式中得到了成長。

他們單槍匹馬的前往協力企業，剛開始時，沒有人理會他們，午飯也只敢坐在食堂的一角默默的嚥下。住的不是商務旅館，而是工廠的宿舍。每天站在生產線，一味瞪大眼睛看。到了晚上，關在房間裡腸枯思竭地想著改善方法。薪水因為直接匯給名古屋的家人，所以也不敢到酒館喝酒，靠著罐裝啤酒和花生解饞，宵夜就是一碗泡麵，這樣的日子至少得過半年。

過了三個月，協力公司的人看他實在可憐，開始會約他去吃飯了。話雖如此，也不能讓他們請客，所以，他得自己付錢，可是身上沒有錢，一旦遇到有人約，還得戰戰兢兢地翻開錢包確認，否則就不敢去。

豐田生產方式指導員過的就是這樣的生活，對現場作業員來說，該方式的確不是加重勞動，但是對指導員而言，卻是極為嚴苛的工作。

他們必須二十四小時，全年無休的去應對，若不當個傻瓜杵在工廠裡，沒有人會來幫他。不是傻瓜就做不到，也正因為是傻瓜，才能感動別人。

我以前曾經想像過，在他們之間會不會有這樣一段對話——

有一天，年輕的指導員故作愉快地從協力工廠回來，向大野報告：

「廠長，我感受到工廠員工對我的關愛。」

大野怒罵：

「關愛？要那種黏答答的感情幹嘛？不用想那些多餘的事，享受工作最重要。」

大野最大的期望，是工廠裡的所有人都能快樂地工作，用賺來的錢和家人快樂地生活。

尾聲　驕傲

組員

二〇一七年四月，我再次造訪了肯塔基工廠，見了幾位相關人員，參觀了工廠的生產線。注視著生產線，想起第一次參觀時，全部的注意力都放在輸送帶的速度上。參觀了將近十年，我的視線已不會放在機器上，而是注意作業員工作時是否愉快，還是一臉無聊的樣子？

我採訪的對象是工廠裡的第二把交椅，蘇珊・艾爾辛頓女士。據說她在其他工廠工作過，後來才跳槽到豐田，並且有在日本的生產管理部工作的經驗，是個身材高挑的碧眼美人。她用雙手奉上名片說：「初次見面，我是蘇珊。」

我問她：「妳認為豐田生產方式有什麼缺點？」「有，比如像這種地方。」她毫不遲疑、爽快地回答：

「很多人自稱他了解TPS（豐田生產方式），美國也有不少顧問公司，把『為貴公司引進

ＴＰＳ』作為業務之一。但是，實際上聽他們說的話，感覺他們並沒有很了解，或者只了解一部分。如果讓這種人指導，生產的操作方式一定會出錯吧，而且也不會成功。」

我回答說：

「妳說的和林南八先生的看法完全一樣。」

她笑了。

「哦，林先生。他好嗎？林先生很有魅力呢。」

她說，在總公司生產管理部時，被林「虐待」過。

然後，她又繼續說：

「也許，使用ＴＰＳ這個稱呼所包羅的領域太廣，所以讓理解變得困難吧。」

豐田生產方式不只是運轉生產現場的智慧，也督促工作者改革意識。連精神上的自我革新也是改善的對象。

與她談話間，我注意到經常出現「組員」（team member）這個詞。

組員指的是現場的作業員。現在在美國的生產現場，還看得到工人（worker）這個用法，但不是主流。如今大都稱為操作員（operator）或伙伴（associate）。報上的徵人廣告，幾乎都不會寫成「召募工人」，而是用操作員或伙伴。就像在日本，也不再用「工員」，而是用「作業者」一樣。

但是，美國的豐田，既不說工人，也不用操作員、伙伴，一九八四年，從NUMMI開設時起，作業員一律稱為「組員」。

蘇珊加以說明：

「我覺得互相稱為組員，有助於理解豐田生產方式。進入豐田工作的意義，並不只是單純為了製造汽車而來的，而是成為豐田大家庭的組員，對顧客、一起工作的同仁抱著關懷的心。此外，安燈的停止和再啟動，也是由現場組員判斷，管理部長只給建議。其他工廠把現場的操作員當成隨時可替換的零件，但是在TPS，我們認為組員有其獨具的技術。

「不只是組合零件，製造汽車這種實際的作業，還要把心放進去。組員這個稱呼，也隱含著充分了解豐田的價值觀。」

換句話說，她強調，組員不只是站在生產線旁動動手的人，而是自己可以判斷的人。這對美國人來說是一種新鮮的感覺，而且對公司也會感到放心。

告別蘇珊之後，又見了兩位資深職員，克里斯・萊特（Chris Wright）與麥克・布里吉（Mike Bridge），他們直視著我，再次強調說：「彼此稱呼為組員是很重要的事。這個名稱把大家變成豐田大家庭。」他們兩人都是壯漢，克里斯是非洲裔，麥克是白人，兩人都在公司做了快三十年。

克里斯笑著說：「我進來的時候，張還很年輕啊。」然後娓娓談起當時：「肯塔基廠剛成立的時候，地方上的人覺得豐田是日本來的公司，也有些反日的情緒。但是，豐田重視工作人員，把他們稱為組員，聆聽現場人的意見。這種消息傳開之後，地方上漸漸把豐田當成美國的公司，肯塔基的驕傲。」

後來，他們低下頭說：

「所以，發生那種懊惱的事時，我們可以團結起來對抗。」

我還沒問「你指的是？」旁邊的麥克就開口說：

「就是公聽會。克里斯和我也到華盛頓去了。豐田先生出席公聽會的時候。」

克里斯也點點頭說：「對，我永遠不會忘記。」

但麥克相對冷靜，平淡地說明：

「肯塔基這裡有四位組員請了假過去支持。我們沒有發言，只是坐在召開公聽會的委員會室最後一排聆聽。我們工廠有很多人想去，但是還有工作要做……」

他們兩人出席的公聽會，在二〇一〇年二月二十五日（日本時間），由眾議院監督暨政府改革委員會召開，要求豐田汽車的社長豐田章男出席。

公聽會

請豐田章男到公聽會是為了聽取公路警察一家四口死亡的事故，以及召回與自動加速上的證詞。後來，美國運輸部發表了高速公路交通安全局（NHTSA）與航太總署（NASA）的總括調查結果，認為「未發現顯示（電子節流閥）缺陷會引起自動加速的證據」。

但是，那時候，公路警察事故的錄音檔，在電視新聞上不斷重複播放，因此豐田成了壞蛋的角色。在美國工廠工作的員工、經銷商陷入情緒低迷的狀況，也對銷售造成不小的打擊。

當時，在電視新聞中頻繁播出的聲音，是被害者打電話給警方，語氣非常急切：

「發生了嚴重的狀況！」

「怎麼回事，請慢慢說。」

「油門不會動了。出問題了。煞車沒有反應。」

「啊！十字路口，大家抓緊、祈禱……」

一再的播放之下，亡者的聲音讓觀眾對豐田產生了惡劣的印象。電視播放的錄音，可以說也是公聽會緊急召開的原因之一。看到新聞的民眾群情激憤，向當地議員控訴：「叫豐田的社長來說清楚！」

各家對手公司也趁著豐田陷入絕境時繼續追打，通用汽車、現代紛紛展開促銷，訴求「把豐田車換掉！」而大力宣傳。這個因素，也使得公聽會舉行時的銷售量比前年同期大幅下跌。

美國國會舉行的公聽會，以傳喚證人的形式，議員並排而坐，公審般的提問，被傳喚者說的話如有虛偽，就會以偽證罪起訴。這個形式與日本國會的證人傳喚相同，但是美國國會在追究上更為嚴厲。

不愧是西部片的國度，追問的議員成為騎著白馬的正義之士，另一方面，證人必定得扮演惡人的角色。只要以證人身分出席，一定是拳頭伺候的沙包了。

但是，豐田章男沒有逃避的理由，雖然當時他才接任社長八個月，對他來說，這份工作一定充滿了焦慮感吧，但是，他沒有資格抱怨，他必須成為盾牌，才能保護公司和工作。

決定出席，心情緊張的他，這時候如果有什麼好消息，那就是組員們會來聲援。不只肯塔基工廠的克里斯和麥克，全美工廠工作的人，還有銷售店的店主們都說：「我們想去公聽會」。以往召開的公聽會也會點名企業主管來作證，但是，幾百名從業員表示「我們也要一起出席」的現象卻是前所未見，對章男而言，應該是很大的助力吧。

克里斯說：

「我們從會場的最後面，看著豐田先生。那時候，有兩種情緒交錯在我心中。一種是喜悅。我本來以為，去了華盛頓，一定會被當成『豐田的同伙，全美國的敵人』看待。但是有個眾議院的員工叫住了我。

「『我也是開凱美瑞哦，是你們製造的吧，我從來沒開過那麼好的車。』而且，我們見到的人都這麼對我說。坦白講，真的非常開心。

「但是，全程中並非只有喜悅。當豐田先生遭遇連番的嚴厲質詢時，我也感到強烈的挫折。」

公聽會開始的時間，是美國時間二月二十四日下午，日本時間二十五日清晨，豐田章男接受質詢、回答，過程長達三小時二十分。

一開始，他先做了開場演說：「我是創業者的孫子。」

「豐田所有的車子上都刻著我的姓氏，對我來說，車子受傷就相當於我的身體受傷。希望豐田的車具有安全性，讓駕駛豐田車的顧客都能安心，這種心情我比任何人都強烈。」

與克里斯一起出席的麥克聽到演說，緊握著拳頭想：「沒錯，我也是這麼想。」

「聽到豐田先生的話，我們重新體會到自己是組員。豐田這塊招牌不只是豐田先生的名字，也是我們的名字，情緒跟著高昂起來。」

但是，議員們對豐田的話並不買單，並且向他攻擊。

第一個開砲的是紐約州的議員，民主黨的唐恩斯委員長。

「為什麼只提供部分車種ＢＯＳ（Break Override System）？」

豐田據實回答：「沒有這種事。」委員長對這個答案並未點頭，繼續質問。

接下來提問的是加州的共和黨議員艾沙。

「加裝煞車安全程式的意思，是說有可能出現電子方面的毛病嗎？」

印第安那州的共和黨議員巴頓接力：

「我要求豐田先生調查發生在我選區中的意外事故。而且我想知道，日本製的油門踏板和召回的美製踏板，有什麼不一樣。」

馬里蘭州民主黨議員卡明格斯更是砲火猛烈：

「道歉可以用口頭說，但是二〇〇七～〇九年發生了多起的死亡事故，光是先前的召回，也許無法解決所有的問題？

「你在這個不景氣的時代，讓顧客承受這樣的痛苦，而且還不斷的召回，對此你有什麼話說？」

雖然遭到連番攻擊，但是豐田明確否認電子節流閥等有任何瑕疵。

此時，支撐他的不是身為社長的自尊，而是自家公司對製品的自負。自創業以來，透過豐田生產方式，製造合乎顧客需要的製品，這份心意絕無虛假。

克里斯聽著議員輪番攻擊，心裡雖然難受，但是，還是自遠處瞪視著每個議員，好把他們的臉一個個刻印在腦海中。

後來各議員繼續攻擊式的質詢。

「美國的道路交通安全局專程到日本去，但是據說你並不知情，這是事實嗎？」

對維吉尼亞州民主黨的柯納利議員的問題，豐田誠實回答：「是的，我不知道。」柯納利議員露出「怎麼可能」的表情，但是看到章男泰然的表情，克里斯和麥克放心了。

公聽會進行了一個小時的時候，一位議員的質詢令會場空氣為之一變。

提問的是肯塔基州議員傑夫．戴維斯。學者氣質的白人議員環視全場說：

「豐田真的那麼作惡多端嗎？」

克里斯．萊特與麥克．布里吉不覺吃了一驚，互相對視。

戴維斯議員繼續說：

「豐田在肯塔基建設工廠，雇用了州內三〇〇〇人以上。豐田不是敵人，是對美國饒有貢獻的美國企業，這一點千萬不能忘記。」

戴維斯拿出數字，不帶情緒只述說事實，最後又補充道：

「豐田先生有心負起責任。我們難道不該讚許他的態度嗎？還有，我國的道路交通安全局尚在調查當中，平白指責豐田是沒有意義的。」

這句話重新讓會場平靜下來。後來雖然也有嚴厲的質問，但是豐田都能從容回答。

「你要如何對死亡、受傷的美國家庭補償？喪葬費用呢？」（紐約州民主黨馬洛尼議員）

「昨天在公聽會作證的受害者，豐田的回應太冷漠了吧。我們查出二〇〇一年就有客訴過。我的家人也開豐田車，但是到目前為止，你的回答無法令我滿意。雖然我聽到你會努力的聲音，但到底你想怎麼做？」（田納西州共和黨丹根議員）

就克里斯和麥克所見，章男冷靜下來，對含糊的問題沒有立刻回答，他思考了對方的意圖後才說話。

章男雖然遭到無情的指責，但是也許是組員們都在身邊的關係，他冷靜地闖過公聽會這一關，沒有表現出激動或是沮喪的樣子。

後來，章男憶起當時說：

「公聽會上，數百台照相機對著我，只要我一眨眼、低頭，就發出猛烈的閃光。與其回答議員的質問，我更想對銷售店、顧客、從業員和他們的家人說話。我沒有要推卸責任，也不想責怪別人。我只想用自己的語言說話。雖然擔任的是敗戰時殿後的角色，但想一想，這是我的光榮……」

從眾議院出來後，豐田章男驅車前往華盛頓市內的市政廳。克里斯、麥克、來自全美工廠的組員，還有銷售店的店長，共二〇〇名豐田相關人士全都集合在此。

章男入場時，同仁們熱烈地鼓掌歡迎他。他被簇擁到舞台的中央，站在前面，舉起雙手回應歡呼。正要張口說話，卻哽咽了，他低頭忍住淚水，低聲地開始說話。

「各位組員、各位銷售店長，真心的謝謝你們。

「各位，在公聽會上，我不是一個人，你們都在我的身邊。全球的豐田員工、家庭，也和我站在一起。所以，我不覺得難過，今後如果有任何我能為各位做的事，我都會做。請各位告訴我，我該為大家做些什麼……」

剎那間，克里斯．萊特站起來，大聲地向章男喊道：

「社長，你已經為我們做了很多，不需要再做任何事了。」

叫喊中，淚水濡濕了克里斯的臉頰。

「今天，你為了我們來到這裡，不論什麼樣的質詢，都不失尊嚴地做了回答。你為了我們承受這些，我們……」

克里斯再也說不下去了，淚水一再奪眶而出，讓他不能自已。在身邊的麥克協助下，才在椅子上坐下。

他們製造的其實是……

在名古屋製造紡織機的豐田喜一郎並不是因為愛好交通工具，才決定向汽車挑戰的。

「想做對人有幫助的東西。」

就這麼簡單。即使是他的父親佐吉，也是認為紡織機對人們有幫助，所以才日以繼夜的改良、發明。父子兩人都因為想看到人們的笑容，所以才起心動念工作。

我想，喜一郎一定很清楚，自己做的是什麼。他明白汽車不只是交通工具這麼簡單而已，它不但是對人有幫助的物品，而且，還能給人某種東西。

那麼，他在汽車當中感覺到的某種東西，到底是什麼呢？

如果我問，汽車是什麼，想必大家都會回答是交通工具吧。一定會回答那是由鐵、橡膠、玻璃所組成的製品。

但是，汽車不只是交通工具，證據就是它有著其他交通工具所沒有的東西。

火箭、飛機、火車、公車……這裡的每一樣都是沿著他人決定的軌道前進。我們不是駕馭它，而是被它載著走而已。

但是，汽車可以讓我們到自己想去的地方，只要有道路，它就能到任何地方。擁有自由，無與倫比的自由。

汽車公司的員工也許忘了，他們製造的交通工具可以去到任何地方。他們應該感到驕傲的，不是銷售量，也不是卓越的技術，不是流線的設計，更不是引擎或馬達等動力裝置的種類。他們真正應該驕傲的，是自由，給予乘坐者移動的自由。

喜一郎自創業以來，製造出的是自由，因為他相信，只有自由才對人類有幫助。他的車給予許多人自由……。

原來製造汽車，真的是件夢想般的工作，不是嗎？

（完）

後記

什麼叫瘋子？重複同樣的動作，還期待會出現不同的結果。

赴美採訪的最後一站，我去了德州的普蘭諾（Plano），豐田北美新總公司的所在。由於還在建設中，不得其門而入，因此，我去拜訪了某位經銷商。他是德州北部頭號經銷商，十一年內賣出了六萬六〇〇〇輛豐田車。老闆的名字叫做帕特．勞勃，是位體格精壯的白髮先生。

「您是頭號經銷商呢。」我客套地說，但他卻沉著臉回答：「別這麼說，那已經是歷史了。」看來是個嚴肅的人。

「在生意當中，過去的業績都不重要，重要的是未來你能做得多成功。還有我們公司怎麼改變現狀。『以前做得好』，那是過去式，沒有意義。

「我們公司的業績，現在幾乎全靠新車、中古車的銷售，但是它一點一點的在改變。美國零售業界光靠賣東西，已經不能維持了，必須轉變成以服務為中心的產業。你看看亞馬遜就知道，不論是汽車還是什麼，在亞馬遜都買得到。可是，汽車還有修理這塊領域，所以，我們必須成為提供最佳服務的業者。來自零件販售、修理等服務的利潤，雖然現在還在整體的一半以下，但是必須讓它再成長得更多才行。經銷商不再是只經營汽車販售就行的業種了，那也是過去式了。」

帕特只有在說「都是過去式」時，才會豪爽的大笑。

「我以前在雪佛蘭的經銷商當機械師。一九九六年轉到豐田的經銷商，工作也從機械師，換成業務員。我學過零件，去過丹佛、洛杉磯。來到豐田，認識了Ouno（大野），學習豐田生產方式，懂得了變化的重要性——不可以維持原狀，一定要經常變化。了解了豐田生產方式，讓我深深記住，必須經常對工作有著不同的想法。

「愛因斯坦說過，『瘋子才會重複同樣的動作，還期待出現不同的結果。』愛因斯坦和Ouno說了同樣的話。」

在日本，說到豐田生產方式，人們都以為它就是消除庫存，光用多種「看板」說明就能繼續的生產方式。但是，帕特講到了它的本質，也就是愛因斯坦提過的想法。

若要追求成果，第一步，自己必須改變。

「我在一九八〇年代有機會見到了Ouno先生，他來到美國，在休士頓舉行了演講會。那時我還只是經銷商的一個業務員，會場擠滿了人，我不記得他說了什麼，也沒有和他握過手，不過我在近處看到他，他很安靜，像個學者。我想，見到Ouno先生，改變了我的人生觀。以前我是隻熱水中的青蛙，泡在熱水裡，卻不知道水溫一直上升。學習了豐田生產方式，我從熱水中跳了出來，然後存活了下來。」

還有一個關於大野耐一的小故事。

大野過世之後，舉行了追思會。現在的副社長，當時還年輕的友山茂樹被選為治喪委員之一。在飯店的酒會會場，曾在大野下面工作過的人彼此喝著酒談笑。這時，友山播放了一段影片。是大野現場指導時的紀錄片。大野對現場管理官的錯誤指導大發雷霆，他從一角把現場的「資訊看板」用手一個個拍掉，發出巨大的「砰、砰、砰」聲響，然後離開現場。他沒有大聲咆哮，只用拍打看板，表達自己的憤怒。

先前都在談笑的各公司幹部看到影片，霎時臉色發白，現場鴉雀無聲，甚至有人只聽到大野拍看板的聲音，就摀起耳朵蹲下來。影片播完之後，幹部們似乎坐立難安，紛紛提早離開。大野耐一這個人留給人的印象，就是這樣的嚴厲。

撰寫本書期間，我參觀了日本和美國工廠七十次，連訪談也在現場進行，十分有趣。所以，非常感謝總是協助我的豐田現場和宣傳科的人士。謝謝。

野地秩嘉

二〇一八年一月

協助採訪人員名單（按五十音順序，省略敬稱）

淺井隆史、飯島修、池渕浩介、石井涉、石川義之、石崎寬明、岩內裕二、威爾・詹姆斯、浦野岳人、太田普蕃、岡安理惠、小栗一朗、小田桐勝巳、加賀悠太、河合滿、川上晉也、川淵三郎、北井和弘、喜多賢二、木下幹彌、朽木泰博、國松孝次、克里斯・萊特（Chris Wright）、小金井勝彥、齋藤彰德、酒井直人、佐藤健志朗、佐藤吉郎、蘇珊・艾爾辛頓、田知本史朗、塔尼亞・薩達納、築城健仁、張富士夫、迪夫・考克斯、丹尼斯・帕克、寺本直樹、友山茂樹、豐田章男、豐田肯塔基工廠Dojo的所有人、成田年秀、西村文則、二之夕裕美、橋本博、帕特・勞勃、林南八、萬壽幹雄、日高進、菲爾茲・庫爾姆（Philz Kulm）、福城和也、藤井英樹、渕上靖、保羅・布里吉（Paul Bridge）、堀之內貴司、麥克・布里吉（Mike Bridge）、瑪莎・雷恩・柯林斯（Martha Layne Collins）、松原秀明、南隆雄、本吉由里香、森木英明、八木輝治、柳井正、矢野將太郎、李克・海斯塔巴克

參考文獻

《豐田生產方式——追求超脫規模的經營》大野耐一（鑽石社）（中譯本《追求超脫規模的經營：大野耐一談豐田生產方式》中衛發展中心出版）

《豐田的實像》青木慧（汐文社）

《輕型車誕生的記錄——汽車昭和史物語》小磯勝直（交文社）
《汽車地球戰爭　第三次汽車革命的核心與展開》吉田信美（玄同社）
《啊野麥嶺——某製紗女工哀史》山本茂實（朝日文庫）
《價格的明治大正昭和風俗史》週刊朝日編（朝日文庫）
《20世紀全記錄　Chronik 1900-1986》講談社編（講談社）
《昭和　兩萬日全記錄　全19卷》原田勝正（講談社）
《我的思想》本田宗一郎（新潮文庫）
《豐田紡織45年史》豐田紡織編（豐田紡織）
《本田宗一郎語錄》本田宗一郎研究會編（小學館文庫）
《經營沒有終點》藤澤武夫（文春文庫）
《Next One　另一個「第二創業」》宮崎秀敏（非賣品）
《偉大的夢想，熱情的日子　豐田創業期攝影集》豐田汽車編（豐田汽車）
《決斷——我的履歷書》豐田英二（日經商業人文庫）
《大野耐一的現場經營　新裝版》大野耐一（日本能率協會管理中心）
《豐田系統的原點——關鍵人物訴說的起源與進化》下川浩一、藤本隆宏（文真堂）
《目標：簡單有效的常識管理》伊利雅胡・高德拉特（鑽石社）（中譯本天下文化出版）
《生活的手帖　保存版III　花森安治》生活的手帖編集部（生活的手帖）

《挑戰飛躍——豐田北美事業興建的「現場」》楠兼敬（中部經濟新聞社）

《Visual NIPPON　昭和的時代》伊藤正直、新田太郎編（小學館）

《大野耐一　工人們的武士道——建立豐田系統的精神》若山滋（日本經濟新聞社）

《豐田強大的原點　大野耐一的改善魂　保存版》日刊工業新聞社編（日刊工業新聞社）

《「月薪百圓」的上班族——戰前日本的「和平」生活》岩瀨彰（講談社現代新書）

《全圖解豐田生產工廠的組織》青木幹晴（日本實業出版社）

《The House of Toyota——汽車之王　豐田家族的一百五十年》佐藤正明（文春文庫）

《TOYOTA商業革命　連結使用者、經銷商、製造商的終極看板方式》神尾壽、response編輯部（SB Creative）

《新裝增補版　汽車絕望工廠》鎌田慧（講談社文庫）

《我的日本汽車史》德大寺有恒（草思社文庫）

《文明崩壞》賈德・戴蒙（草思社）（中譯本《大崩壞》時報出版）

《從企業家活動看日本汽車產業史——向日本汽車產業的先驅者學習》宇田川勝、四宮正親（白桃書房）

《汽車工廠的一切》青木幹晴（鑽石社）

《豐田汽車75年史》75年史編輯委員會編（豐田汽車）

《伊利雅胡・高德拉特　什麼妨礙了公司的目的》拉米・高德拉特（鑽石社）

《現場主義的競爭戰略　給下一代的日本產業論》藤本隆宏（新潮新書）
《美酒一代——鳥井信治郎傳》杉森久英（新潮文庫）
《打造能發揮智慧的人——豐田生產方式的原點》好川純一（中經My WAY新書）
《豐田生產方式的原點》大野耐一（日本能率協會管理中心）
《梁瀨（YANASE）100年的軌跡》梁瀨編（梁瀨）
《勇者不語》城山三郎（新潮文庫）
《豐田生產方式大全——從大野耐一的思想・理論・照片看實踐　第2版》熊澤光正（大學教育出版）
《作為世界史的日本史》半藤一利、出口治明（小學館新書）
《B面昭和史　1926-1945》半藤一利（平凡社）
《勁草之人　中山素平》高杉良（文春文庫）
《種菜與造車——邂逅的風景》全國農業協同組合連合會編（全國農業協同組合連合會）
《CD　大野耐一的製造精髓》大野耐一（日本經營合理化協會）
《昭和日本——一億二千萬人的映像　第2卷・第13卷》講談社（講談社DVD BOOK）
其他　當時的報紙、雜誌報導等

※本書根據連載於《日經BUSINESS》二〇一六年四月二十五日號～二〇一七年五月二十九日號的〈創立豐田生產方式的人們〉增補、修正完成。

國家圖書館出版品預行編目（CIP）資料

豐田物語：最強的經營，就是培育出「自己思考、自己行動」的人才／野地秩嘉著；陳嫻若譯. -- 初版. -- 臺北市：經濟新潮社出版：家庭傳媒城邦分公司發行, 2019.07
面；　公分. --（經營管理；156）
ISBN 978-986-97836-1-3（平裝）

1.豐田汽車公司（Toyota Motor Corporation）
2.企業經營　3.日本

494　　108010934